本书出版受香港怡和集团旗下慈善组织"思健"资助

中国灾害社会心理工作丛书

地震灾后
社会心理干预研究

基于"8·03"鲁甸地震后
医务社会工作的实践

杨婉秋　沈文伟◎著

POST-EARTHQUAKE
PSYCHOSOCIAL SOCIAL WORK
INTERVENTION

社会科学文献出版社
SOCIAL SCIENCES ACADEMIC PRESS (CHINA)

总　序

积极参与灾害救援与灾后恢复重建是社会工作的重要使命，大力发展灾害社会工作是提升灾害管理能力的必然要求。2008年5月12日，我国发生了汶川特大地震，这是世界历史上最大的自然灾害之一，共造成69227人丧生、374643人受伤、17824人失踪，给灾区人民生产生活造成了极大损失。地震发生后，有1000多名来自全国各地的社会工作者参与了灾害紧急救援、灾区群众过渡性安置和灾后恢复重建工作。他们秉承助人自助的专业理念、发扬无私奉献的专业精神，围绕灾区群众需求开展了心理疏导、情绪抚慰、残障康复、社区重建、生计支持、能力提升等一系列服务项目，得到了灾区党委政府和群众的充分认可。特别是在灾区党委政府的重视支持下，通过外来资源与本地力量的协作联动，组建了一批灾区本地的社会工作人才机构，使社会工作支援项目转化成了灾区本地项目，使社会工作专业理念、知识、方法在灾区落地生根，实现了社会工作的本地化、可持续发展。

社会工作在汶川地震中的介入，是我国首次开展灾害社会工作实务探索，在灾害救援和社会工作发展历史上具有里程碑意义。在之后发生的甘南舟曲特大泥石流灾害、玉树地震、雅安芦山地震中，社会工作介入汶川地震的经验被充分借鉴并得到进一步丰富和发展。民政部在此基础上制定出台了《关于加快推进灾害社会工作服务的指导意见》，并在2014年8月云南鲁甸地震发生后首次统筹实施了国家层面的社会工作服务支援计划，将灾害社会工作推向了新的发展阶段。

灾害社会工作是一个非常特殊的专业领域，社会工作者在灾害管理中扮演

着多种角色，需要与政府部门、社区机构、社会组织、企业等方面建立良好协作关系，针对灾后不同阶段特点，为不同服务对象提供个性化服务，这对灾害社会工作者的能力素质提出了很高要求。由于我国社会工作发展起步较晚，与社会工作发达国家和地区相比，灾害社会工作的教学研究与实务积累较为欠缺，迫切需要加强国（境）内外的交流合作，不断提升国内灾害社会工作的职业化专业化水平。

我国灾害社会工作的孕育发展，得到了香港社会工作同仁的大力支持。其中，来自香港理工大学的沈文伟博士在香港怡和集团思健基金会的资助下，与成都信息工程学院、四川农业大学、西南石油大学、乐山师院等高校合作开展了"四川灾后社会心理工作项目"。该项目自2009年2月开始，到2016年12月结束，致力于为灾区学校的学生、教师及其家庭、社区提供社会心理健康服务，为国内同行开展灾害社会工作提供了典型示范。此外，沈文伟博士通过"地震无疆界项目"，与英国剑桥、牛津、杜伦、赫尔、利兹、诺森比亚等高校的专家学者以及英国海外发展部、地质调查局、国家土地观测中心、灾害风险应急中心等机构密切合作，在哈萨克斯坦、吉尔吉斯斯坦、印度、意大利、希腊、土耳其、伊朗、尼泊尔等国家开展了一系列灾害社会工作研究与实务项目，对建立多学科交叉、跨部门联动的灾害社会工作服务机制，提升地震灾害的综合应对能力进行了卓有成效的探索。

经过汶川特大地震以来六年多的实践积累，沈文伟博士及其合作伙伴总结了近年来灾害社会工作研究成果以及汶川、陕西等地区防灾减灾、灾害救援和灾后恢复重建工作经验，精心编著了"中国灾害社会心理工作丛书"。丛书所包含的成果具有很强的实用价值，能够指引灾害社会工作者科学开展社会心理需求评估工作，设计实施社会心理服务项目。这些成果已经在芦山地震和鲁甸地震灾后恢复重建工作中得到了有效应用。同时，该丛书也有助于丰富社会工作教学内容，促进培养实务型社会工作人才特别是从事灾害管理与灾后恢复重建工作的社会工作者。我十分期待"中国灾害社会心理工作丛书"的出版发行，并愿意向广大社会工作从业人员推荐。

伴随着近年来中央一系列社会工作重大政策和相关法规的出台，我国社会工作事业迎来了蓬勃发展的春天。民政部社会工作司将坚持不懈地推进包括灾害社会工作在内的各项社会工作事业发展，充分发挥社会工作者的重要作用，增进人民群众的社会福祉。也真诚地希望社会工作教育、研究、实务、行政各界同仁，秉承社会工作的专业价值，发扬社会工作的专业精神，坚守社会工作的专业理想，精诚团结、继往开来、不断提升，为我们共同热爱的社会工作事业贡献更多智慧与努力。

是为序。

民政部社会工作司司长　王金华

2014年9月22日

目 录

第一章	导　论	001
	第一节　研究缘起	001
	第二节　灾难与应激	002
	第三节　理论视角	024
	第四节　研究方法	034
第二章	医务社会工作介入鲁甸震后伤员的心理急救	040
	第一节　伤员的心理急救需求评估	040
	第二节　伤员的心理急救实施过程	044
	第三节　关于灾后心理急救的思考	047
第三章	医务社会工作介入鲁甸震后伤员的社会心理干预	051
	第一节　伤员的社会心理需求评估	051
	第二节　伤员的社会心理干预实施过程	052
	第三节　伤员社会心理干预的效果分析	060
第四章	鲁甸震后伤员的心理复原力研究	069
	第一节　心理复原力的概念解析	069

第二节　灾后伤员心理复原力的质性研究 …………………… 079
第三节　灾后伤员心理复原力的特征分析 …………………… 111

第五章　灾后幸存者丧失与哀伤历程研究 …………………… 123

第一节　哀伤研究的新进展 …………………………………… 123
第二节　我国丧葬文化在哀伤修复中的意义 ………………… 133
第三节　鲁甸震后丧亲个案的哀伤历程分析 ………………… 140

第六章　灾后心理救援的新视角 ………………………………… 151

第一节　社会工作介入灾难后心理救援的路径探索 ………… 151
第二节　鲁甸震后医务社会工作介入心理救援的特点分析 … 157
第三节　鲁甸震后医务社会工作者的角色与功能研究 ……… 161
第四节　鲁甸震后医务社会工作者的角色实践困境 ………… 175

结束语 ……………………………………………………………… 181

研究总结 …………………………………………………………… 181
研究展望 …………………………………………………………… 186
致　谢 ……………………………………………………………… 187

参考文献 …………………………………………………………… 188

缩略词 ……………………………………………………………… 208

附　录 ……………………………………………………………… 209

附录 1　世界卫生组织—联合国难民署自然灾害受灾民众
严重症状评定表（现场调查版）………………………… 209

附录2　创伤后应激障碍症状自评量表（PCL-C） ……………… 214
附录3　临床用创伤后应激障碍量表（CAPS）（样题） ……… 215
附录4　事件影响量表（修订版）（IES-R） ……………… 216
附录5　简明创伤后障碍访谈（BIPD）（样题） ……………… 218
附录6　SF-36生活质量调查表（样题） ……………… 221
附录7　地震灾后早期快速心理筛查工具（测试版） ……… 222
附录8　社会支持评定量表（SSRS） ……………… 223
附录9　知情同意书 ……………… 225
附录10　访谈提纲 ……………… 226
附录11　心理复原力量表（CD-RISC） ……………… 226

第一章 导 论

第一节 研究缘起

2012年、2014年云南省昭通地区连续发生了"9·07"彝良地震、"8·03"鲁甸地震等严重自然灾害。2014年8月3日16时30分,昭通市鲁甸县发生了"8·03"地震(震级6.5级,中心烈度9级,位于北纬27.1度、东经103.3度),造成了108.84万人受灾,其中617人死亡,112人失踪,3143人受伤,22.97万人被紧急转移安置,4.06万户的12.91万间房屋严重损坏(新华网,2014)。

本次地震的灾害特点:一是灾区人口密度大,人员死亡较集中;二是地震震动强度大,灾区破坏严重;三是灾区属国家级贫困地区,民居抗震能力弱,且多数民房坐落在河谷陡坡上,边坡效应加重了房屋震害,重灾区房屋成片损毁、倒塌;四是灾区条件恶劣,属高山峡谷地貌,又时值雨季,诱发了极其严重的次生地质灾害,导致人员伤亡惨重(帅向华等,2014)。地震引发了三次严重的特大型滑坡,给红石岩、甘家寨、王家坡造成了巨大损失。8月6日,滑坡、泥石流、滚石以及堰塞湖等次生灾害导致赵皮山半山腰上的甘家寨子(共280户)全部被淹没,幸存者约200人。此次地震的地质次生灾害隐患点达1000多处,是云南省14年来发生的震级最高的地震。

"8·03"震后,民政部立即整合力量,制定了鲁甸地震灾区的社会工作支援方案,迅速组建北京、上海、四川、广东、中国社会工作协会五支省外社会工作队伍和云南本省社会工作队伍,奔赴灾区,积极展开救援。此次地震发生于高寒贫困山区,受灾群众受教育程度偏低,缺乏现代医疗服务的相关常识与经验。在灾难救援过程中,如何更好地配合国家政策并调动医务工作

者的主动性与积极性，做好医疗救治、心理援助以及各种支援的协调，是一项艰巨的工作（陈竺等，2012）。灾难发生后，受伤幸存者是特殊的群体，由于身体上的伤残，其心理创伤问题显得更为突出，他们是心理救援的重要服务对象。

"8·03"震后，昭通市第一人民医院（三甲医院）收治了500多名受伤幸存者，其中重伤收治入院者375人，该院集中了最多、最重的受伤幸存者。国家医疗队的20多名专家汇集于此，指导伤情的评估和个体性治疗的开展，保证每个受伤幸存者都得到全面的救治，最大限度地降低死亡率和致残率（新华网，2014）。同时，云南省民政厅指派医务社会工作服务队进驻昭通市第一人民医院，与当地民政局、卫生局通力合作，成立了我国西南地区第一个灾后医务社会工作站。该社工站以医务社会工作者为组织者和联络者，组建了跨专业的心理救援队伍，为住院的受伤幸存者开展为期3个多月的心理救援，以及灾后18个月的社区追踪评估，探索医务社会工作介入灾后心理救援的服务模式，以期推动我国医务社会工作的发展，同时，为我国灾害管理、科学救援提供可参考的经验。

第二节 灾难与应激

一 心理应激反应与应激障碍

21世纪灾害频频发生，人类面临着前所未有的危机，如美国"9·11"恐怖袭击（2001）、东南亚特大海啸（2004）、中国汶川"5·12"特大地震（2008）等。到目前为止，人类仍无法预测灾害，灾难不仅造成了大量的人员伤亡和财产损失，而且给幸存者带来了巨大的心理冲击，甚至是严重的心理应激损伤。因此，重大灾难心理应激问题的相关研究越来越受到世界各国研究者的关注（钱铭怡，2005）。

（一）灾难事件与心理应激

灾难事件又称严重突发事件（Critical Incident），是一种导致个体产生无法抵御的感觉、失去控制的情境，通常被定义为一种大规模的、集体的应激处境，其具有发生突然、难以预料、危害大且影响广泛等特点。个体在这种情境下不知所措、无所适从、失控、失能，进而会使个体出现一系列与应激有关的障碍，即心理应激障碍（Sattler et al.，2014）。美国精神病学协会（APA）提出，发生灾害时人们可能会发生灾害应激反应，包括正常应激反应与异常应激反应。

1. 正常应激反应

个体在外界的强烈刺激下，或多或少都会有应激反应，使人感到难受或暂时性的功能失调，这些属于正常现象，不需要特殊处理或治疗，常见的应激反应有以下几种症状和体征。第一种，肌肉张力增强：全身战栗、震颤，手、足颤抖，说话困难。第二种，机体反应增强：出汗、食欲减退、恶心、呕吐、胃肠道不适、腹泻、尿频、晕眩、喘不出气等。第三种，心理状态的变化：对周围响动敏感、过分担忧、过分警觉，暂时无表情或发呆、悲哀、愤慨，迫切地要逃遁，中度欣快、激动、流泪、不安。这些应激反应，在遭灾时并非每个人都会出现，许多人可能只有其中的一种或几种，少数人会有大部分症状，也有人极少有或没有上述症状。

2. 异常应激反应

灾害发生后，以下这四种异常的应激反应危害极大，应该被重视。第一种，惊慌（盲目逃遁）。当事人完全失去对现实的判断力，无理智地企图盲目逃遁。这种反应很少见。第二种，抑郁反应（活动迟钝、麻木）。当事人发呆、凝视、木讷，不能自助，也不能助人。有这种反应的当事人经帮助后，能较快恢复。第三种，活动过强反应。当事人出现慌慌张张的一连串无目的、无意义的活动，如散布谣言，无休止地提出无意义的建议和要求等。第四种，躯体反应。当事人固执地认为自身的某一部分不起作用，即看不见、听不到或不能说话，甚至不能行动，一个或几个肢体可能完全丧失感觉或力量。在灾难发生过程中，当事人可先后依次出现几种反应，这不是正常灾害反应的一时性功能障碍（吴柏龄，1988）。

3. 应激障碍

灾难导致的身心反应，绝大多数人会逐渐消失，然而，有一部分人的反应将持续或加重，甚至出现心理应激障碍，主要表现为急性应激障碍（ASD）和创伤后应激障碍（PTSD）（邓明昱，2016；刘瑛等，2015）。

（1）急性应激障碍（Acute Stress Disorder，ASD）

急性应激障碍（ASD），是指由极端严重的躯体或心理应激因素导致的短

暂的精神障碍。ASD 的表现为：主观感受麻木、对环境意识能力下降、失去现实感、失去自我感、分离性遗忘等多项分离症状中至少三项为典型表现。ASD 在个体遭遇创伤事件后会立刻出现，持续时间大于两天，但小于四周（张丽等，2016）。

对于不同的创伤事件，ASD 的发生率也有很大不同，通常报道时点患病率为 10%～43%（杜建政、夏冰丽，2009）。在交通事故中，10%～16% 的受测者完全符合 ASD 诊断标准，15%～28% 的受测者符合亚 ASD（仅不符合1个诊断标准）诊断标准；对癌症患者的 ASD 进行研究，结果表明，28% 的受测者符合 ASD 诊断标准，32% 的受测者符合亚 ASD 诊断标准。战争期间 5.3%～8.5% 的医生会表现出 ASD 症状。

（2）创伤后应激障碍（Post-traumatic Stress Disorder，PTSD）

创伤后应激障碍（PTSD），是由极端严重的躯体或心理应激因素所导致的长期持续的或延迟出现的精神障碍。美国 2013 年 5 月出版的《精神疾病诊断与统计手册》（DSM-V）将 PTSD 的核心症状修改为四组：①在创伤事件发生后，存在 1 种（或多种）与创伤事件有关的重新体验症状；②创伤事件发生后开始出现持续地回避与创伤事件有关的刺激；③与创伤性事件有关的认知和心境方面的消极改变，在创伤事件发生后开始出现或加重；④与创伤事件有关的警觉性或反应性有显著的改变，在创伤事件发生后开始出现或加重（邓明昱，2016）。

PTSD 的症状持续至少 1 个月，其中症状持续时间小于 3 个月的称为急性 PTSD，超过 3 个月的称为慢性 PTSD，创伤事件发生 6 个月，症状开始出现的称为延迟 PTSD。对于大部分人来说，灾后导致的身心反应会逐渐消失，但相当一部分人的反应将持续或程度加重，进而出现应激障碍。PTSD 总的患病率为 1.0%～2.6%。大约有 50% 的 PTSD 患者在 3 个月之内复原。另有文献指出，约有 30% 的患者可以完全康复，40% 的患者持续有轻微症状，20% 的患者有较严重的症状，10% 的患者症状持续不会改善甚至恶化（杜建政、夏冰丽，2009；刘瑛等，2015；邓明昱，2016；Brooks et al.，2016；Anderson et al.，2016）。

（二）灾后心理反应与心理救援

有研究者认为，灾难事件的发生、发展有明显的阶段性。国内外学者对自然灾难后的心理反应阶段的划分不尽相同。有的学者把自然灾难后人们心理反应的阶段划分成七个阶段，分别为灾难前期或预报期、冲击阶段、自救互救阶段、弥补阶段或"蜜月期"、核查阶段、幻灭阶段和重建、恢复阶段（钱铭怡，2005；Brooks et al.，2016；Anderson et al.，2016）。尽管人们对灾难和创伤的心理反应模式不同，但是根据时间的不同，通常可以分成四个阶段。第一阶段为灾后直接期，人们的心理反应是强烈的情绪体验，如怀疑、麻木、恐惧和疑惑，这是"异常事件的常态反应"。第二阶段为灾后1周持续到几个月，否定与闯入性症状交替出现。闯入性症状通常先出现，并且伴随自动觉醒的闯入性思维和知觉，如高度震惊反应、高警觉性、失眠和做噩梦等。在此阶段，通常伴有疲劳、头晕、头痛和恶心等躯体症状，焦虑、易怒、冷漠和社会功能退缩等症状也常见。第三阶段为灾后持续1年，这属于灾后幸存者经历了灾后"蜜月期"（灾难发生后四面八方的资源涌入灾区，灾后幸存者受到关注），当援助和重建达不到预期目标时，而产生失望和怨恨的情绪。第四个阶段为重建期，这个时期将持续数年的时间。在此阶段，灾难幸存者逐渐地重建他们的生活、家庭和寻找工作。通过对灾难事件的重新评估和意义的陈述，最初的心理和躯体症状渐渐消失（郭旗、肖水源，2010）。

不同学者对灾后心理应激反应阶段的划分，除了考虑到个体应激反应的状况，也结合了不同阶段灾后救援的特点和任务（见表1-1）。

表1-1 灾后心理反应及救援阶段不同的划分

划分方法	划分阶段/时期	1	2	3	4	5	6	7
心理反应的阶段划分	三个阶段	紧急期（灾后1~2周）	冲击初期（灾后3个月）	重建期（灾后第4个月以后）				
	四个阶段	灾后直接阶段（灾后1周）	调节阶段（灾后1周至数月）	幻灭阶段和重建（灾后约持续1年）	重建（灾后数年）			
	七个阶段	灾难前期或预报期	冲击阶段	自救互救阶段	弥补阶段或"蜜月期"（灾后1周至灾后数月）	核查阶段	幻灭阶段和重建（救援组织相继撤离阶段）	恢复阶段（灾后数年）

续表

划分方法	划分阶段/时期	1	2	3	4	5	6	7
心理救援的阶段划分	心理急救期	紧急心理危机干预（灾后4周前）						
	心理救援期	紧急期（灾后1周）	灾后冲击早期（灾后前3个月）	缓解和恢复期（灾后3个月以后）				

从表1-1中我们可以看到，从两个角度对灾后不同阶段进行划分：一个是从灾后人们的心理反应阶段进行划分；另一个是从灾后救援的角度来进行划分。以上两种划分方法有重合的地方，但明确的是灾后1周内是紧急救援的阶段，称为紧急期或者冲击期，这也是生命救援和早期心理救援的重要时期。

二 灾后不同阶段的心理危机干预

心理危机干预（Crisis Intervention）是指在发生严重突发事件或创伤性事件后采取的迅速、及时的心理干预，能帮助个体化解危机，告知其如何运用合适的方法处理应激事件，并采取支持性治疗帮助个体渡过危机，恢复正常的适应水平，防止或减轻未来心理创伤的影响（Everly et al., 2002；伍新春等，2013）。心理危机干预又称为心理救援。我国学者指出，心理救援（Psychotherapy Healing）是指由政府或其他社会力量组织的以心理专家、医学专家为骨干的专业心理救助队伍，针对灾民的实际心理状态，运用心理学、医学等相关知识，对存在心理危机的群体进行心理疏导和干预，缓解其因灾难或伤害带来的心理压力，并对心理受到严重创伤者进行个体心理救援和救助工作（杨成君、时勘，2008）。灾后心理救援的概念突出了跨专业救援队伍的合作和综合救治的特点。

对于自然灾难，尤其是影响巨大、造成大规模伤亡的自然灾难，灾后的心理危机干预需要分阶段、分层次进行，以便为受灾人群提供适时、有效的心理救援，帮助其恢复心理平衡（何立群、张涛，2008）。卫生部2008年5

月发布了地震灾区《紧急心理危机干预指导性原则》,紧急心理危机干预的时限为灾难发生后的4周以内。国内外有关经验表明,灾难发生后不同的时间段救援重点不同。通常灾后救援划分为三个阶段:第一个阶段为灾后第1周,该阶段为"紧急期",以救人和保障安全为主,心理救援主要是心理急救;第二个阶段为灾后前3个月,该阶段为"灾后冲击早期",心理救援以重建社会支持感、情绪疏解和哀伤辅导为重点;第三个阶段为灾后3个月以后,该阶段为"缓解和恢复期",在这一阶段,心理障碍、幸存者自杀将会逐渐显现和增加,心理救援的重点是构建社会支持系统,增强幸存者的社会适应能力。在不同人群中灾难带来的心理创伤将以不同形式持续存在多年(付芳等,2009)。

灾后心理危机干预有诸多具体的方法和技术,根据灾难发生时人们心理危机反应的不同阶段,以及救援者所受的不同训练,可以采用不同的干预技术对灾后幸存者实施心理危机干预。灾后心理危机干预通常分为以下三个阶段,每个阶段的介入目标以及方法都各有侧重。

(一) 紧急期的心理危机干预

本阶段干预时间为紧急期,它一般是指灾难发生后的1周内。本阶段的心理干预目标为稳定受助者的情绪、消除焦虑和恐惧,帮其进行心理宣泄等。心理救援者提供的干预更多的是一种心理服务,而不是正式的心理治疗,服务的对象是所有的受灾人群。值得注意的是,根据Caplan的危机理论,这一阶段的人们不太会向他人求助,因此心理救援者要积极主动地为他们提供帮助,到受灾人群居住的地方进行识别、评估和服务(龙迪,1998)。紧急期的心理危机干预技术主要为心理急救(Psychological First Aid, PFA)和严重事件应激晤谈(Critical Incident Stress Debriefing, CISD)。

1. 心理急救(Psychological First Aid, PFA)

灾难发生的第1周为紧急期,这个阶段的心理危机干预以心理急救为主。心理急救(PFA)在世界卫生组织(World Health Organization, WHO)2011年出版的《现场工作者心理急救指南》中被定义为:对遭受创伤而需要支援的人,提供人道性质的支持。在美国国立儿童创伤应激中心(NCCTS)和美国创伤后应激障碍研究中心(NCPSD)共同编制的 *Psychological First Aid* 中将心理急救定义为:用来减轻灾难事件所带来的痛苦,并增强长

期和短期的功能性适应能力的一种方法。二者定义出发的角度不同，但是心理急救的理念基本一致（Beyerlein et al.，2006）。心理急救是一种创伤后即刻干预的方法，对遭受创伤需要干预的个体提供人道主义性质的支持，目的是评估和缓解创伤后的即刻压力，易化心理和行为适应力，并根据需要提供进一步的医疗服务（Shultz et al.，2013）。

近年来，心理急救已得到许多国外专家及团体的推荐，是早期心理危机干预的首选方法。在2001年美国"9·11"事件之前，对于灾难幸存者早期精神卫生干预，国际上普遍认同的危机干预方法一直是严重事件应激晤谈；在"9·11"事件发生后，心理急救得到越来越多国外专家的推荐和认可（Alisic et al.，2014；Halpern and Tramontin，2007）。Rose等学者认为，最佳的早期危机干预不应该干扰自然的康复过程，心理急救可以为自然康复创造条件，并且清除康复过程中的障碍（Rose et al.，1999）。Brett的研究证明，早期的危机干预应该是根据受灾人群的特殊性、创伤种类、康复环境等不断调整服务目标，分阶段进行。工作的重点应该放在满足幸存者生存和安全的需求上，才能保证后期提供的心理干预更能发挥有效的作用，而心理急救就能满足这一目的（Brett，2008）。

心理急救有八个核心要素，包括接触和投入、安全和舒适、稳定情绪、收集信息、实际帮助、联系社会援助、应对信息及联合协助性服务设施（郭旗，2010），每个操作过程都有具体的目标和实施步骤。这些核心急救行为构成早期，即事件发生的头几天或者头几周的心理急救基础（见表1-2）。

心理急救有独特的优势。第一，即时性。灾难事件发生后，即刻利用现有的资源进行干预，干预的参与人员不仅包括精神卫生领域的专业医师，而且社工、护士、学校教职人员等均可实施（Brooks et al.，2016）。在一般的庇护所、野战医院、医疗分流区、急救中心等均可进行，易于灾后大规模开展。同单次实施的严重事件应激晤谈相比，心理急救具有可持续实施的优点（Shultz et al.，2013）。第二，可推广性。心理急救不是正式的临床干预，无论专家还是志愿者都可以很快掌握。同时由于心理急救适用于不同年龄阶段，对待不同文化背景的受助者又可以灵活地处理，所以在预防和应对突发事件中，心理急救是可以用来推广学习的有效方法（毛允杰等，2009）。

表1-2　心理急救的步骤和方法

步骤	目标	具体操作步骤
1. 接触和投入	建立有效的协助关系	1. 积极回应受助者，倾听与理解；通过非强迫性的、富有同情心的、助人的方式与受助者接触 2. 介绍自己，尤其是自己的角色 3. 保证谈话的隐私性
2. 安全和舒适	增加受助者当前和今后的安全感，增强其自我安全感的确定	安全感可以通过一些具体的方式获得： 1. 做一些以前熟悉的、积极的和适用的事情 2. 获得当前的准确信息 3. 与获得的确实可用的资源建立联系 4. 理解灾难正在变得越来越安全的信息 5. 与其他遭受同样灾难的人建立联系
3. 稳定情绪	安抚和引导情绪崩溃和失控的受助者，使其恢复平静	1. 多数受助者并不需要特别的稳定情绪的援助，不需要超出正常援助性接触之外的干预，对那些反应强烈、持久，严重影响正常生活功能的受助者，需要提供稳定情绪的援助 2. 可以通过一些具体技术安抚情绪失控的受助者，例如"着陆"（Grounding）技术等
4. 收集信息	识别受助者直接的需求和忧虑，获得可能的解释和确认，给予关切，解释问题	收集以下方面的信息： 1. 受助者创伤经历的性质和严重程度 2. 亲人去世 3. 与亲人失去联系或担忧亲人的安全 4. 当前的处境和对待持续存在的危险的担忧 5. 身体和心理状况以及求治需求 6. 丧失家园、财产 7. 社会支持的可及性 8. 自杀和伤及他人的念头 9. 药物使用的情况 10. 发展性的特殊担忧，如升学考试等 11. 过去的创伤暴露史和亲人丧失经历
5. 实际帮助	向说出直接需求和忧虑的受助者提供实际帮助	协助受助者应对当前或者预期的问题是心理急救的核心组成部分；协助受助者确定紧急的需求，制订出切实可行的计划，并帮助其采取行动

资料来源：美国国立儿童创伤应激中心编，2008，《心理急救现场操作指南》（第二版），董慧琦、王素琴等译，希望出版社。

国外在心理急救方面的研究已经比较成熟，并且有相应完善的心理救助系统和法治保障（毛允杰等，2009）。国内在心理急救方面的研究才起步，与发达国家相比差距还较大，目前国内的研究仍集中在对国外同行研究结果的验证方面。在临床方面，从医学心理学和临床心理学角度对灾后心理急救的研究还很少（罗增让、郭春涵，2015）。在政策上，心理急救缺乏急救系统和法律保障。心理急救在某种程度上和医疗急救同样重要，但目前我国还没有一个统一的心理急救系统（张小英，2016）。"5·12"汶川地震发生后，美国国立儿童创伤应激研究中心迅速授权将其所属版权的 Psychological First Aid-Field Operations Guide 翻译为中文，并将译本上传到了网站上，供免费下载，其在我国还举行了多次 PFA 运用的培训班。中外心理卫生专家通力合作，推动了心理急救在我国的发展。

2. 严重事件应激晤谈（Critical Incident Stress Debriefing，CISD）

严重事件应激晤谈（CISD）是一种广泛运用于创伤事件后的即时干预手段，是通过系统的、半结构化的交谈来减轻压力的方法，可以是一对一的，也可以团体的方式进行（Litz，2010）。它是指小组成员一起讨论灾难时的经历，通过灾后早期的宣泄、对创伤经验的描述以及小组和同伴的支持，来促使参加者从创伤性经历中逐渐恢复，从而维护受灾人群的心理健康的方法。通常的做法是将灾难中涉及的人群分组进行集体晤谈。在晤谈中，人们公开讨论内心的感受，在团体中获得支持和安慰，从而帮助参加者从认知和情感上消除创伤体验。有文献表明，紧急期集体晤谈的理想时间是灾难发生后的24~48小时，持续时间为1.5~3小时；而以重建为目的的晤谈可以在恢复期进行，在灾难发生后的3~4周内实施（何立群、张涛，2008）。

严重事件应激晤谈的操作过程可分为七个步骤（见表1-3）。虽然有大量的实证研究表明严重事件应激晤谈对减轻创伤后应激反应有良好的效果，但是关于其有效性也面临一系列的争议和问题（王希林等，2003）。严重事件应激晤谈的创始人 Mitche 也承认，不是每个人都可以从严重事件应激晤谈中受益。受灾人群的人口统计学变量、使用时机和时间长度、小组领导者的素质等，都会对严重事件应激晤谈产生重要影响。如灾难前社会经济地位与受教育程度低、有心理疾病或创伤经验，都会成为严重事件应激晤谈难以取得疗效的有效变量（吴英璋、许文耀，2004）。另外，适当的干预时机也是至关重要的。一般认为宜早不宜迟，危机事件发生后的1小时是转化的关键时期。但现在也有研究认为，适用时机并不一定局限于1小时以内，通常在事件发生的1天内进行；而在重大灾难中，通常在1周后实施。

表 1-3　严重事件应激晤谈的步骤及方法

步骤	方法
1. 导入阶段	指导者进行自我介绍，介绍集体晤谈的规则，解释保密问题
2. 陈述事实	1. 请参加者描述灾难发生过程中他们自己及事件本身的一些实际情况 2. 询问参加者在这些过程中的所在、所闻、所见、所嗅和所为 3. 每一位参加者都必须发言，然后参加者会感到整个事件，由此而真相大白
3. 引起思考	让每一位参加者描述当时的想法，以及这个想法所带出的情绪反应。专业人员往往采用"句子完形"的游戏活动引导大家尽可能深入地思考
4. 陈述感受	询问有关感受的问题：事件发生时您有何感受？您目前有何感受？以前您有过类似感受吗？
5. 描述症状	1. 请参加者描述总结的应激反应综合征症状，如失眠、食欲不振、脑子不停地闪现事件、注意力不集中、记忆力下降、决策和解决问题的能力减退、易发脾气、易受惊吓等 2. 询问灾难事件过程中参加者有何不寻常的体验，目前有何不寻常的体验，事件发生后生活有何改变，请参加者讨论其体验对家庭、工作和生活造成的影响和改变
6. 进行辅导	1. 介绍正常的应激反应表现，提供准确的信息 2. 讲解事件、应激反应模式 3. 引导参与者自我识别症状，将应激反应常态化，动员自身和团队资源相互支持，强调适应能力 4. 讨论积极的适应与应付方式 5. 提供有关进一步服务的信息 6. 提供可能出现的并存问题（如过度饮酒） 7. 根据参与者各自的情况给出减轻应激的策略 8. 提供应激管理的具体技巧，让参与者明白严重事件应激晤谈不是对精神病人的治疗，而是面向正常人的一种课程学习
7. 再生期	1. 拾遗收尾：总结晤谈过程；回答问题；提供保证，讨论行动计划；重申共同反应；强调小组成员的相互支持；可利用资源；主持人总结 2. 在这个阶段，专业人员还将对每一位参与者做出评估，决定哪些人还需要接受特殊的专业干预或者转介给专门的救助机构

虽然本书将严重事件应激晤谈的方法归类为紧急期的心理危机干预技术，但并不意味着它不适用于后续阶段的心理干预。最新研究甚至认为，在两年以内运用该技术进行干预也具有明显的效果（刘徽，2008）。至于运用的时间长度，有的研究者认为每次谈话的最佳时间为 1.5~3 小时，也有研究者认为 2~3 小时较为适当，不过严重事件应激晤谈干预的时机要尽可能早。

（二）灾后初期的心理危机干预

本阶段干预时间为灾后初期，它是指发生灾难后的前 3 个月。本阶段的心

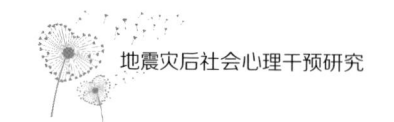

理干预目标：一是进一步帮助受灾人群进行心理宣泄，处理紧张焦虑的情绪；二是帮助受灾人群寻找解决问题的方法，包括调动和利用其社会支持系统，找到正向资源以及适时、有效的应对方式，改变其认知偏差，建立勇气和信心，同时帮助其安排日常生活，获得新的信息或知识，并协助其解决实际问题（李国瑞，2008）。

在这一阶段，受灾程度不同的人群，其心理特点是有所差异的。根据受灾人群的创伤暴露程度，可以把他们划分为三类：灾难幸存者、亲属或好友遇难者、受地震波及的一般人群（罗震雷、杨淑霞，2008）。本阶段的受灾人群开始有了求助动机，也最容易受到别人的暗示和影响，心理救援者对处于这一阶段的个体影响最大，这一阶段是心理干预的关键时期（龙迪，1998）。这一时期，心理救援者若能为受灾人群提供符合其心理需求的援助，就可以帮助他们顺利渡过危机，并能有效降低日后创伤后应激障碍的发病率（Rreyes and Elhai，2004）。

根据灾难初期的心理干预模式和目标，这一时期更多的是从认知和行为层面对受灾人群进行干预，严重事件应激晤谈在此阶段仍然可以使用。但是，这一阶段主要是进行深入的心理干预，包括创伤治疗、哀伤辅导、生命教育等方面，具体的干预方法如认知疗法、注意转移、放松疗法、系统脱敏疗法和艺术疗法都被证明有较好的疗效（肖旻婵，2008）。下文将着重介绍运用最广泛的认知和行为疗法（Cognitive-Behavior Therapy，CBT）和眼动脱敏再处理（Eye Movement Desensitization and Reprocessing，EMDR）疗法。

1. 认知和行为疗法（Cognitive-Behavior Therapy，CBT）

认知和行为疗法是一组通过改变思维或信念和行为的方法来改变不良认知，达到消除不良情绪和行为的短暂心理治疗方法。其中 Gilliand 的危机干预六步法是运用认知和行为疗法进行心理危机干预的典型方法，在实际工作中运用最广泛，具体包括以下六个步骤：①确定问题，从求助者角度确定和理解求助者本人所认识的问题；②确定求助者人身安全，在危机干预过程中，危机干预者要将保证求助者的安全作为首要目标，把求助者对自我和他人的生理、心理危险性降到最低；③提供支持，强调与求助者的沟通和交流，使求助者了解危机干预者是完全可以信任，是能够给予其关心帮助的人；④寻求变通和替代方案，危机干预者要让求助者认识到有许多变通的应对方式可供选择，其中有些选择比别的选择更合适；⑤帮助求助者拟订计划，危机干预者要与求助者共同制定行动步骤来矫正求助者情绪的失衡状态;⑥获得承诺,让求助者复述所制订的计划,并让其明确保证按照计划行事(Gilliland and James,2000)。

2. 眼动脱敏再处理(Eye Movement Desensitization and Reprocessing,EMDR)疗法

眼动脱敏再处理技术是一种使用比较普遍,可减轻心理创伤程度及重建希望和信心的治疗方法。其治疗过程包括八个阶段。①病史采集阶段:评估受助者是否适合接受此疗法,制定出合理的治疗目标和可能的疗效。②准备阶段:向受助者介绍治疗原理和治疗目标,并采用一系列稳定化技术(如安全之所、保险箱等)帮助受助者达到一个稳定状态。③评估阶段:在评估阶段中,救援人员需要引导受助者选择需要被再加工的靶标(如图像、情绪、躯体感觉和对创伤事件的负性认知及其应该持有的正性认知),并取得对靶标的基准测试参数,即主观不适度(Subjective Units of Discomfort,SUD)和认知有效度(Validity of Cognition,VOC)分值。主观不适度是指创伤事件后受助者体验到的心理痛苦或困扰程度,分为0~10分,无困扰为0分,最大困扰为10分。认知有效度是指创伤事件后受助者对正性认知的评价,分为1~7分,完全不真实为1分,完全真实为7分。④脱敏阶段,也被称为眼动阶段,主要是通过眼动实现,此阶段的目标是将靶标体验再加工成一种适应性的解决方案。由于脱敏、资源植入和身体扫描三个阶段都涉及不同形式的双侧刺激操作,且与其他的程序性要素一起旨在提升受助者对信息的加工程度,故将此三个阶段共同作为再加工进行组合。⑤资源植入阶段:以指导语对受助者植入正向自我陈述和光明希望,取代负面、悲观的想法以扩展疗效。⑥身体扫描阶段:让受助者把原有的灾难情况画面和后来植入的正向自我陈述和光明希望在脑海中联结起来,虚拟练习,以新的力量面对旧有的创伤。⑦结束阶段:准备结束治疗,若有未完全处理的情形,则以放松技巧、催眠等方法来弥补,并说明以后如何使用该技术,以保证后效。⑧评估阶段:总评疗效和治疗目标达成与否,再制定下回治疗目标。

(三)灾后中长期的心理危机干预

本阶段干预时间为灾后中、长期,通常是指灾后3个月到数年的时间。对于大多数自然灾难而言,这时候人们的生活已经逐渐步入正轨,大多数人的应激症状已随着时间减弱,但仍然有些人的症状是持续增加的,这些症状可能表

现为创伤后应激障碍、抑郁和焦虑障碍等（Norrish et al.，2002）。本阶段的心理干预目标为：一是帮助受灾人群进行心理疏导，减少可能加重心理症状的因素，协助其利用和构建社会支持系统，进行灾后的心理重建；二是灾后精神疾病的防治，即对精神障碍进行识别、评估和治疗。对灾后心理危机干预的重点人群（如丧亲者、伤残者、老年人等）进行持续的评估和介入，以降低其精神疾病的发生率。

这一阶段的具体心理危机干预技术仍旧可以采用灾后早期的干预技术，以及创伤治疗、哀伤辅导、生命教育等方法。同时，这阶段的心理危机干预更突出"长期性、系统性、规范性"，因此需要构建相对完善的机制，其中主要包括以下两个方面。第一，注重本土化干预队伍的建设。灾后中、长期的心理干预工作越来越趋于专业化，对相关工作人员的要求更高，例如创伤治疗等，需要接受专业的培训和持续的督导。灾后一段时间内，大部分的志愿者和心理卫生工作人员相继离开，所以，充分利用当地的力量，培训本土人才，显得至关重要。第二，定点长期干预。很多政府部门会在自然灾难之后成立相应的机构以进行持续干预。例如，我国在汶川地震之后，实施了对口支援政策。除了政府组织之外，非政府组织也是重要的支持力量。总体而言，这些机构可以分为以社区为基础的形式和以学校为基础的形式，也有两者相结合的形式。前者主要是创造一种社会网络，预防孤独性自杀以及长期的健康问题（付芳等，2009）。对于后者而言，主要针对学校受灾非常严重，心理创伤的师生众多，或者学校在边远地区而且又没有心理老师的情况，那么可以借鉴学生帮助计划（Student Assistance Program，SAP）的模式。所谓学生帮助计划，即学校的心理援助由独立于学校的服务提供机构承担。该机构为学校提供完整的咨询系统，他们负责招募、审核该系统的参与者，包括专业的心理咨询师、精神病医疗工作者和社会工作者；咨询可以通过电话、网络、面询的方式进行；此外，学生帮助计划还必须有发达的转介网络。学生帮助计划能够克服地域障碍，及时为学生提供服务，同时把咨询师、医生、社工协同起来在一个系统内工作，能够集合有限的资源为不同的学校服务（Veeser and Blakemore，2006）。

（四）灾后心理危机干预的原则

灾后心理危机干预是个长期和系统的工作，上述对灾后心理危机干预不同阶段的划分，是为了明确每个阶段的干预目标和核心任务，各阶段之间并没有严格界限，除了危机的紧急期外，大多数心理干预技术均可在后续阶段使用，如认知和行为治疗技术、心理晤谈法、严重事件应激晤谈法及眼动脱敏再处理技术等，但无论采取何种技术都要遵循以下十条原则（潘光花，2013；钱革，2009）。

第一，协同性原则：争取受助者的信任，与其建立良好的沟通关系。

第二，支持性原则：让受助者感到被支持和被理解。

第三，表达性原则：提供宣泄机会，鼓励受助者把内心情感表达出来。

第四，正常化原则：提供心理健康教育，向受助者介绍应激的身心反应以及危机干预知识，解释心理危机的发展过程，对症状进行正常化。

第五，社会支持原则：充分调动受助者的社会支持系统（如家庭、社区等），鼓励其多与家人、亲友、同事接触和联系，减少孤独和隔离。

第六，个性化原则：根据不同受助者对事件的反应，采取不同的心理干预方法，以改善焦虑、抑郁和恐惧情绪，减少过激行为的发生。

第七，保护性原则：为避免不当的或者过多的干预给受助者带来的"第二次伤害"，心理救助工作必须积极稳妥地开展。

第八，需求至上原则：受助者的需求就是援助者的任务，凡是能够安抚受助者情绪和心态的工作，援助者要不分内外，热心为之。

第九，非术语原则：在心理援助过程中，援助者话语风格要通俗、朴实，避免卖弄术语，严禁夸夸其谈、滔滔不绝。

第十，实效性原则：根据受助者的文化背景和个性特征以及所处环境，一切从实效出发，灵活地采用多种心理行为干预策略与技术，特别注意一些非语言符号和手段的运用，比如呼吸放松等行为训练，绘画、音乐、舞蹈律动、体操等艺术治疗技术手段，游戏活动、体育活动形式等。

三 灾后常用的心理评估工具

（一）世界卫生组织—联合国难民署自然灾害受灾民众严重症状评定表（现场调查版）

世界卫生组织—联合国难民署自然灾害受灾民众严重症状评定表（现场调查版）包含了适合用于灾害环境下的综合健康调查和精神健康问题评估（WHO，2012）。这个工具主要由灾害救援人员和救援者来使用，不具备专业的精神健康知识的调查者经过培训后也可以使用。该工具的目的主要在于识别

那些优先需要精神健康护理的人群，适用于自然灾害环境下18岁以上的受灾人群。因此，所选用的问题旨在识别出那些具有严重抑郁和精神功能受损的人群，及时辨识，将有利于向公共健康政策决策者建议在多大限度上某些特定的精神健康问题需要关注，也可以告知社区精神健康服务机构某个受访者是否患有潜在的精神障碍。

该工具包括两个部分：第一部分是对受访者基本信息的收集；第二部分又包括A和B两个子部分。A部分主要涵盖了一些受访者可能患有的严重的抑郁障碍或心理功能受损症状；B部分包含了受访者家庭成员可能患有的症状，B部分比A部分测量更严重的精神障碍。在对该工具第二部分的A部分进行分析时，若受访者对6个问题中的3个或3个以上问题选择"总是""大多数时间""有时"，则标记为阳性，其他标记为阴性。被标记为阳性的受访者应优先考虑给予精神健康护理或介入（沈文伟、崔珂，2014）。该评估工具的具体内容详见附录1。

（二）创伤后应激障碍症状自评量表（Posttraumatic Stress Disorder Checklist-Civilian Version，PCL-C）

创伤后应激障碍症状自评量表（PCL-C）是美国创伤后应激障碍研究中心（National Center for Posttraumatic Stress Disorder，NCPSD）行为科学分部于1994年11月根据《精神疾病诊断与统计手册》（DSM-Ⅳ）制定的创伤后应激障碍（PTSD）症状调查表，该量表由17项条目组成。每题为5级评分，1分代表"从来没有"，5分代表"几乎总是"。累计各项的总分来判断PTSD症状的有无及严重程度，总分范围为17~85分，其中闯入症状5项，分值范围为5~25分；回避症状7项，分值范围为7~35分；警觉症状5项，分值范围为5~25分。目前筛查的阳性推荐划界分数为50分，即总分大于或等于50分，就很有可能被诊断为PTSD阳性症状。此表基于症状的数量和严重程度而提供一个连续的评分，是一个多维度观察PTSD症状的工具，PCL-C量表常作为PTSD症状诊断和干预或治疗PTSD的效果评价量表，具有良好的信度和效度。已有研究证明，PCL-C量表的内部一致性信度α系数为0.90，重测信度也在0.90以上。效度通过与临床用DSM-Ⅳ创伤后应激障碍量表（Clinician Administered PTSD Scale for DSM-Ⅳ，CAPS-DX）的相关度得以检验，其相关度达0.93（刘瑛等，2015）。在以往的研究中已经证明，该量表与临床用创伤后应激障碍量表（Clinician-Administered PTSD Scale，CAPS）有相似的心理测量学特性。PCL-C 量表又有很好的重测信度和内部一致性，汇聚效度可以由密西西比量表（Mississingppi Scale for PTSD）的高度相关来证明。按照评分原则，如果受试者总分大于或等于 50 分，就很有可能被诊断为 PTSD，50 分的划界有较好的诊断灵敏性（0.83）和特异性（0.83），kappa 系数为 0.64（Weathers et al.，1993）。该评估量表的具体内容详见附录 2。

（三）临床用创伤后应激障碍量表（Clinician-Administered PTSD Scale，CAPS）

临床用创伤后应激障碍量表（CAPS）是建立在《精神疾病诊断与统计手册》（DSM-V）基础上的综合性诊断工具，属于半结构式访谈量表，包括 30 个项目，涉及 17 个核心症状和 8 个相关症状，分为反复体验、回避和警觉增高 3 个分量表，其中反复体验症状为独立的类群，而回避和警觉增高属于同一类群。CAPS 主要是对患者过去一周内的症状进行评估，从频度和严重程度两个方面进行评分，分值范围为 0~136 分，根据不同分数分为 5 级：0~19 分为亚临床状态，20~39 分为轻微状态，40~59 分为中度状态，60~79 分为严重状态，80 分及以上为极重度状态。CAPS 的划界分数为 65 分，高于 65 分即可诊断为 PTSD。研究发现，CAPS 的敏感性系数为 0.84，特异性系数为 0.95，内部一致性系数为 0.78，CAPS 三个分量表的评分信度在 0.77~0.96，内部一致性系数在 0.8~0.9，会聚效度在 0.8~0.9。CAPS 目前被公认为是 PTSD 诊断的金标准之一，已经成为创伤领域应用最广泛的标准化诊断测量工具。目前国内有中南大学湘雅二医院翻译修订的 CAPS 中文版，已有研究证明，中文版 CAPS 量表总体的 α 系数大于 0.90，三个分量表的 α 系数均大于 0.75（邓明昱，2016）。该评估量表的具体内容详见附录 3。

（四）事件影响量表（修订版）（The Impact of Event Scale-Revised，IES-R）

Weiss 和 Marmar 于 1997 年依据 DSM-V 诊断标准在 Horowitz 事件影响量表（Impact of Events Scale，IES）的基础上修订完成了事件影响量表（修订版）（IES-R）。该量表用于评估创伤性事件所造成的主观痛苦，共计 22 个条目。要求受试者确定一件特殊的应激性生活事件，然后描述在过去的 7 天内，其受这一事件影响的程度，采用 5 点式计分，从 0"完全没有"到 4"极度"，包括

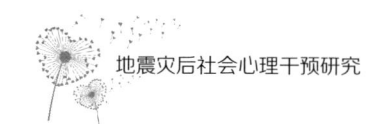

闯入、回避和过度警觉3个维度，分数范围为0～88分。根据不同分数分为4级：0～8分为亚临床状态，9～25分为轻度状态，26～43分为中度状态，44～88分为重度状态。该量表最常用来评估PTSD，因为它具有良好的心理计量特征（邓明昱，2016）。该评估量表的具体内容详见附录4。

（五）简明创伤后障碍访谈（Brief Interviews for Posttraumatic Disorder, BIPD）

国际创伤性应激研究学会（ISTSS）前主席John Briere于1998年编制，2004年修订的简明创伤后障碍访谈（BIPD）包括用于识别和诊断由明显的创伤事件导致的急性应激障碍（ASD）、短暂精神病障碍（BPDMS）和创伤后应激障碍（PTSD）3个筛查表。BIPD也是一个半结构访谈提纲，可以在灾后心理干预工作中结合会谈灵活使用。在遭遇创伤事件后的1个月内，如果出现重新体验、回避和警觉性增高等症状，但没有明显的精神病症状，可以考虑是急性应激障碍。如果出现明显的精神病症状，可以考虑是短暂精神病性障碍。如果创伤事件发生后，上述症状持续在1个月以上，无论有无明显的精神病症状，都要考虑是创伤后应激障碍。这3个筛查表，可以对这3种情况进行初步的评估（邓明昱，2016）。该评估量表的具体内容详见附录5。

四 灾难后心理救援队伍的建设

（一）心理救援队伍的人员构成

灾后心理救援团队的科学构建是实施有效心理救援的前提。灾难心理救援对救援人员是极大的挑战。救援团队的构建主要考虑两个方面。首先，参与救援的人员不仅要具有专业的知识和技能，而且要有良好的身体健康状况和心理素质。同时，为了减少救援者因直接的灾难暴露带来的心理冲击和伤害，心理救援多以干预小组的形式来开展工作。其次，救援队伍组成人员不仅包含心理学工作者，而且应该由救援官兵、精神科医护人员、心理咨询师、社会工作者、接受培训后的志愿者、政府官员等共同组成，强调多学科合作。这样可以整合各学科的优势力量，从多角度全面考虑干预方案，发挥各自的优势，整合资源，以提供最有效的救援。

(二) 心理救援人员的心理干预实施

灾难发生后，幸存者、遇难者家属经受了严重的心理创伤，作为心理救援人员，他们第一时间见证了悲惨的场面，造成了心理上的冲击，持续的救援工作，往往让救援人员身心疲惫，因此对救援人员进行适时的心理干预也是非常必要的。现有研究发现，心理救援人员在灾区工作1个月后会产生不同程度的身心问题，伴随心情不稳定、注意力不集中、易怒等反应，77.8%的人需要心理支持或心理学专业者的帮助（李建明、杨绍清，2008）。因此，心理救援人员也是需要密切关注的群体。一般来说，对心理救援人员的干预分为三个阶段，包括心理干预前阶段、心理干预阶段以及心理干预后阶段，不同的阶段需要对心理救援人员进行不同的干预，而且在整个救援过程中，必须有督导，无论是同辈督导还是督导师的督导。

在心理干预前阶段，即在进入灾难现场时，心理救援人员要做好准备，包括知识、心理以及资源的准备。该阶段主要的工作是制订应对的组织计划，并通过演习明确任务，减轻预期焦虑，建立团队信心；同时，对心理救援人员进行心理危机干预知识和技能的培训。虽然培训未必能使心理救援人员对灾难刺激带来的影响有全面充分的准备，但可以帮助救援人员在灾难发生时采用适应性反应。培训的内容主要包括以下几方面：①灾难对于个体、心理救援人员、组织与社区所造成的心理影响；②创伤后适应能力的有关因素；③识别灾难时易罹患有关心理问题的高危人群，灾后不同时期针对不同高危人群需要采用的特殊干预方法；④心理卫生干预具体方法的操作指南；⑤灾难心理卫生工作者压力管理的操作指南；⑥组建、运作灾难心理卫生服务小组的有关事宜；⑦整体的灾难反应计划、灾难心理卫生工作开展情况以及各组织间的协作沟通（张黎黎、钱铭怡，2004）。

在心理干预阶段，即使在有督导的情况下，也必须是团队合作开展心理救援工作。在这个阶段，应该合理安排工作岗位，尽可能是团队共同工作；在工作时间方面，包括休息和活动时间在内最长不超过12个小时；要保证工作人员之间以及与家人之间的交流，充分利用其社会支持系统，调动正向资源；同时采用缓解压力的技术帮助救援人员适时减轻心理压力，如减压活动、分享报告等心理干预方法；救援人员要有意识地加强自我护理，针对救援中灾难暴露带来的心理上的创伤，进行自我调节或者寻求团队、督导的帮助，确保心理干

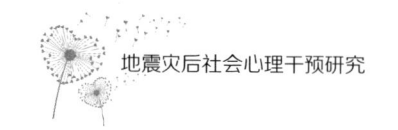

预工作的科学、高效。

心理干预结束后，要安排心理救援人员休息、放松，使他们尽快从紧张的工作状态中复原。如有需要帮助者，则安排相应的心理干预，以预防创伤后应激障碍的发生。例如，很多学者将 CISD 加以调整，运用在心理救援人员身上。Flannery 根据 CISD 设计了受攻击人员行动计划（Assaulted Staff Action Program，ASAP）。ASAP 是为临床医生和其他健康护理人员专门设计的。与 CISD 相比，Flannery 认为 ASAP 需要获得管理层面的支持，加上招募成员和提供服务，可能需要 6 个月左右的时间形成一个有效干预的小组（Flannery et al.，1993）。Talbot 根据 CISD 发展出针对心理救援人员自身的心理转化模型，通过公开焦虑、宣泄和分享经验的方式，让他们掌握应对自身心理困境的方法，并防止出现延迟压力症状的恶化（Talbot et al.，2010）。Dyregrov 发展出 CISD 的另一种变式，并称之为过程转化（Process Debriefing，PD）。与传统的 CISD 强调由专家向成员单方提供帮助不同，这个模型强调团体成员在专家协助下进行互动，与经典的 CISD 相比，PD 更重视同伴的力量（Dyregrov，1997）。

总之，心理救援人员也是心理应激障碍的高危人群，其心理健康状况和心理干预不容忽视，及时、科学、有效地对心理救援人员的干预可以在很大限度上降低救援人员心理障碍的发生。

五 关于我国灾后心理救援的思考

（一）灾后心理救援的法律化

国际上，灾难心理救援工作的开展已有 30 余年的历史，发达国家早在 20 世纪 70 年代就由国家立法将心理救援工作纳入灾后救助任务之中（郭敏等，2008）。世界上绝大多数国家都通过法律的形式来确保灾难发生后心理卫生问题的解决。无论是群体性突发公共危机事件，还是单个个体遭受意外事故，都有心理救援与干预队伍出现，给受灾者或者受害者带来有效的心理咨询、救援与安抚、治疗等。

在我国，现有法律如应对社会动乱的《戒严法》、应对安全事故的《安全生产法》、应对公共卫生事件的《传染病防治法》、应对重大自然灾害的《防震减灾法》等对危机发生之后的心理干预均未做出明确的规定（杨甫德，2008）。因为没有法律保障，我国在 1994 年的克拉玛依特大火灾、1998 年的长江全流域及松花江和嫩江的特大洪水、2000 年的洛阳"12·25"特大火灾等危机中的心理干预活动零碎而滞后，并没有纳入政府的救灾工作方案之内。事实上，2006 年 6 月 15 日，《国务院关于全面加强应急管理工作的意见》中并没有涉及心理危机救援的任何具体内容，因此，在汶川地震当中，心理危机干预就出现过混乱局面。到了 2012 年 6 月 25 日，国家减灾委制定了《关于加强自然灾害社会心理援助工作的指导意见》，并规定了加强自然灾害社会心理危机援助的 5 项具体工作任务（王建平，2008）；2012 年 3 月 22 日，民政部发布的新版《救灾应急工作规程》中的相关的心理危机救援，应该是有一定法律法规依据的（田文华、贾兆宝，2013）。

我国自然灾害应对中的"心理救援条例"的立法刻不容缓。我国应当制定"心理救援条例"，对适用范围、基本原则、心理损伤、二次伤害、心理干预体系、心理救援义务、心理救援配合、创伤后应激障碍与抑郁障碍救治和心理救援责任等法律问题做出系统而全面的规定（郭敏等，2008），从而，为自然灾害以及所有突发事件引发的心理救援和心理干预工作提供具体的法律制度支持，以及相关权利义务和法律责任界分的标准。

（二）灾后心理救援的专业化

我国虽然在处理公共危机事件中的"一案三制"日趋成熟，具体说来，"一案"是指制订、修订应急预案；"三制"是指建立健全应急的体制、机制和法制。但是，在 2008 年汶川地震以前国家并没有对自然灾害和各种灾难事故引发的心理应激障碍给予应有的高度重视，在突发公共事件的相关应急预案中，仍难觅心理救援的影子。这与国际灾难救援中，心理救援和心理危机干预是救援工作的重要组成部分，而且政府组织和非政府组织都相互配合、相互补充的做法，差距较大。由此而言，我国当然就缺乏心理危机救援的专业化方案。

2008 年汶川地震后，大量心理救援队伍涌入灾区，然而心理救援反而受人诟病，灾区流传着这样的口号"防火防盗，防心理辅导"。2013 年雅安芦山地震，在地震中张某"失房"又"失子"，出现了"一次伤害"和"二次伤害"的叠加性心理创伤，由于心理救援缺乏衔接性导致救援无效，亲邻环境不佳，即"失子"责任的不当评论，让张某最终自杀，酿成芦山地震的"张某悲剧"。这个悲剧引发了国家对心理救援的思考，因此应加紧制定"心理救援条例"，以强化心理救援中的义务，让尊重生命、关爱生命、珍惜生命和敬

畏生命变成灾后重建规划的主要内容（王建平，2015）。

在过往的重大灾难救援过程中，心理救援队伍除了来自卫生部门以外，还有来自高校、红十字会、团中央、儿童基金会、医师协会、慈善总会、民政部门、残联、民间组织、个人自发组织以及文艺界和体育界的明星等。心理救援队伍分属的系统、部门如此繁多，部门之间又缺乏有效的沟通和协调。另外，人员构成也各不相同，有精神科医生、精神科护士、心理治疗师、心理咨询师、社会工作者，还有各类职业的志愿者等。这样的部门分割和人员组成，势必给当地相关部门的管理和协调造成很多麻烦，甚至造成工作上的冲突和受灾人群的再次伤害。

突发重大灾害后，受灾地区应该根据相关法律法规的要求，在灾后重建计划中纳入心理救援内容，相关部门统筹协调、分工负责，以保证和推动灾后心理救援的专业化。在国家层面，受灾地区应建立灾后心理健康重建工作领导小组，统筹规划，协调各部门、各组织的灾后心理卫生服务，各部门各司其职。卫生行政部门主管灾后心理重建工作，负责组织制订灾后心理健康重建规划，向有关部门提供技术支持和帮助，开展医疗机构中住院的受灾伤残人员的心理健康教育和心理辅导，为需要精神卫生服务的受灾人员提供精神科专业服务等。民政部门、工会、共青团、妇联、残联、慈善等组织要协调、组织好相关人员和志愿者积极有序地参与到灾后心理重建工作中，尤其应该为人力资源相对匮乏的受灾地区开展灾后心理卫生服务提供持续的人力支持（杨甫德，2008）。卫生部门牵头组建心理救援医疗队，救援队伍应以精神科医生为主，可有临床心理治疗师、精神科护士、社会工作者和有相应教育背景的志愿者加入，在开展心理救援工作前要对所有人员进行短期紧急培训。统筹安排、各司其职才能保证心理救援日趋走向专业化的道路。

（三）灾后心理救援的长期性

灾难后的心理创伤恢复，是一个长期、复杂而系统的精神康复工程。灾后心理重建的过程和任务，远比房屋、道路等硬件设施或者物质型重建的任务要艰巨得多。比如，1995年日本阪神大地震后至今，已有200多人自杀或选择独居而死，这表明受灾人群的心理援助需要长期开展。1999年台湾集集地震后，心理救援经验表明，地震灾害发生后心理重建需要的时间往往要持续10年以上。1976年唐山大地震，在地震过去20年后，学者针对1695例唐山大地震亲历者的"唐山大地震对人类心身健康远期影响"的调查显示，唐山大地震造成的心理创伤对受害者产生了持久性应激效应，长期影响他们的身心健康，幸存者出现精神障碍的概率高出正常值的3～5倍，患高血压、脑血管疾病的比例也高于正常人群，这就决定了其心理康复的长期性（张本等，1998）。地震灾害之后，短期心理障碍未及时治疗或心理遭受严重创伤形成的精神障碍，确实需要长时间的持续性心理治疗或者心理救援。"病来如山倒，病去如抽丝"，心理创伤康复也是个漫长的过程。缺乏持续的支持是许多灾难心理干预项目失败或不具推广性的原因，不能保证持续援助受灾群众的心理救援者或团体，应尽量避免与受灾群众密切接触，最好和当地的援助者一起行动。心理救援是个长期的、持久的过程，"蜻蜓点水"式的心理干预应该被禁止。

《精神卫生法》中明确规定，各级人民政府和县级以上人民政府有关部门应当采取措施，加强心理健康促进和精神障碍预防工作，提高公众心理健康水平。而这一点对灾区恢复重建和持续转化灾后重建成果显得尤为重要。持续的灾后心理卫生服务，应构建整体、长效心理援助机制，而机制的终端执行方，必须紧紧依托当地的服务力量。在救援初期，依托外来救援队伍，并借助外来心理专业队伍尽快培养本地的救援团队，让其掌握常见心理疾病的临床特征和简单心理干预技术，成为专职或兼职的灾后心理卫生服务工作者，使得从早期主要依靠外来心理援助的短期"输血"阶段，逐渐过渡到依靠本土资源长期服务的"造血"阶段，即本土化心理服务队伍的培养（钱铭怡等，2011）。

长期心理救援工作的开展，应以政府为主导，协调各方力量积极参与。2014年的鲁甸地震，在民政部的统一协调下，社会各方力量积极参与，开启了政府和社会力量协调合作的新局面。从2008年汶川地震300万名志愿者怀揣爱心进入灾区开始，社会力量参与救灾的身影就走进了人们的视野。6年的时间，从汶川，到玉树、芦山，再到鲁甸，社会力量迅速成长，各个组织逐渐从懵懂走向自觉。2008年，志愿者精神爆发、社会捐赠爆发，加上政府职能的转移，"政社合作"让社会力量有了更大的发挥空间，政府在灾害救援中"一统天下"的局面正在转变。长期的心理救援需要持续的资金支持，资金的来源可分为政府财政预算和民间捐款，政府财政预算则根据突发公共事件的致害程度，在心理危机干预大纲中确立心理援助的量级和拨款单位；民间自发捐款不能仅用于受灾人群的基本生活保障，也应当按照比例投入受灾群众的心理援助之中。

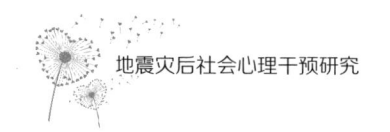

第三节 理论视角

一 灾难生态学模型

当灾难来临时，个人、家庭乃至整个社会都会遭受重创。灾难会随时间逐渐消退，但影响深远。从生态学的角度来说，当一种具有破坏力的危险以损害的方式与人类相遇，其威力远超过了受此影响人群的应对极限时，我们就称之为灾难（世界卫生组织、战争创伤基金会和世界宣明会，2013）。灾难的特点可以用其影响"三部曲"来描述，即直接面对灾难、个人和社会的重大损失、持久而深远的生活变化。灾难的发生是以人群为基础的。Raphael 认为："灾难对个体、家庭、社会及国家具有广泛的破坏作用。"灾难是一个群体性和社会性的事件，因此需要我们必须同时考虑所辖区域内的个人、个人之间或个人与其所在群体之间的问题。当灾难的破坏力（直面灾难、损失、变化）出现之后，参考生态学的观点，应该统筹考虑这些因素之间的相互影响。在灾难带来的诸多影响中，大量研究认为，对创伤的社会心理反应是灾难带来的最持久、最具有威胁的影响（Norris et al., 2002; Fullerton et al., 2000）。社会心理反应可能是短暂的恐惧或悲痛，也可能表现为慢性精神疾病，其范围和程度与灾难本身的性质有关，也包括直面灾难巨大破坏力时人类的脆弱性及对及将到来的威胁的广泛感知在内的各种因素间复杂的相互作用。

（一）灾难生态学模型

灾难生态学模型中有两个重要的概念，即"流行病学三要素"和"Haddon 矩阵"（Ursano 等，2010）（见图 1-1）。"流行病学三要素"即病因、宿主和环境，把这三要素引入灾难领域，需要跨过一道障碍，把灾难的物理性破坏力看作是感染性疾病的病源，即"病因"是指灾难破坏中产生的能量转移；"宿主"因素包括一般人口学的分布、人们对灾难的行为反应及个人躯体的强壮程度等；"环境"指灾难后人们所在的建筑物及其他设施。有研究将地震的伤亡用图 1-2 进行分析："病因"是指地震中产生的能量转移；"环境"指地震发生于人们所在的建筑物及其他设施；"宿主"包括一般人口学的分布、人们对地震的行为反应及其个人躯体强壮程度，通过探讨三者之间的相互影响，以解释地震引起伤亡的原因（Ursano 等，2010）。

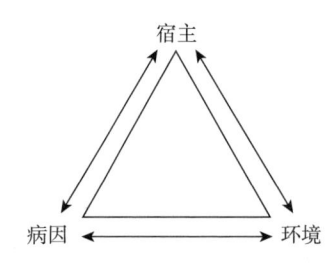

	宿主	媒介	环境
事件发生前			
事件发生时			
事件发生后			

图 1-1 流行病学三要素和 Haddon 矩阵

资料来源：R. J. Ursano 等，2010，《灾难精神病学》，周东丰、王晓慧译，人民军医出版社。

将流行病学三要素和 Haddon 矩阵相结合，对灾难的"破坏力"进行分析，建立灾难生态学模型。首先，将"病因"定义为"灾害"或者"破坏力"；将"宿主"的含义扩展，定义为"受灾的区域和人群"；"环境"保持了自然和多维度、多层次的"生态学内容"。值得注意的是，在灾难生态学模型中，要强调"环境"因素，以往的流行病学对其不太重视。在灾难生态模型中，"环境"是多维度的，主要的划分层级为：个人/家庭的、区域的和社会/结构的。

（二）灾难风险的生态学成分

灾难风险是灾难和脆弱性相互作用的产物。通过灾难生态学模型对影响灾难风险的不同水平的因素进行描述，按照模型将因素划分为个人/家庭、区域和社会/结构三个水平。每个水平都有其风险因素，下面我们将逐一进行讨论。

1. 个人/家庭因素

灾难的"破坏力"，即暴露于灾害、丧失、剧变的程度。"破坏力"在个人/家庭因素中最容易凸显出来。人们通常在家里抵御风暴、躲避瘟疫。灾难来临，人们首先得到的是家人援救。当家人在灾难中伤亡即刻会造成丧失感。灾难给个人/家庭的影响因个人和家庭特征不同而有所差异，这些特征包括性别、种族、受教育程度、职业、受雇状态和收入等。例如，在不同文化背景下，均发现女性对灾难的易感性更高。经济基础良好、有信仰等因素对灾难的"破坏力"有一定的保护作用。

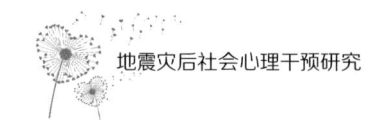

2. 区域水平

当谈及灾难的时候，当地"环境"能决定灾难发生时的可能应激情况，以及发生灾难性后果的概率。当地"环境"主要包括：当地的政治结构、政府组成、相关的社会基础设施，如卫生、社会服务及应急管理系统。上述当地"环境"可以通过社会支持、社会经济状况、社会资本等几个方面影响灾难的破坏力。大量的研究证实，社会支持是影响灾后精神病理学风险的核心因素（Kaniasty and Norris, 1993）。区域的社会经济状况与健康关系密切，并且这种关系独立于个体的社会经济地位（Ursano 等, 2010），区域经济包含了多个层次领域，包括高比例的贫困和失业率。社会资本能提供一般性的经济和社会支持，当应激存在时，能提供持续的基础保障，并提供一些特殊资源。灾后的区域凝聚力是灾后康复的基础（Ursano 等, 2010），先前存在的社会应激、种族和社会生态学特征，可能在灾害康复期间与灾后危机产生交互作用。

3. 社会/结构因素

社会/结构性因素影响灾难的严重性及其后果，其包括物质性、工程性和建筑性环境等与人类居住类型密切相关的因素，也包括文化环境、政治结构、政府机制和卫生服务水平等。尽管灾难是个全球现象，但灾难还是具有区域性特征的。地理因素是灾难的一个重要影响因素，例如边远、落后的地区发生灾难，因交通不便，救援条件、救援速度都会受到影响，导致灾难的破坏力加大；建筑物的构造、牢固程度也是影响灾情的因素，例如在灾难来临后，灾难对基础性设施的破坏、住房的损毁等是影响灾后恢复的重要因素；文化环境影响着灾后人们对灾难的认知、行为方式，它是习惯化了的行为方式，也是人们代代传承的智慧结晶，因此文化因素是重要的灾后康复资源；政治结构中直接与灾难缓解相关的因素就是政治结构和政府管理效率，即使政治结构健全的国家，如果政府管理效率低下，组织松散，也将大大降低应对灾难的救援能力，导致灾难后"破坏力"如流行疾病蔓延。

（三）灾难生态学模型对本研究的启示

灾难生态学模型从流行病学的角度，讨论对灾难"破坏力"的控制，需要打破"破坏力"即"疾病"流行的环节，或者说降低每个环节的风险因素，让"疾病"得到控制。

第一，灾难发生后物理性"破坏力"被看作"病源"，人们对"病源"的控制往往比较有限。虽然人们无法预知灾难的来临，但可以对承受灾难的物理性环境进行改善，如增强房屋的抗震性、增加遇难后的避难场所等，增强社区的抗逆力，增强当地政府应对灾难的意识和能力，对灾难发生后的二次伤害风险进行监控。

第二，从流行病学角度，对灾难"破坏力"的"宿主"进行预防和干预。"宿主"通常是指受灾的社区和受灾群众。正如第一点提及的，提升社区应对灾难的抗逆力、增强社区的凝聚力；对受灾的脆弱人群，如老人、儿童、女性、伤残人士、丧亲者等进行干预，构建社会支持系统等，均可增强"宿主"的免疫功能。

第三，从流行病学角度，对灾难"破坏力"的"环境"进行干预。在灾难生态学模型中，尤其关注"环境"因素，该模型对"环境"层级的划分，为理解灾难"破坏力"提供了理论框架，同时为灾后系统干预提供了依据。灾后心理救援应该为持续、深刻的，最终或者最高级的目标应该是增强当地政府管理层的应急反应能力和促进当地社会文化的发展。

二 生态心理学研究取向

生态心理学是心理学研究中富有生命力的一种研究新取向，它是对传统主流心理学不足的补充和修正，在一定程度上可以为当代心理学出现的一些理论问题提供新的视角。由于生态心理学目前尚未形成统一的研究范式，把它看成一种研究取向比看成一门学科更为妥当，更能反映它内部复杂的现状，也更具包容性（易芳，2004）。

（一）生态心理学概念

目前生态心理学还没有形成统一的范式，生态心理学家的观点呈现多元化。研究生态心理学的专家对生态心理学的定义也不尽相同，其中以下几位学者的观点具有代表性。奈瑟是生态心理学的倡导者之一，他也是认知研究领域的杰出代表，认知领域对生态心理学的界定为：对日常情境中认知的关注。斯沃茨和马丁的研究方向是应用心理学，他们认为生态心理学的基本假设是：行为是人和环境的函数，即行为 = F（人×环境），研究单位是自然的环境。社会或系统生态理论家布朗芬布伦纳（U. Bronferbrenner）的人类生态学理论（1979）提出的"人 - 过程 - 背景 - 时间"（Person-Proceess-Context-Time,

PPCT）模型为人－环境过程理论提供了必要结构。布朗芬布伦纳认为，个体或群体是在相互作用的多元系统中发挥其功能作用的，因此他强调对这些多元系统的整体性进行研究。他认为行为是由个体或群体与环境之间交互作用的内部和外部特征决定的。这种社会生态取向所强调的是个体或群体存在于其中的多元背景以及这些多元背景中的一种背景是如何与另一些背景一起影响个体或群体功能的。从上述代表性的观点中可以看到，学者们对生态心理学已经形成了一些共识：第一，生态心理学强调环境或背景性因素的重要性，反对脱离环境孤立地研究有机体的心理或行为；第二，生态心理学对心理学的理论贡献在于对背景性因素或实际情境的强调，新的因果解释即多元的交互的因果解释，对应用学科具有很强的指导性；第三，生态心理学有着广阔的发展前景，可能会成为心理学发展的主流，然而生态心理学目前尚未形成统一的范式，如何整合的问题还有待于进一步研究。

生态心理学突破了以往传统的心理学的研究框架，其运用系统原则、多维的方法来考量心理学的成长和发展，并遵循四大原则。第一，整体性原则，即进行心理学研究时，要从系统整体出发，从组成整个心理学的各个分支中寻求心理学整体发展的本质规律的原则。第二，层次性原则，心理学和生态学的所有学科都有层次性特点，各学科必须放在大的系统中来完成，各分支与大的系统形成了纵向功能联系，这样的横纵关系形成了不同的梯次。第三，结构性原则，心理学体系中各个要素相互结合的存在方式形成的相对稳定的结构，有利于考察心理学发展的量变过程，找出量变到质变的关键点。第四，相关性原则，即以非线性作业的研究范式为主，研究心理学各个分支之间、各个要素之间相互作用的原则，探讨各要素的交互作用。

总之，生态心理学是面向生活的心理学，是采用生态学方法论原则的心理学，并将它定义为运用生态学的视角与方法研究人与其环境关系的一门学科（秦晓利，2003）。

（二）危机干预与生态心理学取向

近年来，随着人们对全球生态危机的关注，生态心理学在危机干预领域颇具影响力。生态观认为，危机不是一种单纯的内部状态，应将发生危机的境遇放在整体的生态系统中进行考虑，强调个人、事件和环境的相互联系，涉及个人以外的环境，应考虑需要改变的系统成分。

探讨灾难的心理干预问题从生态心理学研究取向出发，把传统关注受灾者个体的干预方式转变为关注受灾者的社会生态系统的干预方式，把受灾者作为社会生态系统的一部分，社会生态系统又可划分成不同的子系统，明确各子系统的组成因素以及对受灾者的影响，系统内部各因素之间的相互影响，系统与系统之间的相互影响。从生态心理学研究取向这样一个全新的角度出发，应把握住两点。第一，人和环境的交互作用。个体与环境之间是一种相互依赖的关系，个体的行为受到周围环境的影响，个体行为也会对环境产生影响，个体与环境交互作用。第二，有机体和环境都是生态系统，它们的组合也是生态系统。个体处于由环境和人组成的系统中，系统组成部分和系统之间存在相互影响。从系统性、整体性和层次性的角度来研究危机对人的影响，以及如何应对危机。

（三）生态系统理论在危机干预中的运用

在现有的危机干预理论中，生态系统理论正在迅速发展。生态系统理论认为，危机干预的目的在于与求助者合作，以测定与危机有关的内部和外部困难，帮助他们选择替代他们现有行为、态度和利用环境资源的方法，结合适当的内部应对方式、社会支持和环境资源以帮助他们获得应对危机的能力。

生态系统理论（Ecological System Theory）是由布朗芬布伦纳提出的，它把个体看作是与周围其他环境系统相互作用的复杂关系系统。生态系统理论把环境分为微观系统、中介系统、外层系统和宏观系统4个层次，强调各系统间的相互作用及其对人类行为的影响（刘杰、孟会敏，2009）。生态系统理论下的危机干预是综合幸存者身上的所有因素，并持有一种动态的、社会文化论及多元文化论的观点进行危机干预（康岚、唐登华，2008）。在进行危机干预时必须将整个生态系统的因素都加以考虑，不仅是当事人，而且包括与当事人相关的个体（赵映霞，2008）。对于某些类型的危机，除非影响个体的社会系统也发生改变，或个体与系统相适应，或个体懂得这些系统的发展变化规律及它们如何影响个体对危机的适应，否则难以获得持续性的解决（詹姆斯、吉利兰，2009）。总之，危机干预的生态系统理论强调了危机影响的范围是整个生态系统，其提出要对整个生态系统进行干预，与生态心理学干预整体的研究方法相似。危机干预的生态系统模式认为人是社会环境中学习的产物，虽然该模式主要通过改变被干预者个人来进行危机干预，但也涉及结合外部环境来进行危机干预。

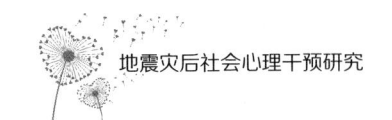

生态系统理论下的危机干预原则主要有以下几个方面：第一，为了满足危机干预工作的要求，系统应包含多种交叉学科合作（Giuiland and James，2011）；第二，为了解决危机引发的一系列社会问题，系统内必须包含多种理论，各学科的理论要密切配合；第三，各种环境因素应全面纳入考虑的范围，考察其对幸存者的影响（吕娜，2015）。

（四）生态系统理论对本研究的启示

生态系统理论提供了一个理论视角帮助我们理解灾后幸存者面临的生态环境，以及如何对系统进行干预，促进系统良性发展。灾后幸存者作为社会人，其生活涉及的不同方面和不同层次基本包含在生态系统里（见图1-2），生态系统理论视角的心理干预方法就是要了解系统内部各子系统之间、系统成员之间的相互作用，明确灾后幸存者在其中受到的影响，再确定下一步的干预方法与干预步骤。我们对灾后幸存者的生态系统分析如下。

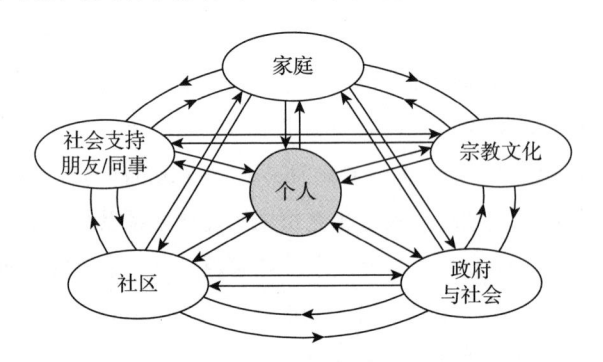

图1-2 灾后幸存者所处的生态系统

第一，灾后幸存者的家庭系统包括本人和其他家庭成员，以及在其生活中扮演重要角色给本人带来直接影响的亲属。家庭环境是幸存者直接体验着的环境，与家庭成员的互动会给幸存者及其家庭成员双方带来最直接的影响。在中国"以家庭为本"的社会文化环境里，家庭是灾后幸存者最重要的系统，增进家庭系统的良性互动，协助家庭走出困境，促进家庭功能的正常发挥，是最重要的心理干预内容。

第二，对于成年人来说，除了家庭外，同事和朋友是生活中最重要的两部分，这两部分构成了重要的社会关系支持网络。有时同事、朋友也可能受到了灾难的影响，这样的话，"同病相怜"的感受又会增强彼此的互助支持。大量文献证明，灾难促进了互助组织或亚系统的形成，这是灾后心理干预的重要资源。灾难中的心理干预应依赖于系统中的资源，而不是外来资源的短暂支持。对于未成年人来说，同伴系统即由老师、同学、朋友和自己组成的同伴环境也是最直接的和最有影响力的支持系统。

第三，宗教系统对于有宗教信仰的幸存者是非常重要的资源。在宗教系统中，宗教领袖人物、榜样人物和信徒等共同构成了宗教系统，能给予幸存者信念支持和情感的归属。这种信念支持能使人以平静、安心和顺受的态度去面对生活中的不幸，在某种程度上，它比心理治疗更有效。这也是本土化的文化资源，中国有56个民族，各个民族的图腾信仰都不一样，风俗禁忌也不一样，而且个人对宗教信仰的取向也不尽相同，因此，对于幸存者的干预，尤其是在民族聚居地，应借助其信仰内容、仪式化的活动、重要人物等，把宗教资源和心理干预的一些理论有机结合，善用宗教的语言和活动，把心理干预巧妙运用。

第四，社区系统由幸存者所在的生活社区中的成员构成。社区环境对人的影响也许不如家庭环境那样直接，但是，社区生活是幸存者生活的一部分，社区中的人或事会直接或间接地对幸存者产生影响。积极乐观、互助的社区氛围对灾后重建、幸存者的心理重建有着重要的意义。同时，政府和社会救援的政策、物资等也是通过社区输向每个家庭及其成员的，只有良性互动的社区，才有利于灾后的重建工作。

第五，政府和社会救援系统也是重要的资源。政府灾难救援的法规、制度，国际援助活动的施行，国内灾难救援的组织实施，以及灾区恢复重建计划的制订，包括重振灾区的经济，提供创业资本和贷款，修建基础设施，如学校、医院等，这些毋庸置疑都会对幸存者的生活产生宏观影响。同时，社会救援系统包括救灾物资的运送和分配、医疗救护、心理救助以及灾难现场的工作人员如消防员、媒体记者等。灾难现场的工作人员在灾难发生时直接接触到幸存者，无论是工作态度还是工作技巧，都会直接影响到幸存者；在灾难发生之后，媒体对灾难事件的回放报道、对民众的关注，也是影响幸存者心理重建的因素之一。

此外，各个系统中除了人，物理环境对幸存者的影响也需要考虑。因为物理环境直接影响幸存者的行为活动和生活习惯，比如灾后房屋设施的恢复和重建，社区和灾区的卫生、环境污染状况等。因此，社区以及整个灾区的物理环

境都应该在灾后心理干预应该关注的范围之内。因此，我们应该以系统的观点来看待灾后幸存者所面临的五大基本系统，它们之间是相互影响、相互关联的，"牵一发而动全身"的系统观是灾后救援的重要思想。

三 "生理-心理-社会"全人康复模式

近年来，随着医学社会学的发展，疾病被看作是一种复杂的社会过程。传统的生物医学模式向"生理-心理-社会"医学模式转变。对于疾病问题的理解也随之被扩大到生理、心理和社会等层面。本研究是以"生理-心理-社会"全人康复模式为视角，在国内首次将医务社会工作运用到震后受伤幸存者的心理急救及社会心理干预中。地震伤员是灾后幸存者中一个特殊的群体，身体上的创伤，导致机能的某些方面受限，因灾难导致躯体受伤的患者具有更严重的心理创伤问题，这已经被大量流行病学调查所证实，但人们对其重视程度不够（Haagsma et al., 2011；Wen et al., 2012）。对集中在医院的伤员提供及时的社会心理干预，将有效地降低PTSD的发病率，降低治疗成本，恢复其社会功能（IASC, 2007）。

（一）社会心理干预的概念与内容

"社会心理干预"（Psychosocial Intervention），该概念尚未有明确、统一的定义，也无完整的理论框架，最初被运用于精神康复领域。社会心理干预或称心理社会处置（Psychosocial Treatment）是各种心理性和社会性康复措施与手段的总称，也是近年来康复医学范围内的一项重要进展。Schooler认为，社会心理干预应包括社会生活技能训练、个别与集体心理治疗、家庭治疗以及调整环境支持的措施（如加强社区看护、改善医院病室环境、设立日间医院或寄养看护等）。Liberman在1988年提出四大类干预，后三类均属于社会心理干预：①精神药物性干预；②技能训练性干预；③环境支持性干预；④社会性康复干预（Social Rehabilitation Intervention），其指通过有关政策、法规等手段进行干预以达到对精神（病）残疾者的权益保障。

国内学者王善澄（2000）总结了文献中关于社会心理干预工作范畴的五个方面：①家庭处置（家庭干预或家庭治疗、家庭心理教育、家庭病床、家庭危机干预等）；②康复训练（生活技能训练、社交技能训练、用药自我管理训练、作业疗法、文娱疗法以及职业康复训练等）；③环境支持与调整（医院开放管理措施、社区康复服务措施、心理社会性康复自助俱乐部以及亲友联谊自助团体等）；④心理治疗（个别心理治疗和集体心理治疗）；⑤社区综合性处置（个案管理等）。

"社会心理干预"的概念也被各国运用于国家处置公共危机事件中，如社会危机、公共卫生、灾难事件的综合干预，其效果在国内外相关研究中得到了充分的肯定（Watson et al., 2011）。"社会心理服务体系"是近年来我们党和政府的一种新提法，之前学术界并无系统研讨。党的十九大提出"加强社会心理服务体系建设"，基于此理解的"社会心理服务体系"，应指对社会心态培育、社会心理疏导、社会预期管理、社会治理的心理学策略的运用，其核心目的是解决社会宏观层面的心理建设问题，尤其是要培育自尊自信、理性平和、积极向上的社会心态（辛自强，2018）。

（二）灾后伤员社会心理干预的循证依据

对地震伤员进行社会心理干预能降低其精神障碍（特别是创伤后应激障碍）的发生，促进其社会功能康复的证据仍鲜见于文献。然而，从理论与实践的经验中，仍可以找出实施社会心理干预的依据。

第一，医院为伤员接受持续、系统的社会心理干预提供了天然的条件。首先，伤员通常的入院时间为15天至3个月，能保证心理危机干预的介入时间；其次，伤员以家属陪伴为主，为社会心理干预提供了保障，因为社会支持以家庭成员为主；最后，随着医学的发展，医疗救治从传统的"生物医学模式"向"生理－心理－社会"医学模式转变。医院注重"以患者为中心"的服务，注重患者的心理疏导（刘继同，2012）。近年来，医疗上提出了"心理护理"概念，心理护理是日常护理工作所要求的重要内容。

第二，社会支持系统对人们的心理疾病具有预防和治疗的功能。社会支持理论认为，社会支持能够在日常生活中给个体带来有益的情绪和身心健康，并能够缓解应激事件的压力。它能够降低个体对危机严重性的主观评价，从而来缓解身心压力；社会支持能够降低个体主观上对疾病严重程度的评价，从而提高自身的潜能，提高应对应激的能力，或直接影响生理过程，起到缓冲的作用（丁宇等，2005）。

第三，医院推行个案管理模式。在"全人康复"的视角下，在医院有利于推行个案管理模式，在个案资料中不仅有生理性的治疗管理，也有心理干预、心

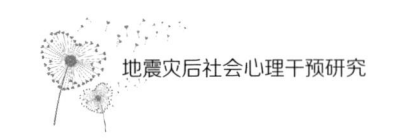

理护理的内容。个案管理是指工作者为一群或者某一受助者，统筹协助活动的一个过程。工作人员以团队合作的方式为受助者提供所需要的服务。专业社工团队在个案管理模式服务输送的过程中扮演评估者、辅导者、咨询者、倡导者以及协调者角色，发挥沟通、联系、协调、监督、评估等作用（仝利民，2005）。

通过对"社会心理干预"的文献梳理，可以推断出，对"8·03"地震后伤员进行社会心理干预是有章可循的。同时，这也是对我国公共危机事件的"社会心理干预服务体系"的初步探索，能为相关的研究和实践提供可借鉴的经验。

第四节 研究方法

一 研究背景

"8·03"地震后，昭通市第一人民医院共收治受伤群众500人，其中收治入院的重伤员为375人，该院集中了"8·03"地震中最多、最重的伤员。在云南省民政厅、昭通市民政局和卫生局、香港理工大学的通力合作下，成立了昭通市第一人民医院医务社会工作站，即我国西南地区第一个灾后医务社工站（以下简称"社工站"）。该"社工站"以社会工作者为组织者和联络者，组建了跨专业的心理救援队伍，为住院的受伤幸存者（以下简称"伤员"）提供心理急救及心理干预。紧急期过后，建立了"以资源为取向、以本土文化为本、跨专业、多学科"的服务体系，在震后3个月内对伤员进行了不同层面的社会心理干预；同时，在灾后两年内进行社区服务与追踪评估。

二 研究目的

本研究旨在探索以证据为本的医务社会工作介入灾后伤员的心理急救及社会心理干预的模式，探讨在中国文化背景下，医务社会工作介入灾后伤员社会心理干预的文化适应性及其特点。

同时，本研究完成了震后不同时点（灾后1个月、3个月和18个月）评估伤员创伤后应激障碍（PTSD）的发生率及其特点，以及18个月后伤员的健康状况；探索典型个案在不同创伤后应激障碍水平上的心理复原力差异，分析中国文化背景下灾后伤员心理复原力的特点。

三 研究对象

研究对象分为两个部分：一是在"8·03"地震中受伤入院治疗超过1周的伤员，对其中300多名住院时间超过1周的伤员进行心理急救；对住院超过1个月符合入选标准的174名住院伤员进行追踪研究，对重点关注对象进行1~3个月的心理干预，在整个干预过程中，除了以伤员为主外，部分伤员的家属也是干预对象。二是以12名伤员及家庭为典型个案，采用质性研究探索其心理复原力的水平及特点。

四 研究方法

本研究在研究设计上，采用纵向研究，包含了定量和定性两种研究方法。同时，本研究是以地震后伤员的心理危机干预为目的，帮助伤员在"生理－心理－社会"上进行全面康复，因此也属于行动研究。

（一）定量研究（Quantitative Research）

定量研究是指确定事物某方面量的规定性的科学研究，也就是将问题与现象用数量来表示，进而去分析、考验、解释，从而获得意义的研究方法和过程。本研究采用问卷调查法，通过标准化量表和自编问卷对174名伤员进行追踪研究，主要研究工具如下。

1. 创伤后应激障碍症状自评量表（PCL-C）

创伤后应激障碍症状自评量表（PCL-C）是美国创伤后应激障碍研究中心于1994年11月根据DSM-Ⅳ制定的PTSD症状调查表编制的（内容详见"文献综述部分"）。

2. 临床用创伤后应激障碍量表（CAPS）

临床用创伤后应激障碍量表（CAPS）是建立在DSM-IV基础上的综合性诊断工具，属于半结构式访谈量表，它是目前被公认的PTSD诊断的金标准之一（内容详见"文献综述部分"）。

3. 通用性简明健康调查问卷（SF-36）

通用性简明健康调查问卷（SF-36）是在1988年Stewartse研制的医疗结局研究量表（Medical Outcomes Study-Short From，MOS-SF）的基础上，由美国波士顿健康研究中心开发的简明健康调查问卷，其被广泛应用于普通人群的生存质量测定、临床试验效果评价以及卫生政策评估等领域。SF-36 是一个适用广泛、内容简短、高质量的生命质量调查问卷,通过 1991 年国际生命质量评价项目（IQOLA）对该问卷翻译、验证和标准化后,其作为生命质量测评工具在国际上广泛使用。1991 年,浙江大学医学院社会医学教研室翻译了中文版的 SF-36。已有研究证明,中文版 SF-36 的内部一致性信度 α 为 0.70~0.80,本研究各维度与总分的 Pearson 相关系数均在 0.655~0.880,两周重测信度变化范围为 0.66~0.94（李鲁等,2002；陈仁友等,2005；刘保锋,2010）。SF-36 作为简明健康调查问卷,它从生理机能、生理职能、躯体疼痛、一般健康状况、精力、社会功能、情感职能以及精神健康等 8 个方面全方位概括被调查者的生存质量。36 个条目,除 1 个条目外,其他所有的条目组成下面 8 个健康标度,而且每个条目只能在 1 个标度中出现 1 次。8 个健康标度可经因子分析形成两个健康总测量,故 SF-36 从生物分类学角度看,有三个水平:①条目;②标度;③总测量。8 个健康标度为:①生理机能（PF：Physical Functioning）：测量健康状况是否妨碍了正常的生理活动;②生理职能（RP：Role-Physical）：测量由于生理健康问题所造成的职能限制;③躯体疼痛（BP：Bodily Pain）：测量疼痛程度以及疼痛对日常活动的影响;④一般健康状况（GH：General Health）：测量个体对自身健康状况及其发展趋势的评价;⑤精力（VT：Vitality）：测量个体对自身精力和疲劳程度的主观感受;⑥社会功能（SF：Social Functioning）：测量生理和心理问题对社会活动的数量和质量所造成的影响,用于评价健康对社会活动的效应;⑦情感职能（RE：Role-Emotional）：测量由于情感问题所造成的职能限制;⑧精神健康（MH：Mental Health）：测量四类精神健康项目,包括激励、压抑、行为或情感失控、心理主观感受。除了以上 8 个方面外,SF-36 还包含另一项健康指标：健康变化（HT：Reported Health Transition）,用于评价过去一年内健康状况的总体变化情况。

由于每个健康标度包括的条目表达顺序不一致,因此必须对原始数据进行重新评分,使得分的高低能直接反映健康状况的好坏。要把同一标度内各条目重新得分进行计算,形成该标度的初得分；由于各标度包括的条目数不同,初得分不能体现不同标度之间的健康状况的优劣,所以,要将初得分转换成最终得分,转换公式如下：

$$换算得分 = \frac{实际得分 - 该方面可能的最低得分}{该方面可能的最高得分 - 最低得分} \times 100$$

各标度的得分范围是 0~100 分,得分的高低直接反映健康状况的好坏,得分越高,说明健康状况越好。健康变化（HT）表示一年内健康状况的自觉变化,一般不进行重新评分,将以分类变量或等级变量的形式进行独立分析。

（二）质性研究（Qualitative Research）

质性研究是以研究者本人作为研究工具,在自然情境下,采用多种资料收集方法（访谈、观察、实物分析）,对研究现象进行深入的整体性探究,从原始资料中形成结论和理论,通过与研究对象互动,对其行为和意义建构获得解释性理解的一种活动（陈向明,1996）。

笔者有着较为丰富的质性研究的学习经历和实践经验。在硕士和博士研究生阶段曾专门学习过质性研究方法,在香港中文大学中国研究中心接受过质性研究的专门训练,在香港理工大学选学的研究方法课程,其中也涉及质性研究的学习。笔者在高校从事心理咨询工作十年,每年整理的咨询手记上万字。本研究中的访谈全部由笔者独立完成,访谈内容由录音音频转为 Word 文档,依据本研究所探讨的角度,将以个案分析的方式呈现并做进一步讨论。本研究采用深度访谈法,通过对 12 例个案的访谈或心理咨询收集资料,并在此基础上进行资料分析。定性研究能对事物的"质"有个全面、深入的解释,以了解事物的来龙去脉。

（三）纵向研究（Longitudinal Study）

纵向研究,也叫追踪研究,是指在相对长的一段时间内对同一个或同一批被试进行重复研究（周宗奎等,2006）。纵向研究的优势在于能看到研究对象比较完整的发展过程和发展过程中的一些关键转折点；然而,它比较花费时间、经费和人力,更突出的是由于纵向研究耗时较长,可能发生被试流失的情况,这就会影响被试的代表性和研究结果的概括性。

本研究在灾后的三个时点（灾后 1 个月、3 个月和 18 个月）,对能获取资料的研究对象进行评估。在追踪的整个过程中,每个时段都有被试的流失,在自然情景中的追踪研究确实是很大的挑战,尤其是灾难后人员流动性很大,这也是本研究的一个难点和不足。

（四）行动研究（Action Research）

行动研究是指从实际工作需要中寻找问题,在实际工作过程中进行研究,由实际工作者与研究者共同参与,使研究成果为实际工作者所理解、掌握和应

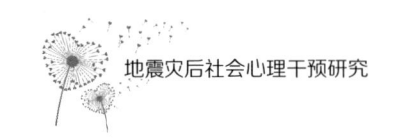

用,从而达到解决问题、改变社会行为的目的的研究方法(邓伟志,2009)。行动研究是诞生于社会活动领域,一种适合于广大教育实际工作者的研究方法。它既是一种方法技术,也是一种新的科研理念、研究类型。在本研究中,对伤员的社会心理干预也属于行动研究,在整个干预过程中,以问题为导向,整合伤员个人、家庭和社会资源,研究者和伤员共同努力,尽可能降低影响伤员身心康复的不利因素,提升伤员的康复水平。

五 研究过程

本研究采用纵向研究的方法,在灾后三个不同时点(灾后1个月、3个月和18个月)追踪监测伤员的PTSD发生情况及健康状况。

(一)灾后1个月心理急救与第一次调查

在灾后1个月内,"社工站"对入院伤员实施了心理危机干预,主要采用心理急救的方法,对入院的300多名伤员,先进行评估,对重点关注对象进行心理急救。在灾后1个月后,对符合入选标准的174名伤员进行调查。调查内容为:一般人口学资料、受灾情况与经历以及创伤后应激障碍症状自评量表(PCL-C)评估。调查施测者为1名精神病学博士研究生、2名心理学硕士研究生。测试前,对施测者进行了统一培训,学习了DSM-IV中关于PTSD的症状描述及诊断,使其熟悉了PCL-C的内容及评分。接下来,进行预调查20人,预调查后发现研究对象文化水平偏低,对量表的个别条目理解困难。于是施测者集体商议再次统一施测过程的指导语,把晦涩的条目描述转化为被试能理解的语言。然后,正式施测。

(二)灾后3个月社会心理干预与第二次追踪调查

灾后1~3个月对住院的伤员进行社会心理干预。灾后3个月对部分仍然住院治疗的伤员在院内完成第二次追踪调查;将出院的伤员在龙头山卫生院、翠屏卫生院集中,并对其进行身体康复情况检查和创伤后应激障碍筛查。本次调查对象一共163人,脱落11人,脱落率为6.32%(11/174)。调查内容为:一般资料(主要为社区康复资源及状况)和创伤后应激障碍症状自评量表(PCL-C)评估。调查施测者为1名精神病学博士研究生、2名心理学硕士研究生和3名康复治疗师,调查前经过统一培训,并进行过调查模拟练习。

(三) 灾后18个月社区回访与第三次追踪调查

灾后18个月实施调查，调查方法同上。本次调查回访147人（均参与了三次调查），第三次追踪调查脱落27人，脱落率为15.52%（27/174）。调查内容为通用性简明健康调查问卷（SF-36）和临床用创伤后应激障碍量表（CAPS）。调查施测者为1名精神病学博士研究生、2名心理学硕士研究生和5名精神科医生。

本次调查，由精神科医生采用DSM-Ⅳ中的PTSD诊断量表（CAPS）进行PTSD诊断。为减少评分者误差，临床检查由5名具有5~10年普通精神科工作经验的医生进行，现场工作开始前医生和其助手共同复习了DSM-V中关于PTSD的临床表现与诊断标准的内容，熟悉了CAPS的评分。美国精神病学会在2013年5月出版的《精神疾病诊断与统计手册》（DSM-V）将PTSD的核心症状修改为四组：①在创伤事件发生后，存在一种（或多种）与创伤事件有关的重新体验症状；②创伤事件发生后开始持续地回避与创伤事件有关的刺激；③与创伤性事件有关的认知和心境方面的消极改变，在创伤事件发生后开始出现或加重；④与创伤事件有关的警觉性或反应性有显著的改变，在创伤事件发生后开始出现或加重。

整个研究过程历时18个月，研究流程如图1-3所示。

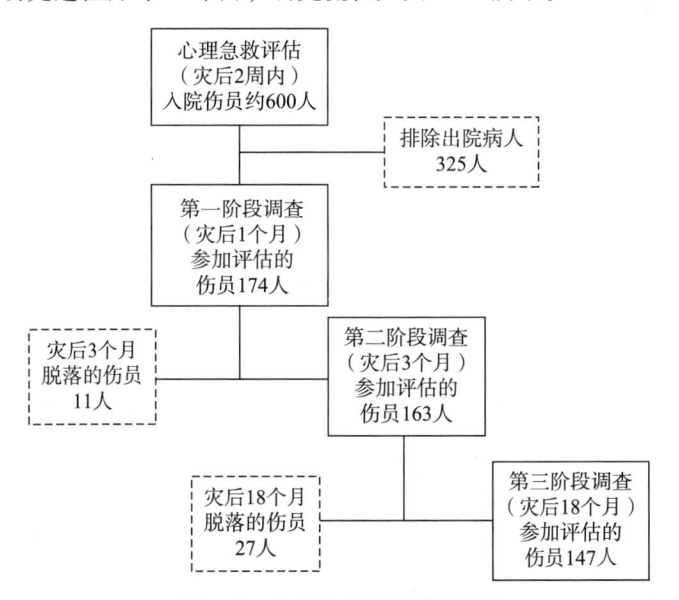

图1-3 灾后伤员追踪研究过程

第二章 医务社会工作介入鲁甸震后伤员的心理急救

第一节 伤员的心理急救需求评估

一 伤员心理急救的需求调查

"8·03"地震后,云南省民政厅即刻委派社会工作队伍进入灾区服务,其中的一支医务社工队伍,进入了昭通市第一人民医院、昭通市中医院和鲁甸县医院。在灾后第五天,医务社工开展了对医护人员、伤员及其家属的心理救援需求评估,以便为下一步工作提供指导。下文为本次心理救援需求评估的情况分析。

(一)调查对象的基本情况

截至2014年8月8日,昭通市第一人民医院共收治伤员500余人,其中急危重伤员11人,危重伤员8人,重症伤员99人。鲁甸县医院共收治伤员500余人,约300人因医院不具备手术条件,直接转入上级医院。昭通市中医院共收治74名伤员,昭通市中医院和鲁甸县医院的伤员病情相对较轻。昭通市第一人民医院的医疗条件较好,因此集中了最多、最重的伤员。

本次调查的取样对象为三所医院的伤员及其医护人员,调查对象构成如下:5位院级领导、7名一线护士、5位一线医生、8名志愿者;伤员共65人,昭通市第一人民医院35人,昭通市中医院11人,鲁甸县医院19人,其中女性42人,男性23人,60岁以上老年人13人,40~60岁中年人22人,18~40岁青年人18人,未成年人12人,最大年龄者88岁,最小年龄者为8个月的幼儿。

（二）调查过程与结果

本次调查共 65 个样本，剔除 12 个未满 18 岁的样本和 11 个数据缺失的样本，共剩余 42 个样本。其中昭通市第一人民医院 18 人（占 43%），鲁甸县医院 15 人（占 36%），昭通市中医院 9 人（占 21%）。经过数据筛查，有 16 名被调查者的 PTSD 状况被标记为阳性，约占被调查者总人数的 38%，其中女性 14 名（占 33%），男性 2 名（占 5%）。

在本次调查中，针对医护人员和医院管理者使用自编的访谈提纲；对伤员采用世界卫生组织—联合国难民署自然灾害受灾民众严重症状评定表（现场调查版，A 部分）（见附录 1）。该评定量表包含 6 个题目，若 6 个题目中有 3 个或 3 个以上选择"总是""大多数时间""有时"，则被标记为阳性，其他标记为阴性，被标记为阳性的伤员应优先考虑给予精神健康护理或介入（沈文伟、崔珂，2014）。

在测评工具中，6 个题目检出阳性（即选择"总是""大多数时间""有时"）的具体结果如表 2-1 所示。结果提示，约 50% 的伤员在地震以来感到害怕以至于无法平静；变得对过去感兴趣的事情提不起兴趣，甚至不想做任何事情；有过害怕、愤怒、疲惫、无趣、绝望、沮丧等情绪，并因此无法完成日常活动。

表 2-1　三所医院伤员精神健康护理需求的抽样调查结果

单位：人，%

题目	第一人民医院（N=18）人数	阳性检出率	县医院（N=15）人数	阳性检出率	中医院（N=9）人数	阳性检出率	总计 人数	阳性检出率
1. 地震以来您是否感到害怕以至于无法平静？	10	55	8	53	2	22	20	47.6
2. 地震以来您是否经常感到非常生气以至于失控？	8	44	4	27	1	11	13	31.0
3. 地震以来您是否变得对过去感兴趣的事情提不起兴趣，甚至不想做任何事情？	11	61	7	47	3	33	21	50.0

续表

题目	第一人民医院（N=18） 人数	第一人民医院（N=18） 阳性检出率	县医院（N=15） 人数	县医院（N=15） 阳性检出率	中医院（N=9） 人数	中医院（N=9） 阳性检出率	总计 人数	总计 阳性检出率
4. 地震以来您是否感到绝望甚至不想再继续生活下去？	5	28	3	20	1	11	9	21.4
5. 地震以来您是否被地震严重困扰以至于您想要试着避开一些有可能使您回想起这次灾害的地点、人、谈话或活动呢？	11	61	5	33	2	22	18	42.9
6. 地震以来您是否有过害怕、愤怒、疲惫、无趣、绝望、沮丧等情绪，并因此无法完成日常活动？	11	61	7	47	2	22	20	47.6

昭通市第一人民医院、鲁甸县医院和昭通市中医院的伤员阳性检出率分别为28%~62%、20%~53%、11%~33%。调查结果表明，昭通市第一人民医院的伤员阳性检出率要高于其他两所医院，精神健康护理的需求最大。

二 伤员心理急救的需求分析

第一，三所医院伤员的心理急救需求差异大。三所医院的伤员在世界卫生组织—联合国难民署自然灾害受灾民众严重症状评定量表（现场调查版）的调查结果上差异较大，在量表的6个条目中昭通市第一人民医院伤员的阳性筛查人数及比例均高于其他两所医院。因此，昭通市第一人民医院伤员的心理健康护理更为迫切，该医院应为灾后心理救援的重点。

第二，伤员的心理健康问题急需介入。三所医院均反映，它们仅能最大限度地帮助病人治愈身体的创伤，但心理创伤无能为力，而且感到这个问题十分突出。如医生反映，相当一部分病人伤口清洗后，具备了手术条件，但因为悲伤，情绪不稳定，伤口再次出现脓肿，无法手术；有的病人非常易激怒，怎样护理都不满意等。同时，调研组采用世界卫生组织—联合国难民署自然灾害受灾民众严重症状评定量表（现场调查版）的调查结果发现，38%的调查对象应优先考虑给予精神健康护理或介入，其中女性占87%。在访谈过程中，青少年精神健康问题令人担忧，尤其是丧亲的孩子，回避、惊恐，甚至失语等应激性反应水平较高。

第三，伤员对医护人员的满意度较高。根据医生和伤员介绍，伤员的伤情基本得到了良好的治疗，医院无法实施的手术均转入上级医院。在访谈的65人中仅有1人仍未手术，25名伤员的亲人失踪，由医护人员和志愿者进行陪护。走访的伤员充分肯定了医务人员和志愿者的服务。当然，也偶有伤员抱怨拥挤、住在过道无法休息、医疗条件差等。

第四，伤员心理救援的可持续性不足。三所医院在灾后均开展了不同程度的心理援助服务，以上级医院指派的心理援助专家为主，以本地的心理咨询师、志愿者为辅。院方担忧，当专家撤走后，当地的心理咨询师恐难以胜任心理救援工作，心理救援的可持续性不足。

第五，伤员缺乏现代医疗服务的常识与经验。如何做好医疗救治、心理援助是一项艰巨的工作。由于伤员大都来源于极其贫困的山区，地震前本已生计困难，地震无疑是雪上加霜，有些伤员在地震前就经历了重大生活事件，如丧亲、疾病，这极大地削弱了他们的复原力。此次地震发生于高寒贫困山区，受灾群众的受教育程度低，缺乏现代医疗服务相关的常识与经验，或要求过度医疗，或治疗的积极主动性不足、配合度低，在伤情急救阶段相信传统中医、草医，甚至是民间偏方等。

第六，医务人员的身心健康问题令人担忧。医院领导者和医护人员均反映，从地震发生之日起，医院实行医护人员不得离开医院，24小时待命。医护人员连续工作数天，非常疲倦，稍微休息便立刻入睡，而后惊醒，担心出错，高度紧张，访谈中多名医生反映有口腔溃疡、头晕、头痛、乏力、出汗等应激症状。加之，在抢救伤员的过程中，亲眼看见死亡和伤情，心情悲痛，害怕和伤员交谈，害怕看伤员的眼神，不知道该怎样安慰伤员等。另外，医护人员感到很压抑，身心已经非常疲惫，耐心、细致地为伤员服务，仍然会遇到被一些伤员辱骂的情况。灾后精神康复不仅应关注灾民，救援人员和医务人员也是创伤后应激障碍的高危人群，应该为其提供精神健康服务。

第七，志愿者服务需统筹和规范。医院和伤员对志愿者的服务持肯定态度，尤其是专业的志愿者团队。但他们表示，非常希望有机制来保障志愿者服务的专业、有序、有效。在地震发生后头三天，医院里的志愿者多达400余人，医院十分混乱，有的志愿者仅十五六岁，不停地拍照、抢伤员，给救治带来阻碍。地震灾后的第四天昭通市第一人民医院开始清退志愿者，仅留下专业的护理志愿者，其他两所医院也在陆续开展这项工作。另外，通过对志愿者的

访谈了解到，志愿者来灾区非常辛苦，要自己解决住所问题，为了节约经费，他们大都住在条件简陋的旅店，其中很多志愿者还遇到了偷窃，甚至身无分文，他们说："又穷又累，又不能抱怨。"志愿者的统筹安排和规范管理是一项重要的议题。

综上所述，昭通市第一人民医院应该为本次心理急救的重点，在无法配备充足的救援资源的情况下，应优先满足该医院伤员的需求，同时，医护人员的心理救援不容忽视。心理救援是个长期的系统工作，因此，借助外部力量支持、培育本地救援力量是重要的举措。

第二节 伤员的心理急救实施过程

医务社工对三所医院收治的伤员进行心理急救的需求评估结果显示，昭通市第一人民医院的伤员应为重点救援对象。随后，云南省民政厅社会工作处、昭通市民政局和卫生局协商后，在香港理工大学的支持下，成立了昭通市第一人民医院医务社会工作站，对地震伤员开展心理急救及社会心理干预。下文将对"社工站"在心理急救期所做的心理救援工作做梳理。

一 "心理检伤分类"概念的提出

在灾害医学中，对幸存者处理的第一步是检伤分类（Triage），由此我们借鉴了"检伤分类"的概念，并将其运用于灾后心理救援。心理救援的第一步是快速进行心理检伤分类（Psychological Triage），筛查出需要及时进行心理干预的幸存者。

现有文献表明，在灾难事件结束后即刻进行检伤分类的主要目的是迅速筛查出那些需要紧急住院或立即给予精神救助的受害者。进行该项目评估的另一个目的是鉴别出一段时间后可能出现各种问题的高风险的个体或者群体。"筛查和治疗"模式建议，灾后即刻的干预仅限于提供相关信息、支持和教育。此后对幸存者进行随访，了解个体是否存在持久的症状，然后再根据临床经验采取相应的治疗措施（Fullerton et al.，2000）。同时，值得注意的是，在灾难事件发生后不久就评估，评出的临床症状的严重程度并不能预测将来的结局。因此，在灾难事件后的几天内就对症状进行筛查并不适用。在这个时期，最重要的是评估幸存者的实际需求，知道何时、怎样提供救援。这个观点正如心理急救理论所说，在灾难发生后的短期，评估幸存者的实际需求，救援人员应提供实际帮助和抚慰情绪。然而，对幸存者的评估应该是动态的，随着时间的推移，除了实际需求的评估外，灾难暴露和症状的评估也是有必要的。因此，我们提出了灾后心理检伤的概念，即对灾后幸存者的心理评估。

然而，现有灾后心理评估工具的运用和施测还存在以下不足：种类繁多（仅用于地震灾后心理健康评估的工具就有 217 种）、施测时间长、仅供专业人员（精神科医生、心理学工作者）使用等。因此，目前我国亟须编制一个专门针对灾后人群心理健康评估的简便、经济、可行的评估量表（李向莲等，2015）。

对灾后幸存者的心理创伤的评估不仅要考虑创伤后应激反应水平，而且要考虑灾难暴露程度[指灾难中的财产损失情况（如房屋受损、家庭财产损失情况）、生命威胁、亲友受伤情况、亲友死亡情况和主观害怕等]、拥有的社会支持资源等影响因素，这些因素极大地影响着幸存者的心理复原。因此，心理检伤应是一个相对全面的社会心理评估（Psychosocial Assessment），而不仅仅是对应激反应的评估。根据上述阐述，我们提出地震灾后心理检伤分类的三个层次（见表 2-2）。全面综合考虑心理救援中应该关注的问题，快捷、科学、高效地对受灾人群进行检伤分流，为心理急救提供依据。

表 2-2　地震灾后早期心理检伤分类的层次

维度	内容
Ⅰ 应激反应	与地震有关的重新体验症状、持续地回避与地震有关的刺激、认知和心境方面的消极改变、警觉性或反应性有显著的改变、睡眠状况、躯体症状等
Ⅱ 灾难暴露程度	财产损毁程度、伤残情况、家庭成员失踪/死亡情况、基本生活保障等问题
Ⅲ 社会支持	灾前的重大事件、灾前疾病、灾后的社会支持系统（家庭、社区、政府等）、精神方面（宗教信仰）

二　伤员心理检伤分类的实施过程

"社工站"在灾后 1~2 周对伤员进行了心理检伤分类，根据表 2-2 中的心理检伤分类层次，采用自编半结构的访谈问卷，对伤员进行心理检伤分类。具

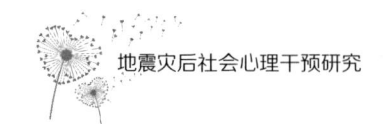

体流程如下。

第一，收集伤员的伤情资料，初步分检重点关注对象。邀请医护人员参与其中，收集伤员躯体伤情的资料，主要用于区别重伤与轻伤伤员，同时，请医护人员推荐情绪不稳定的伤员，优先对这部分伤员进行检伤，主要采用个体访谈的方法，检伤也是心理陪伴的过程。

第二，采用以病房为单位，以小组访谈和个体访谈相结合的方式进行筛选。

第三，对特殊人群，即儿童（14岁以下）、老年人（70岁以上）以访谈家属为主，进行评估。

第四，分析访谈资料，制定检伤分类标准。根据检伤分类的结果将伤员主要分为A、B、C三类。A类是灾难暴露水平高（丧亲或伤残），伴有明显的应激反应的伤员；B类是灾难暴露水平低，社会支持水平低，且伴有明显的应激反应的伤员；C类是灾难暴露水平低，社会支持较好，应激反应水平高的伤员。

三 伤员的心理急救实施过程

地震后昭通市第一人民医院共收治500多名伤员，住院超过1周的伤员有370多名，"社工站"仅能对这370多名伤员进行心理急救，其中儿童约20人。"社工站"在院方的积极配合下，充分调动本地力量参与心理急救，伤员的心理急救在灾后2周内实施。具体的实施过程如下。

第一，对心理急救人员进行心理急救知识和技能集训。"社工站"扩充医院已有的心理护士，把伤员集中的外科、康复科的医护人员纳入心理急救人员队伍，同时，吸纳当地的心理咨询师。"社工站"为医护人员、本地心理咨询师提供心理急救知识的培训，让其掌握基本的心理急救技巧。在急救期间，建立了一支20人的救援队伍。

第二，根据心理检伤分类的结果，对伤员实施心理急救。心理急救阶段重点关注A类和B类伤员，对于A类伤员主要采用一对一的心理陪伴，必要时给予药物治疗；对于B类伤员主要采用一对一或者一对多的小组晤谈，必要时给予个体心理辅导；对于C类伤员主要采用一对多的小组晤谈，必要时给予个体心理陪伴。

第三，对特殊人群实施心理急救。对于儿童和老人的心理急救，更多地主要依赖于教授看护的家属的相应方法。"社工站"组织了"家属支持小组"，该小组的目标有两个：一是促进家属间的相互支持；二是教授家属看护技巧和沟通技巧，让其了解面对危机时儿童和老人的应激反应，积极与伤员沟通，以增强其安全感。

第四，对心理救援队人员进行督导。每天救援工作结束后，救援队伍的人员要集中汇报工作，这也是情感上的支持；救援队负责人，每天接受专家的远程视频督导。督导工作能保证心理救援工作的顺利开展，同时，也是对心理救援人员的心理干预，预防二次伤害。

通过对伤员心理检伤分类，节约了心理救援的资源，提高了干预效率，同时也做到了危机的预警。

第三节 关于灾后心理急救的思考

一 心理急救是早期心理干预的首选方法

近年来，心理急救已得到许多国外专家及团体的推荐，其之所以成为首选的早期心理危机干预方法，主要基于以下假设。

第一，心理急救理论认为，所有人都有与生俱来的能从痛苦事件中恢复的能力，特别是如果能够重新获得基本需求，且需求能够获得支持的途径时，则更能加快恢复速度。同时，心理急救是基于了解受灾难或相应事件影响的个体会经历如生理、心理、行为、精神等的早期反应，一些反应会引起巨大痛苦以至于干扰个体自适应机制并阻碍其恢复进程，故需要救援人员进行干预（Litz，2010；Shultz and Forbes，2014；张丽等，2016）。

第二，心理急救是从现实需求、人性需求的首要反应中发展出来的危机干预模式。灾难发生后，由于人们彼此之间孤立、人群处于无组织状态，家庭、社会支持、组织功能衰竭或处于功能失调状态，在这个时期，促使人们从创伤中恢复的个体及组织资源都无法有效利用，因此人们更容易从一些无侵入性的、非处方性的照顾中受益。

第三，心理急救虽然不足以阻止灾难后继发性的心理问题，但是可以通过降低痛苦、提高唤醒度、减少烦躁不安、帮助与家人和社会资源取得联系等措施，加强行为控制和降低风险。

现有的文献证明，不建议对经历创伤事件的所有人群进行非系统、简短、

单次的以创伤事件为中心的心理干预（Komor et al.，2008）。人类经历灾难后的恢复能力很强，对多数人进行心理干预并非必要（陈树林、李凌江，2005）。对多数人而言，创伤事件后给予其及时、简单、注重实效的帮助是有益的，尤其是朋友和家庭的情感支持最为重要。对另外一些经济困难者，给予其必要的医疗救助、生活保障、经济援助，将会在很大限度上减轻幸存者的心理压力，比单纯的心理辅导更为有效。心理急救与其他心理危机干预技术相比，有其独特的优势。

第一，即时性。灾难事件发生后，即刻利用现有的资源进行干预，干预的参与人员不仅包括精神卫生领域的专业医师，还包括社工、护士、学校教职人员等（Brooks et al.，2016）。在一般的庇护所、野战医院、医疗分流区、急救中心等均可进行，易于灾后大规模开展。同单次实施的严重事件应激晤谈相比，心理急救具有可持续实施的优点（Shultz et al.，2013）。

第二，可推广性。心理急救不是正式的临床干预，无论专家还是志愿者都可以很快掌握。同时由于心理急救适用于不同年龄阶段，对待不同文化背景的受助者又可以灵活地处理，所以在预防和应对突发事件中，心理急救是可以用来推广学习的有效方法（毛允杰等，2009）。

二 心理检伤分类是心理救援的第一步

国内的心理危机干预人员严重缺乏（王凤鸣等，2008），在心理急救中，如何合理分配干预资源是关键问题。早期心理干预，首先应建立在对所干预人群的当前需要评估的基础之上（马飞等，2009）。对灾后幸存者进行心理筛查并划分等级，分层次实施心理干预，可以最大限度地合理利用有限的人力资源，有针对性地为他们提供心理干预，确保干预的效果。因此，在心理急救中一个科学的心理筛查工具，能快速地分流需要被干预的幸存者，这在灾难发生后的早期非常重要。

心理检伤分类是心理急救中至关重要的内容，简洁、快速分流灾后幸存者是心理急救的第一步。课题组在心理救援的过程中结合实际情况和救援经验，开发了地震灾后早期快速心理筛查工具，迎合了心理急救的实践需求。该筛查工具不仅适用于心理卫生专业人员，也适用于非专业人员（救援者、医护人员、心理咨询师、社会工作者），在"黄金72小时"的心理救援中，非专业心理救援人员可以使用该工具完成最初的筛查，为随后进入灾难现场进行心理救援的人员提供干预的依据，而且能为相关政府部门提供合理配置救援资源的信息，为科学救援提供依据（杨婉秋等，2018）。本书的附录7具体介绍了该工具，以期待能将其进行推广和运用。

三 灾后心理急救的效果难以评估

心理急救作为灾后早期干预手段在国际上已成为共识并广泛应用于心理救援工作中，该方法多为经验累积和专家建议，被多个指南推荐。然而，鲜有文献评估诸多灾后背景下心理急救的干预效果。现有文献表明，心理急救评估的研究普遍缺乏严谨的随机对照试验或病例对照研究，且没有对干预效果的确凿结论（Dieltjens，2015）。究其原因，是考虑到干预的性质及各种复杂因素，如灾难背景不同，受害者个人需要不同，这就使得使用标准条例显得困难。此外，环境、文化的因素也很难评估，这些可能会影响干预的观念和受害者的接受能力。

在本研究中，对灾后伤员心理急救效果的评估也很难做到。一方面，伤员陆陆续续出院，干预的时间长短、频率不等，伤情也是多样复杂的，难以做到严谨的对照研究；另一方面，从伦理的角度，也不允许设有对照组，无法做到科学的评估。值得一提的是，灾后心理救援如同医疗救援一样重要，属于人道主义救援，因此，心理救援不能是研究取向的干预，而是基于灾难情景下最大限度地降低伤害，预防心理危机发生。心理急救的目标是重建关系和支持系统，提供信息和实践帮助，重建安全感和稳定感，帮助人们应对丧失（世界卫生组织、战争创伤基金会和世界宣明会，2013）。

四 心理救援人员的自我护理不容忽视

救援人员虽未直接经历地震灾难，但是在救援中，目睹了大量创伤情景、躯体完整性受损，谛听了许多悲惨的生离死别故事；理想化地参与救援活动的动机与高强度持续救援工作带来的疲倦与压力；在对受灾者提供心理支持的同时，也扮演了"替代性心理创伤者"的角色，这些情况使心理救援人员也成为心理创伤的高危人群，提示我们应该重视救援人员的自我保护。救援人员在团队中工作是其心理健康的保护性因素，在团队中与其他成员的相互支持，接受来自同辈或者专家的督导，都有利于救援人员保持一个稳定的状态，做好自我的护理。

五　国内心理急救研究的不足与展望

国外在心理急救方面的研究已经比较成熟，并且有相应完善的心理救助系统和法治保障（毛允杰等，2009）。国内在心理急救方面的研究才刚刚起步，与发达国家相比差距较大，目前国内的研究仍集中在对国外同行研究结果的验证上。在临床方面，从医学心理学和临床心理学角度对灾后心理急救的研究还很少（罗增让、郭春涵，2015）。在政策上，心理急救缺乏急救系统和法律保障。心理急救在某种程度上和医疗急救同样重要，但目前我国并没有一个统一的心理急救系统（张小英，2016）。"5·12"汶川地震发生后，美国国立儿童创伤应激研究中心迅速授权将其所属版权的 *Psychological First Aid-Field Operations Guide* 翻译为中文，并将中文译本上传到了它的网站上，供免费下载，其在我国还举行了多次 PFA 运用的培训班。中外心理卫生专家通力合作，推动了心理急救在我国的发展（杜建政、夏冰丽，2009）。在我国，未来须加强循证医学的基础研究，特别是建立有我国文化特色的本土化方法，提高我国精神创伤事件危机干预的水平（邓明昱，2016）。

第三章 医务社会工作介入鲁甸震后伤员的社会心理干预

第一节 伤员的社会心理需求评估

灾后1~3个月,陆续有伤员出院,伤员的社会心理干预需求评估在动态地进行。以第一阶段的评估为基础,对三类伤员进一步进行更全面和系统的评估,建立伤员的心理档案,为社会心理干预提供循证的依据。本阶段需求评估的结果如下。

第一,在灾后1个月后,对符合入选标准的174名伤员进行调查。在第一阶段分类出来的伤员在经历1个月的治疗后,需要重新进行全面的评估。重新分类是在第一阶段的基础上进行的调整。此阶段的评估分类:A类是灾难暴露水平高(丧亲或伤残、PCL-C量表得分大于等于50分)的伤员,B类是灾难暴露水平低,社会支持量表(SSRS)得分低(SSRS得分低于20分,PCL-C量表得分为30~50分)的伤员,C类是灾难暴露水平低,社会支持量表得分低(SSRS得分低于20分,PCL-C量表得分小于30分)的伤员。表3-1为地震伤员在灾后不同时间段的社会心理评估的内容。

第二,对于伤员中带有共性的问题,比如哀伤处理、家属情感支持等,我们采取小组的方式提高服务效率。

第三,对灾前有重大生活事件,灾后身心康复均不理想的伤员开展系统的心理治疗。

第四,绝大部分伤员在该阶段都集中在康复科进行康复训练,我们在该科室建立了相应的活动室,开展康乐活动,促进伤员之间的相互交流和支持,促进其社会功能的恢复。

第五,此次地震的受灾区包括彝族、回族等少数民族的集聚地,相当一部分伤员有宗教背景,宗教文化是重要的康复资源,因此,我们借力宗教文化推动伤员的社会心理干预。

值得注意的是:一是需求评估是一个跨专业合作的过程,因此需要精神科、心理学、社会工作等专业的工作人员共同完成;二是需求评估是动态发展的过程,需要对伤员的心理状况进行动态追踪。因此,本研究的社会心理干预在医院内持续了3个多月,之后,大部分伤员返回社区,课题组通过社区探访、社区资源的联结对伤员进行持续的评估、康复指导,尽其所能地为其提供社会心理支持。

表3-1 地震伤员社会心理评估内容

评估维度	具体评估内容	评估工具	评估时间
生理维度	生理应激反应,如睡眠状况、饮食状况、胃肠道反应、疼痛等	自编的护理观察表	灾后1~3个月
应激相关的障碍评估	创伤体验、警觉性增高、回避、闪回症状以及社会功能受损等	PTSD平民版(PCL-C)	灾后1个月、灾后3个月
社会心理维度	1. 灾前情况:是否有重大疾病(精神病、癌症等)、残疾、重大生活事件(离异、亲人亡故)等 2. 灾后情况:本人或亲属伤残/死亡、被掩埋经历、目睹他人死亡、财产损失等	自编的社会心理评估表 社会支持量表(SSRS)(见附录8)	灾后1个月

第二节 伤员的社会心理干预实施过程

"社工站"立足于本地的资源,形成了一支跨专业合作的队伍,这支队伍由社工、医护人员、心理咨询师、精神科医生组成,并由社工作为组织者和联络者,探索"以资源为取向、以本土文化为本、跨专业、多学科"的干预模式。在灾后1~3个月内对入院的伤员进行了微观、中观、宏观不同的系统干预,"社工站"尽可能地为伤员提供个性化的服务,干预方案如表3-2所示。

表3-2 地震伤员的社会心理干预方案

干预层面	具体干预对象	干预措施（实施者）	干预内容及其指标
微观层面	伤员及其家属	①支持性交流（护士）；②心理查房：伤员心理陪伴及疏导（咨询师、社工）；③电话追踪、家庭探访（医生/护士、社工）；④个案管理：个案管理分配落实到位，定期进行评估（社工）	①床旁5分钟、10分钟、15分钟交流次数，记录在护理观察表中；②心理疏导次数，咨询记录的规范性，咨询效果反馈；③电话追踪评估记录表；④个案管理档案记录表（除身心健康评估外，获得援助情况、面临的困境等）
中观层面	病友互助系统、病房	①健康教育：疾病知识教育、身体照顾教育、康复教育（医生/护士）；②团体心理辅导："丧亲家属支持小组""儿童家长支持小组"（咨询师、社工）；③出院准备小组（社工）；④"少儿玩教中心"和"家庭资源中心"的康乐活动（社工）；⑤病房的康乐活动（社工）	①健康教育开展的次数及活动效果评估；②团体辅导的次数、参与人数及活动效果评估；③追踪评估人数及伤员反映遇到的困难、患处的康复情况等；④康乐活动内容的丰富性、参与的人数及其反馈
宏观层面	医院、有关政府部门、非政府组织	①医护人员的三次心理危机干预培训（专家）；②为本地的医疗、卫生、教育部门以及社会组织提供四次跨专业培训（专家）；③倡导建立龙头山康复点，参与康复点的筹备等（社工）；④链接社会资源，解决伤员及其家属的实际困难：伤员手术费用、康复辅具、假肢安装、困境助学等（社工）	①医护人员心理护理能力的提升，以及把心理护理寓于日常的医疗救治的意识和能力；②有关部门救援人员危机处置技能的评估；③解决实际困难的次数、获益人数、可持久性等

一 微观层面的个体干预

（一）监测评估：心理档案与分类干预

灾后1周内，在北京安定医院精神科医生的协助下，"社工站"对伤员进行了心理危机筛查，建立了心理危机干预档案，关注筛查出的重点对象。此时，为伤员提供的服务主要为心理急救。灾后 2 周内，建立了 375 份心理危机干预档案。灾后 1 个月内，社工对 174 名伤员再次进行分类筛查，建立了 90 份重点关注人员的社会心理干预档案。灾后 1~3 个月内，持续不断地对病人做心理评估，建立社会心理干预档案，将伤员分类（A、B、C 三类），分别采取不同的介入措施，开展危机介入和社会心理干预，如图 3-1 所示。

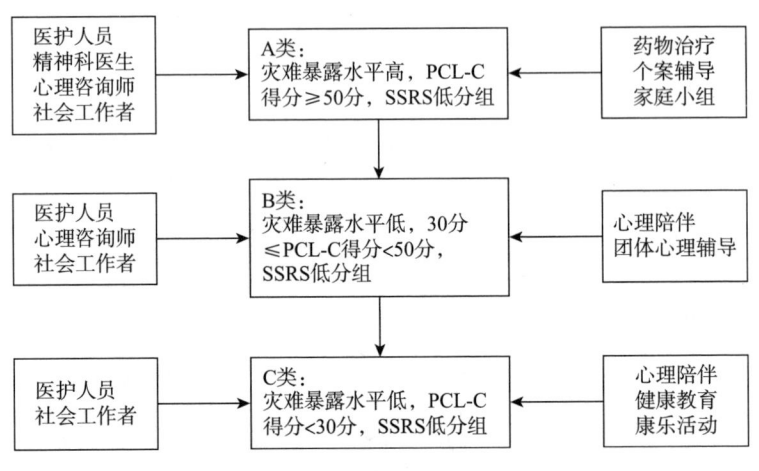

```
医护人员              A类：                    药物治疗
精神科医生     →    灾难暴露水平高，PCL-C   ←   个案辅导
心理咨询师           得分≥50分，SSRS低分组       家庭小组
社会工作者
                         ↓
医护人员              B类：
心理咨询师     →    灾难暴露水平低，30分     ←   心理陪伴
社会工作者           ≤PCL-C得分<50分，         团体心理辅导
                    SSRS低分组
                         ↓
医护人员              C类：                    心理陪伴
社会工作者     →    灾难暴露水平低，PCL-C   ←   健康教育
                    得分<30分，SSRS低分组       康乐活动
```

图 3-1　伤员社会心理干预分类

（二）个性化服务："心理查房"与"碰头会"

"社工站"根据对伤员的不同分类，由相应的专业人员介入。各科室规定每天的"心理查房"要写进伤员的查房记录，便于伤员的主治医生和主管护士及时了解伤员的情况。这样的"心理查房"从每天一次到每周两次、每周一次、每半个月一次，直至伤员出院。通过"心理查房"发现伤员的心理变化情况，及时进行心理治疗，甚至有的需要精神科药物介入，这部分伤员是"社工站"重点关注的对象。这些分类伤员，由不同的社工或者咨询师负责跟进辅导，同时精神科医生会给予药物介入。此外，由医院护理部和"社工站"协调组织的"碰头会"，即跨专业合作队伍的固定会议制度，除了心理危机干预队伍的人员参与外，还有各科室的主管护师参与，以及时沟通伤员的病情和情绪状态，在会议上讨论需要重点关注的伤员及介入方案。"碰头会"在很大程度上起到了危机预警的作用，尤其在人手不足的情况下，大大提高了工作效率。此外，"碰头会"制度在伤员转入康复科集中治疗后暂停。

（三）追踪评估：电话回访与社区探访

灾后3个月，绝大部分伤员出院，"社工站"的工作重心从医院转向社区，并且在灾后3个月对伤员开展社区康复需求评估。"社工站"分别在灾后1个月、3个月对出院的、能联系上的110名、113名伤员进行电话追踪回访。回访的目的在于：一是评估伤员的身心康复情况，以及在社区中影响康复的因素及出院伤员遇到的困难和挑战；二是通过出院伤员的反馈，为仍住院治疗的伤员提供资讯，了解社区可以利用的医疗、社工服务等资源，帮助其做好出院准备，增强其回归社区的适应能力；三是为"社工站"的社区探访做准备，筛查出需要进行社区探访的伤员。

灾后3个月，"社工站"根据第二次电话回访的情况，对重伤员集中的4个村（龙头山、翠屏、银屏、光明）的34名伤员进行了社区探访。为了增加伤员和社区卫生院的联结，本次探访特意安排了27位伤员在卫生院进行回访，对其余无法走动的7位老人和儿童进行了家庭探访。"社工站"采用自编的"身心康复评估表"，对返回社区的伤员进行社区探访，以了解伤员的康复状况，以及在康复中遇到的困难、可以利用的社区资源，以便制订社区的康复计划。

此次社区探访发现的问题主要集中在以下几点。第一，重伤员受制于多种因素，如疾病意识、经济、自然生存环境等的影响，康复情况不理想，其中最主要的原因是缺乏主动康复的意识，难以保证按时、按量地完成医嘱。伤员在地震后备受各界的关注，这在某种程度上也影响了他们积极主动的意识，康复训练更多地期待依靠医护人员，主动性差。第二，社区的康复资源较匮乏，社区卫生院的软、硬件条件均较差，难以满足伤员后续的康复需求，而且伤员对卫生院的信任度比较低。第三，每个社区都有社会工作机构，这些机构均有服务伤员的意识，但找不到切入点，也找不到服务的对象，处于需求与服务无法对接的状态。

"社工站"将电话回访和社区探访的情况上报给了相应的政府部门，在多个政府部门的协调、社会组织"合力社区"的支持下，启动了"鲁甸地震伤员康复支持项目"，即在距离灾区相对较近的鲁甸县医院建立了"康复点"，为出院后康复情况不佳的伤员，提供重返医院进行康复治疗的机会。同时，在龙头山卫生院建立了伤员的康复训练点，推动了伤员的社区康复。"合力社区"的康复支持项目一直持续灾后两年的时间，满足了伤员后续康复的需求，

在一定程度上保证了鲁甸地震中伤员救治的可持续后效。

二 中观（医院/社区）层面的干预

社会支持系统对心理疾病具有防治的功能，因此灾后社会心理干预重在以资源为取向，撬动伤员社会生活环境中的保护性因素，构建社会支持系统，提升伤员对灾难的复原力。

如何构建伤员的社会支持系统呢？在实践中"社工站"发现，固定、实体的场所，不仅能为伤员提供安全感，还有助于互助系统的形成。因此，"社工站"在择善基金会和医院的支持下，精心设置了两个活动室，即"少儿玩教中心"和"家庭资源中心"。在"家庭资源中心"布置了可供穆斯林"礼拜"的角落（鲁甸为回族聚居地之一），这不仅让伤员感受到被尊重，拉近了"社工站"和伤员的距离，更重要的是，穆斯林伤员每天"五房"礼拜，是治愈创伤的重要力量。"社工站"充分利用两个中心为伤员提供社会心理干预（包括少儿的艺术治疗、个案辅导、小组活动、家庭治疗、健康教育等），充分挖掘本土文化资源和伤员的资源（家人、病友、志愿者），增强伤员的社会支持系统，协助其走出创伤，促进社会心理康复。具体说来，"社工站"着重在以下四个方面构建伤员的社会支持系统（见图3-2）。

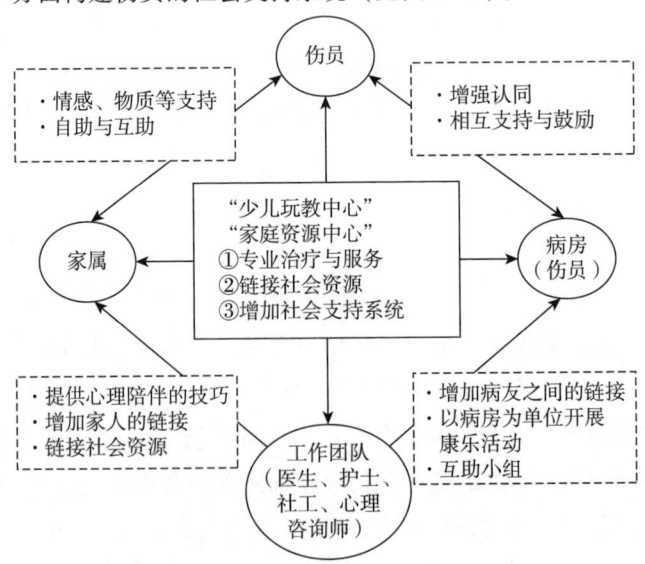

图3-2 中观层面的伤员社会支持系统

(一) 促进家庭资源的有效利用

灾后的自救与互助是从家庭开始的,在灾难面前家庭的凝聚力增强,因此,对家庭开展服务会比较容易。尤其是在我国医院系统有家属陪同制度,"社工站"开展了"丧亲家属支持小组""儿童家长支持小组"。其目的在于:一是帮助家属舒缓压力,促进家属之间相互支持。家属本身也是灾民,也有哀伤的情绪需要处理,家属在看护伤员过程中压力较大、身心俱疲,正所谓"久病床前无孝子"。二是讲解灾后心理应激的表现和处理方法,让家属疏导伤员,增强治疗效果。在服务过程中,家长普遍反映孩子灾后"难带",家长在支持小组中分享和交流各自的困难和经验。三是请医生给家属讲解护理知识(尤其是针对骨伤的儿童)和康复营养知识,改善家属护理的水平。上述干预活动,增进了家庭成员的相互理解与支持,提升了家属护理伤员的信心和水平,从而促进了家庭资源的有效利用,增强了家庭应对危机的能力。

(二) 促进伤员互助支持系统的建立

伤员之间自发形成以病房为单位的互助系统,社工的作用就是推动这个互助系统良性发展。现有文献证实,灾后互助和助人行为可促进伤员的身心康复(沈文伟、陈会全,2015)。伤员还不能下床活动时,社工在病房里开展活动,通常我们会发现病房里的"榜样人物",让其带动大家分享故事、说笑话、唱山歌,这些故事和山歌充满了浓厚的乡土气息,增进了伤员间的亲近感和凝聚力。随着伤员伤情的康复,"社工站"开始组织康乐活动,每周定期在"少儿玩教中心"和"家庭资源中心"开展小组活动、康乐活动和传统手工艺品制作等,让伤员的互助系统拓展得更广。"少儿玩教中心"主要依托本地幼儿教育专业的大学生,开展幼儿绘画、手工、歌唱、讲故事、舞蹈等表达性艺术治疗的活动。表达性艺术治疗主要是运用音乐冥想、绘画、艺术涂鸦、身体雕塑和心理剧等手段,让参与者来体验自己的生命故事,从而达到增强沟通、心理宣泄和心理治疗的目的(汤晓霞,2011)。伤员即将出院时,"社工站"开展了"出院准备小组",帮助即将出院的伤员做好迎接社区生活的准备,"社工站"请驻扎灾区的社工组织,讲解伤员回归社区将面临的挑战以及在社区中可以获得支持等;请康复师进行出院后自我康复知识的讲解,然后伤员们集思广益,共同讨论如何应对出院后遇到的生活、身体及心理上的挑战。

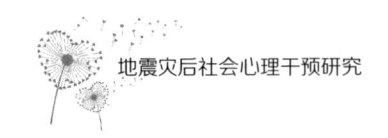

(三) 促进医护支持系统的建立

医患矛盾一直以来就是世界性的难题。伤员从送进医院到出院，往往会经历"蜜月期"到正常化的过程。所谓"蜜月期"就是伤员受万众瞩目，得到媒体、志愿者和爱心人士众多的关爱。当"爱心"逐渐退去，医患矛盾便会逐渐显现。伤员抱怨，医生精疲力竭，社工就必须充当矛盾的调解者。伤员常因医药卫生知识的缺乏或对医生缺乏信任而耽搁治疗或要求过度治疗，在这种情况下，社工可以将有关的知识讲解给伤员及家属，提高他们对治疗的配合度。同时，医生认为"难缠"的伤员，社工可以倾听伤员的诉求和烦恼，减少医患矛盾，社工好比医患之间沟通的桥梁。

在灾后的救治过程中，医护人员已认识到心理救治的重要性和迫切性。医护人员表示"我们很想宽慰病人，但不知道哪些该说，哪些不该说，该怎样做"。鉴于医护人员的需求，"社工站"组织专家开展了面向医护人员的"灾后心理危机干预"的系列培训，让伤员的心理疏导寓于日常的点滴医护工作中。此外，"社工站"在择善基金的支持下，由香港理工大学派出专家面向昭通地区各级医院，包括乡镇卫生院，提供了四次"灾后医务社会工作"的系列培训，深入讲解医务社会工作、社会心理干预等知识和技能。通过这一系列的培训，普及了医务社会工作的知识和技能，培育了当地灾难应对的医疗队伍，增强了当地医务工作者应对危机的处置能力。

(四) 挖掘本土的社会资源

为了保证"社工站"的可持续发展，我们积极挖掘本土的社会资源。"社工站"联络了当地的妇联等部门，寻找当地持有"心理咨询师"或"社会工作师"资格证的志愿者，为其提供危机干预培训，筛选出一支能持续为伤员提供心理支持的志愿者队伍。同时，与当地高校合作，由当地高校的学生组成了一支大学生志愿者团队，"社工站"负责督导。志愿者参与了伤员的"心理查房"、小组活动等，康乐活动的设计和开展也由志愿者负责，由于有了志愿者的支持，设计的活动非常接"地气"。康乐活动主要包括茶话会、手工编制、生活安全常识讲坛、心理电影赏析等，每次活动内容都贴近伤员的需求，符合当地的文化。加之，在活动过程中，志愿者使用当地语言和伤员沟通，拉近了和伤员的距离。除此之外，"社工站"链接当地的民间组织为伤员及其家属提供助学、经济帮扶、法律援助等支持。同时，为了保证出院伤员得到持续的跟进服务，"社工站"还联系了灾区发展成熟的驻地社工组织，转介有服务需求的伤员。

三 宏观（政府/社会）层面的干预

（一）成立西南地区第一个灾后医务社工站

"8·03"地震后，民政部组织了五支省外社工队伍和云南省本地三支社工团队奔赴灾区进行需求评估，其中一支就是医务社工。医务社工队伍抽样调查了昭通、鲁甸三家收治伤病员的医院，以翔实的访谈资料和科学的数据分析，向政府提交了"地震医疗服务需求评估报告""住院伤病员精神健康筛查报告"，呼吁在有心理救援迫切需求的医院建立医务社工站，重视"预防胜于治疗"。鉴于此，云南省民政厅社会工作处指派该医务社工团队进入服务需求最大的昭通市第一人民医院。通过省民政厅社会工作处与当地医院的沟通，"社工站"以"合法"的地位在医院开展工作，同时"社工站"与医院护理部密切合作，组建了社会心理危机干预团队，对伤员开始了规范、科学、有序的服务。

（二）保障医务社会工作在医院的地位

经过3个月的努力，"社工站"的服务得到了伤员和医护人员的赞赏，缓解了医患之间的矛盾，减轻了医护人员的压力，同时针对全院医护人员开展了心理危机干预的系列培训。更重要的是，"社工站"协调海内外专家举办了四次跨专业培训，为本地的医疗、卫生、教育部门以及社会组织，提供了适时适宜的培训。当地政府部门以及医院对"社工站"的态度从配合到信任，再到大力支持。为此，在伤员转入康复科后，医院专门提供了办公和活动场所，以支持"社工站"的发展。同时，"社工站"向有关政府部门提交咨询报告，呼吁政府关注伤病员的医疗救治、社区康复等问题。

民政部社政司司长在鲁甸灾区考察期间，特意来到昭通市第一人民医院，为"社工站"举行了"挂牌"仪式，此举大大推动了"社工站"的发展。目前，该医院认同把医务社工纳入诊疗过程，意识到这是"生理-心理-社会"医学模式发展的要求和趋势。目前院方在人力、物力、资金上给予了"社工站"大力支持，接下来将在制度上保证"社工站"在医院的地位。医院把"社工站"设立在护理部，并设有专人岗位，配套经费。"社工站"从灾后应

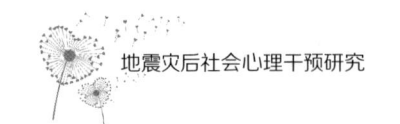

急服务转变到医院的常规工作，成为医院的一个部门。这是云南省第一个医务社工站，也是西南地区第一个灾后医务社工站。

通过上述微观、中观、宏观干预的介绍，我们试图采用系统的、清晰的方式来呈现我们的服务，但事实上，这三个层次的干预是相互渗透、融合和互动的，社会心理干预是一项复杂的系统工程。

第三节 伤员社会心理干预的效果分析

"社工站"对伤员进行了3个月的社会心理干预，对符合研究标准的伤员进行了两次追踪调查，主要采用的调查工具为创伤后应激障碍症状自评量表（PCL-C）和自编问卷。

一 研究对象

选取了地震灾后入院治疗的伤员，筛选标准：
①地震所致躯体外伤；
②灾前均无重大疾病或精神疾病史；
③无酒精依赖或者其他成瘾性药物史；
④住院超过1个月；
⑤年龄在8~75岁。

纳入入选标准的研究对象共174例，平均年龄为45.82±18.37岁，年龄跨度为10~75岁，其中40~49岁的人所占比例最大，为44人，占25.3%；女性居多，共101人，占58.0%；农民所占比例最大，共156人，占89.7%；以汉族为主，共165人，占94.8%；已婚者居多，共103人，占59.2%；文化程度大多为初中及以下，共154人，占88.5%。具体人口学特征构成如表3-3所示。174例伤员中，42例入院时被评定为重症，其中危重症4例（ICU），伤员的躯体外伤以头、背、臀、腿部的骨折、挤压伤以及挤压综合征为主。

表3-3 躯体外伤伤员人口学特征

人口学特征		N（人）	所占比例（%）
性别	男	73	42.0
	女	101	58.0

续表

人口学特征		N（人）	所占比例（%）
年龄	18 岁及以下	11	6.3
	19~29 岁	24	13.8
	30~39 岁	26	14.9
	40~49 岁	44	25.3
	50~59 岁	27	15.5
	60 岁及以上	42	24.1
职业	农民	156	89.7
	学生	10	5.7
	教师	2	1.1
	医生	1	0.6
	公务员	5	2.9
民族	汉	165	94.8
	其他	9	5.2
婚姻状况	未婚	55	31.6
	已婚	103	59.2
	离婚	16	9.2
受教育程度	文盲	59	33.9
	小学	56	32.2
	初中	39	22.4
	高中	10	5.7
	大专及以上	10	5.7

二 研究过程

本研究采用纵向研究的方法，在灾后 1 个月、3 个月和 18 个月内对伤员进行了追踪监测以判定 PTSD 的发生情况及健康状况。灾后 1 个月内，"社工站"对符合入选标准的 174 名伤员进行调查，调查内容为一般人口学资料、受灾情况与经历以及创伤后应激障碍症状自评量表（PCL-C）测评；灾后 3 个月内，对部分住院伤员和出院伤员，进行了身心康复情况调查，共 163 人，脱落 11 人，脱落率为 6.32%（11/174），调查内容为社区康复资源及状况和创伤后应激障碍症状自评量表（PCL-C）测评；灾后 18 个月内，对出院伤员进行了身

心康复情况调查,共调查了147人,脱落27人,脱落率为15.52%(27/174),调查内容为通用性简明健康调查问卷(SF-36)和临床用创伤后应激障碍量表(CAPS)测评。调查的施测者为1名精神病学博士研究生、2名心理学硕士研究生和5名精神科医生(调查流程详见第一章第四节)。

三 研究结果

(一)灾后1个月、3个月和18个月PTSD检出情况

在灾后1个月、3个月采用创伤后应激障碍症状自评量表(PCL-C)对伤员进行调查(PCL-C总分≥50分为阳性);在灾后18个月由精神科医生采用DSM-Ⅳ中PTSD诊断量表(CAPS)进行PTSD诊断(CAPS总分≥65分为阳性)。以往的研究已经证明,PCL-C量表与临床用的PTSD诊断量表(CAPS)有相似的心理测量学特性,这可用两个量表的高度相关来证明,其相关度达0.93。PCL-C用50分划界,有较好的诊断灵敏性(0.83)和特异性(0.83),kappa系数为0.64(Bryant,2003)。

灾后1个月、3个月的PTSD检出人数分别为40人和22人,检出率分别为22.99%和13.58%,灾后18个月诊断患PTSD的有11人,检出率为7.48%。由此可见,随着时间推移,PTSD的检出率在下降(见表3-4)。

表3-4 三次调查PTSD检出情况

时间	筛查工具	总人数(人)	PTSD未检出人数(人)	PTSD检出人数(人)	检出率(%)
灾后1个月	PCL-C量表	174	134	40	22.99
灾后3个月	PCL-C量表	162	140	22	13.58
灾后18个月	CAPS量表	147	136	11	7.48

(二)灾后1个月和3个月PCL-C量表得分情况

在灾后1个月和3个月使用PCL-C量表分别对174名和162名伤员进行了调查。第一次调查,闯入因子上得分为11.81±5.16分,回避因子上得分为13.85±6.10分,警觉因子上得分为11.31±4.81分,量表总分为40.40±13.68分;第二次调查,闯入因子上得分为12.23±4.40分,回避因子上得分

为13.79±5.21分，警觉因子上得分为11.12±4.20分，量表总分为37.50±12.66分。本研究结果提示，躯体外伤伤员灾后1个月、3个月均有较明显的PTSD症状。以往研究表明PTSD伤员的PCL-C量表分值显示在37~71分（王新燕等，2015）。各因子具体得分情况如表3-5所示。

表3-5 PCL-C各因子及总分得分情况

单位：人，分

时间	N	因子	最小值	最大值	M	SD
灾后1个月	174	闯入	5	25	11.81	5.16
		回避	5	34	13.85	6.10
		警觉	5	25	11.31	4.81
		总分	17	76	40.40	13.68
灾后3个月	162	闯入	5	25	12.23	4.40
		回避	7	29	13.79	5.21
		警觉	5	25	11.12	4.20
		总分	17	74	37.50	12.66

（三）灾后18个月CAPS量表得分情况

在灾后18个月使用CAPS量表对147名躯体外伤伤员进行了调查。其中闯入因子上得分为12.94±6.71分，回避因子上得分为12.87±9.16分，警觉因子上得分为15.47±7.63分，量表的总分为41.32±20.12分。本研究结果提示，躯体外伤伤员在灾后18个月，PTSD症状表现为中度（CAPS分数范围为0~136分，根据不同分数分为5级：0~19分为亚临床状态，20~39分为轻微状态，40~59分为中度状态，60~79分为严重状态，80分以上为极重度状态）。各因子具体得分情况如表3-6所示。

表3-6 CAPS量表各因子及总分得分情况

单位：分

因子	最小值	最大值	M	SD
闯入	0	31	12.94	6.71
回避	0	43	12.87	9.16

续表

因子	最小值	最大值	M	SD
警觉	0	31	15.47	7.63
总分	3	97	41.32	20.12

(四) 灾后18个月躯体外伤伤员健康状况评价

灾后18个月，课题组采用通用性简明健康调查问卷（SF-36）对147名伤员进行了调查。采用t检验比较躯体外伤伤员和普通人群的常模分。伤员在SF-36问卷的8个因子上的得分（躯体疼痛：72.47±17.02分；生理机能：63.80±31.75分；生理职能：11.14±30.19分；一般健康状况：42.27±15.05分；精力：8.01±12.00分；社会功能：78.26±19.42分；情感职能：23.19±42.15分；精神健康：57.00±8.93分）均低于常模。8个维度转换分为87.6±16.8分、83.0±20.7分、83.3±19.7分、68.2±19.4分、70.1±16.8分、84.8±16.6分、85.3±17.7分、78.8±15.4分，并且差异均达显著性水平（$p<0.001$）。研究结果如表3-7所示。研究结果提示，灾后躯体外伤伤员的自评健康状况差，生命健康质量低，健康状况水平远低于普通人群。

表3-7 伤员与普通人群常模SF-36 v2问卷得分比较

维度	组别	Mean ± SD	t 值	p 值
躯体疼痛 – BP	躯体外伤伤员	72.47 ± 17.02	-6.245	0.000
	普通人群	83.3 ± 19.7		
生理机能 – PF	躯体外伤伤员	63.80 ± 31.75	-7.336	0.000
	普通人群	87.6 ± 16.8		
生理职能 – RP	躯体外伤伤员	11.14 ± 30.19	-23.099	0.000
	普通人群	83.0 ± 20.7		
一般健康状况 – GH	躯体外伤伤员	42.27 ± 15.05	-13.448	0.000
	普通人群	68.2 ± 19.4		
精力 – VT	躯体外伤伤员	8.01 ± 12.00	-49.880	0.000
	普通人群	70.1 ± 16.8		
社会功能 – SF	躯体外伤伤员	78.26 ± 19.42	-3.411	0.001
	普通人群	84.8 ± 16.6		

续表

维度	组别	Mean ± SD	t 值	p 值
情感职能 – RE	躯体外伤伤员	23.19 ± 42.15	–14.324	0.000
	普通人群	85.3 ± 17.7		
精神健康 – MH	躯体外伤伤员	57.00 ± 8.93	–23.689	0.000
	普通人群	78.8 ± 15.4		

（五）伤员对社会心理干预的满意度

在灾后1个月和3个月我们分别使用了自编的"社会心理干预服务的满意度评估表"，对伤员进行了干预效果的评估，评估的具体内容如表3-8所示。由表3-8可见，伤员对工作人员的带领技巧、团体的安全感以及活动效果的评价较高，选择积极肯定选项"完全统一、大部分同意"的人数占74% ~ 80%；而选择"大部分不同意、完全不同意"的仅占1% ~ 2%。

表3-8 伤员对社会心理干预服务的满意度评估

单位:%

评价内容	完全同意		大部分同意		同意		大部分不同意		完全不同意	
	1个月	3个月	1个月	3个月	1个月	3个月	1个月	3个月	1个月	3个月
1. 工作人员能尊重、理解小组成员	51	49	29	25	16	22	4	4	0	0
2. 工作人员是可靠的、值得信任的	48	55	27	20	20	25	4	3	1	0
3. 在活动中我感到温馨、积极和有安全感	46	49	30	26	19	23	5	2	2	0
4. 活动增加了伤员之间的相互理解和支持	57	51	20	25	20	2	2	2	0	0
5. 活动的内容对我的康复有很大帮助	53	55	21	20	21	24	2	1	2	0

四 研究讨论

（一）伤员的社会心理干预效果评价

在灾后1个月、3个月后使用创伤后应激障碍症状自评量表（PCL-C）对地震灾后躯体外伤伤员进行创伤后应激障碍（PTSD）筛查，阳性检出率分别

为22.86%和13.58%。研究结果显示，随着时间的推移，PTSD的检出率在下降，这可能是随着时间的推移，个体的自我疗愈，也可能是灾后心理救援的效果。总之，要得出"灾后社会心理干预降低了灾后躯体外伤伤员PTSD的发病率"的研究结论需要谨慎。

然而，从文献回顾来看，本研究中伤员的PTSD发生率低于同类研究，这可能从某种程度上表明了干预是有一定效果的。国外相关研究报道，灾难后6个月躯体外伤伤员（因交通或其他事故、暴力恐怖袭击）的PTSD发生率为25.5%（Shalev et al., 1996）。国内学者高雪屏、罗兴伟（2009）等人发现，汶川地震灾后1个月四川省什邡地区及转入湘雅二院的躯体外伤伤员和受灾人群的PTSD发生率为分别为39.15%和45.9%，PTSD筛查总阳性率为35.56%。李幼东（2011）等人发现，汶川地震灾后转入河北省住院治疗的地震幸存者（伤员及家属）灾后1个月PTSD筛查总阳性率为17.1%。李红波（2011）发现，矿难发生后13个月矿工PTSD发生率为19.64%。祝贺（2016）对长春市某医院创伤外科治疗出院后返院复查的伤员的调查发现，外伤伤员PTSD发生率为29.5%。此外，从伤员对"社工站"的社会心理干预的满意度评估来看，伤员对工作者的态度和技能持有正面评价，肯定了干预服务对其身心康复的作用。从另外一个角度来看，伤员的评价也是对干预效果的积极肯定。因此，可以推测社会心理干预促进了伤员的康复，降低了精神疾病发生的风险。

总而言之，本研究对灾后躯体外伤伤员进行心理急救和灾后3个月的社会心理干预，虽然难于准确地评估干预效果，但无论怎样都是对创伤后应激障碍干预的重要尝试。同类干预研究也显示，对PTSD干预的评估是一个难题，因为在灾难情景中，难以设计严格的对照实验，以评估干预效果。

（二）社区康复中伤员的生命质量评价

灾后18个月，"社工站"再一次进行社区探访，评估伤员的身心健康状况。此次社区探访发现的问题主要有以下几方面：第一，伤员的创伤后应激障碍的发生率低于同类研究；第二，伤员的生命质量低于全国常模水平，提示伤员的生活治疗比较差，其中与身体康复情况有关；第三，伤员的生计问题突出，可能是影响其康复的不可忽视的因素。

在本次调查中，生命质量的考察采用了SF-36问卷，该问卷基于适应"生物－心理－社会"医学模式和健康观，全面评价伤员的生理、心理和社会生活等方面的影响，有效弥补了传统生物医学评价指标的不足，成为伤员健康评价的重要指标。SF-36 v2 问卷作为国际上标准化测定健康相关生命质量的主流问卷，在中国人群中其性能已得到验证，并建立了全国普通人群常模，为其应用于躯体康复伤员的健康评价提供了基础（姜敏敏，2008）。

在灾后 18 个月，伤员在 SF-36 问卷 8 个维度上的得分均低于常模，并且差异均达到了显著性水平，这提示伤员的总体健康状况低于全国的平均水平。躯体外伤伤员的 8 个维度排名最低的分别为"精力"、"生理职能"和"情感职能"三个维度，分值在 8～23 分，其余维度均值在 57～72 分。各维度满分为 100 分，分值越高代表在该维度上的状况越好。这可能提示，躯体外伤伤员这三方面的问题比较突出。具体看一下，这三个维度代表的内容，"精力"即对自身精力和疲劳程度的主观感受方面，包括"您觉得生活充实吗？您觉得精力充沛吗？您觉得筋疲力尽吗？您觉得疲劳吗？""生理职能"即生理健康问题所造成的职能限制，包括减少了工作或者其他活动的时间；本来想要做的事情只能完成一部分；完成工作或者其他活动有困难，比如，需要额外的努力。"情感职能"即测量由情感问题所造成的职能限制，它包括减少了工作或者其他活动的时间，本来想要做的事情只能完成一部分，做工作或者其他活动不如平时仔细。

根据具体条目的分析，研究结果可能表明，躯体外伤给伤员带来了生活、劳动、工作的限制，加之灾后各种生活上的困难，使伤员对日常生活的胜任力较差。研究者两次社区回访了解到的情况，佐证了躯体外伤伤员在社区康复的情况并不理想。这些伤员绝大部分为四肢骨折、腰椎搓裂或其他外伤伤员，由创伤导致了关节粘连或关节活动受限、肌力下降等问题，甚至截瘫，相当一部分伤员的日常生产生活活动受到严重影响，无力胜任工作，只好赋闲在家，感到生活无聊，不能帮助家人，无用感、无力感强烈。另外，社区基层医疗机构的人力和技术均较薄弱，无法满足伤员的康复需求，导致伤员对基层医院的信任度非常低，对自己伤情的预后没有信心。因此，躯体外伤伤员在社区中遇到的康复困境和自身身体情况的限制导致了其健康状况比较差。

（三）对脱落对象的情况分析

本研究的脱离率比较高，研究者把脱落研究对象未脱落前的基本情况进行了分析，讨论了脱落的原因。从表 3-9 中可见，第一次脱落被试的 PCL-C 得分（40.58±11.48 分）与平均分（40.40±13.68 分）差异并不显著；第二次脱落被试的 PCL-C 得分（30.54±14.90 分）低于平均分（37.50±13.68 分），但差异未达到显著性水平。两次脱落的伤员重伤 2 人（7.4%）、非重伤 25 人（92.6%）；脱落男性 20 人（74.07%）、女性 7 人（25.93%）。由此可见，轻伤、男性伤员是主要脱落人群，原因可能是伤情轻，恢复状况良好，对参与社区康复评估不重视，另外女性可能比男性更关注健康，因此对社区康复评分的参与性较高。

表 3-9 脱落研究对象的情况分析

脱落时间	脱落人数（人）	脱落率（%）	PTSD 检出人数（人）	PCL-C 平均得分/最高分与最低分 第一次调查	PCL-C 平均得分/最高分与最低分 第二次调查	伤情（人）重伤	伤情（人）非重伤	性别（人）男	性别（人）女
第二次调查	12	6.86	2	40.58±11.48 分/（22~62 分）		2	11	7	5
第三次调查	12+15（新脱落）	15.43	0		30.54±14.90 分/（17~40 分）	2	25	20	7

另外，研究者在脱落的 27 人中，随机抽取 4 名非重伤伤员和 2 名重伤伤员进行电话回访，询问其康复情况及不愿意参加社区康复评估的原因，回访情况总结如下。第一，1 名重伤伤员反映，鲁甸县医院和社会公益组织合作，免费为伤员提供康复治疗。这名伤员反映，昭通市第一人民医院的部分伤员出院后，再次到鲁甸县医院进行住院康复。因此，她没有参加社区康复评估。第二，2 名伤员认为社区评估帮助不大，不愿意再参加，因为每次来参加评估来回步行要 4 个多小时。第三，2 名伤员认为自己已经康复了，不需要再参加。

由此可见，研究对象脱落原因有主观方面，如康复评估对伤员的支持力度不够，不能回应伤员的需求；也用客观方面，即研究对象得到了政府更多的康复支持。除此之外，灾区伤员居住非常分散，每次到社区回访都需要将其集中在乡镇卫生院，确实有困难，加之每次回访时间都在冬季，路途困难，这也是导致研究对象流失的原因。

第四章 鲁甸震后伤员的心理复原力研究

第一节 心理复原力的概念解析

一 问题提出

在本研究中,社会心理干预的研究结果表明,灾后 1 个月内出现明显 PTSD 症状的躯体外伤伤员(PCL-C 总分≥50 分)占 22.86%,在灾后 1 年被诊断为 PTSD(CAPS≥65 分)的仅占 7.35%。PTSD 在灾难事件后的发展状况会随时间的推移而减缓,但仍有一些人未能随时间的推移而减缓 PTSD 的症状,甚至有部分人更加严重。PTSD 及其相关症状的发生,绝不是由灾难或创伤经验本身所单独引发的(肖文,2000)。PTSD 症状的轻重、发生与不发生究竟与什么因素有关?除了与性别、年龄等方面因素有关外,近年来,研究者们发现,心理复原力对 PTSD 的发生有削弱作用(李仁莉,2013),PTSD 患者报告的心理复原力得分较低(Wingo et al.,2017;Tsai et al.,2012;洪福建,2003)。

本研究运用质性研究的方法,探讨 12 例"8·03"地震后伤员中 PTSD 发生者与不发生者的心理复原力的特点及影响复原力的因素,以期为灾后心理复原力的干预研究提供可借鉴的经验。下面我们首先对复原力的相关文献进行梳理,从第二节开始介绍本研究的具体内容。

二 复原力的相关文献回顾

20 世纪 50 年代至 60 年代,心理学界"第三势力"的人本主义心理学日益兴起。它强调人的正面本质和价值,强调人的成长、发展和自我实现,这为

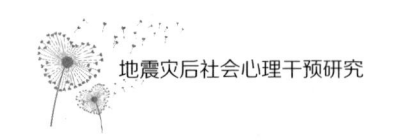

积极心理学奠定了理论基础。积极心理学从一个崭新的积极视角去重新审视灾难性事件。个体经历创伤性事件后的反应体现在多个层次、多个方面，它不局限在负向身心疾病的转变，也表现在自我意识、价值观等认识模式方面的一系列积极改变（Janoff-Bulman，1989），是"痛苦与快乐并存"、积极与消极共处的状态。经历创伤性事件后产生的一系列积极反应作为一种常态反应，已经越来越受到当今研究者们的关注。

复原力（Resilience）是积极心理学中的重要内容，这来源于发展心理学家的发现。许多身处逆境（如父母患病、家庭破碎、经济条件恶劣等）的儿童没有像人们预期的那样被逆境打倒，反而发展成为"有信心、有能力、有爱心"的人（Werner，1989）。出身"困境"家庭的儿童，虽然面临种种危险，但是并非所有危险都会导致消极心理或行为问题，而且有的孩子适应良好，培养出了自身的积极品质。近30年来，心理复原力备受学者们关注，学者们试图探索在同样的压力环境、危险环境中个体反应的差异、影响因素及发生机制等。心理复原力日渐成为一个新兴的热点研究领域（Wolin，1993）。

此外，20世纪中后期兴起的生态心理学推动了心理复原力的研究。生态心理学（Ecological Psychology）提出了在真实环境中进行研究的主张，强调个体与环境的相互影响与统一性，从系统整体的角度去考察经历创伤性事件的个体的心理转变，这将为通过大环境系统对个体的变化状态与特点进行具体的考察提供理论依据。在生态心理学发展的推动下，研究者们逐步对正常发展和病态发展给予了同等的关注。作为个体经历创伤性事件后产生心理变化的一大影响因素，越来越多的研究者们主张在确定心理复原力个体时，应该考察危险性因子群，而并非只考察单个或极少数的危险性因子，并且注重心理复原力与创伤后成长等一系列积极变化的关系。

（一）复原力概念界定

"复原力"一词是由英语"Resilience"翻译而来，我国大陆有学者将其译为"抗逆力"（朱森楠，2011）、"心理弹性"（席居哲等，2008）、"压弹"（刘取芝、吴远，2005）或"韧性"（于肖楠、张建新，2005）。我国台湾学者倾向于将其译为"抗逆力"，而我国香港学者更多地将其译为"复原力"。"Resilience"不仅是指个体在经历创伤后能够恢复到最初的状态，是一种在压力和逆境中坚忍不拔的精神、顽强持久的生存状态，更强调个体在经历挫折后的成长和转危为机,被译为"弹性"更准确(张文新,2006)。

国外研究者对"Resilience"的定义有差异。在大多数实证研究中,研究者一般把心理韧性看作是个体跨情境的一种稳定的心理品质,但近几年许多学者倾向于将心理复原力看作是一个动态的过程。归纳起来,对心理复原力的理解有5个取向。

1. 能力取向

绝大多数学者将其定义为能力取向。例如,心理复原力是一种可以在逆境中快速恢复的能力(Garmezy et al., 1984);心理复原力是个体经得起困境,或者在困境中能抗拒困境,促进健康并恢复正常的能力(Howard,1996);心理复原力是个体在遇到生活挑战时具备的改善心理健康的能力及成功面对生活压力的能力(Garmezy,1993;Howard,1996)。我国台湾学者萧文(2000)通过个案访谈,将其定义为包括幽默、乐观、自我效能等在内的能力特征。

2. 过程取向

Rutter最早在1987年将心理复原力看成是个体在压力事件中适应良好的过程,其中包含了内外保护性因子,它们通过互相作用以抵抗压力。我国台湾学者萧文也认为,心理复原力作为一种动态过程,其产生或者增加与否,都取决于外界环境与个体内部的一种互动过程。当个体能够成功适应压力情景时,个体的心理复原力也就出现了。

3. 结果取向

有的学者认为,心理复原力是个体在面临挑战或处于威胁情境时,仍能成功地适应这一过程的能力或者结果。尽管个体存在高风险,但是仍然有一个好的结果;尽管个体面对着巨大的精神创伤或者威胁,但是仍然存在着复原力这一结果(Kumpfer,1999)。Patterson(2002)认为,心理复原力是在面临显著的危险时,个体获取了积极、有意义的行为结果。

4. 人格取向

Block最早提出,心理复原力作为社会适应人格中两个重要的人格维度之一,其是指在特定的气势压力情景中和创伤性事件中能表现出的变通性、灵活性,是一种适应环境的人格因素。

5. 整合取向

朱森楠(2011)认为,心理复原力集能力、过程、结果为一体。首先,人有自发调适心理复原的潜在认知、情感或者行为能力的倾向性;其次,心理

复原力的运作作为一种调试发展的互动过程而存在；最后，心理复原力作为一种结果，是朝向一种追求幸福、积极正向的目标而存在的。

根据以上综述，众多研究者都强调心理复原力中包含两个重要因素：一是个体正在经历或者遭遇到困难（逆境）；二是个体能够成功应对困难或者逆境，而且适应良好。因此，学者们倾向于把心理复原力定义为：曾经经历或正在经历严重逆境的个体，其身心未受到不利处境的影响或愈挫弥坚的发展现象（于肖楠、张建新，2005；席居哲等，2008）。心理复原力是积极心理学的理论内核。也可以说心理复原力是一种处理方法，是人们在面对困境时能够做出的有建设性的、正向的选择和处理的方法。它也是个人的心理资本，能够指导个体在身处困境时化危为机；同时，它也是一个过程，可以经过学习而获得，并且可以在逆境中不断增强。

（二）心理复原力的结构

心理复原力的概念及内涵可以通过保护性因子和危险性因子来理解。

1. 保护性因子

国外研究者在心理复原力研究史的第一浪潮时期，发现了复原力的保护性因子（Tusaie and Dyer, 2004）。保护性因子是在面对生活压力或创伤性事件时，能够预防个体出现危险的行为，降低个体出现适应不良结果反应的因子，它可以协助个体在面对危险情境时，提高个体自身的抗压能力以积极适应外界环境，从而降低危险成分对个体的影响。大多数学者从内、外两方面来理解保护性因素（Masten, 2007），具体表现如下。

①内在保护性因子。内在保护性因子是个体自身确实具有或者已经习得的、具有保护个体免受伤害的心理能力和人格特质（席居哲等，2008）。内在保护性因子包括了特殊心理能力、人格特质与生活态度（Woodgate, 1999）。Wolin（1993）提到，可以用洞察力、独立性、关系、主动性、创造力、幽默感和道德感等协助个人发挥心理复原力。总而言之，心理复原力的相关因素涵盖了应激与健康心理学领域中几乎所有的积极品质，比如自尊、自我效能、责任感、成就动机、计划能力、内控、高期望、自律、批判思维、热情、乐观、好脾气、敏捷、积极行动、高智商、问题解决能力、人际沟通能力等。

②外在保护性因子。学者们是从家庭、学校和社区等方面来理解外在保护

性因子的，它主要包括亲密的同伴关系、成人导师式的指导、良好的角色榜样、安全的学校氛围、和谐的社会环境以及宗教信仰等。这些保护性因子对于维持个体心理复原力至关重要。心理复原力发挥作用的过程就是个体的保护性因子与高危情境（如战争、灾难、疾病、生活挫折等）相互作用的结果（Seligman and Csikszentimihalyi, 2000; Garmezy et al., 1984）。国内学者谭水桃等（2009）对中学生家庭因素的调查结果显示，高亲密感与情感表达营造了一种和谐的、相互信任的和安全的氛围；在学校、社区与周围环境的保护性因素方面，李燕平（2005）指出学校的良师益友、对学校/社区的归属感和同伴关系及支持性的朋友是心理复原力的外在保护性因素。

2. 危险性因子

危险性因子是指个体所生活的环境造成其在生存和发展中出现消极结果的因素，但正是这些危险性因素的存在，个体才能表现出抗逆能力。危险性因素由个人的归因能力和信仰系统来决定，并受到外在环境的影响（李燕平，2005；谭水桃等，2009）。它是指那些会增加不良适应结果出现的生物的、遗传的和环境的各种因素。当然，没有危险性因子也就不会产生心理复原力，而且并非所有的危险性因子都会影响到每个个体。

危险性因子的研究最早由 Rutter（1990）提出，他发现单一危险性因子并不会带来严重影响，但是多个危险性因子同时出现则会显著降低个体的发展水平，这就是后来逐渐被研究者们印证了的"祸不单行"的情形。危险性因子主要来源于个体因素、家庭因素和社会因素。Barfield 通过近 20 年的研究，总结出了危险性因子的内容：①伤害（遭受暴力或虐待、疏忽及缺少早期经验）；②缺乏处理慢性和偶发危机的经验；③社区潜在的风险；④母体缺乏产前照顾及营养，或在怀孕期间滥用药物；⑤父母年纪较小；⑥父母患有精神疾病，滥用药物，存在犯罪行为，没有养育经验，夫妻关系不和；⑦与父母不共同生活在一起；⑧大家庭（四个孩子以上）；⑨照顾者与孩子之间的联系少（李仁莉，2013）。

（三）心理复原力作用机制的模型

国外研究者在探讨心理复原力的保护性因子和危险性因子的基础上，提出了心理复原力的作用机制模型，试图解释保护性因子的作用机制。下面我们介绍四种具有代表性的模型。

1. Garmezy 的理论模型

Garmezy 等人（1984）提出了三种理论模型，分别为补偿模型（The Compensatory Model）、预防模型（The Inoculation Model）和保护因素模型（The Protective Factor Model）。这三种模型强调危险性特征和保护性特征之间动力性关系的过程，该理论一经提出，便得到广泛认可。补偿模型认为，保护性因素与危险性因素相互独立，它们都能以不同的影响来预测个体发展的结果。在预防模型中，每个强度不是很大的危险性因素，都被看作是增强适应成功的一种潜能，这种情况发生在压力水平最佳状态下。压力是对个体的挑战，但被克服后也可以增强心理能力，它与能力之间是曲线相关的：在较低或中度水平的压力状态下，能力会增强；但在高度压力状态下，能力反而会下降。在保护因素模型中，保护性因素和危险性因素的交互作用减少了消极后果发生的可能性。因此，保护性因素起着调节器的作用。尽管保护性因素可能对行为后果有着直接的影响，但是它的作用在危险性因素出现后才会得到强化。

2. Rutter 的发展模型

Rutter（1990）从保护性因素如何降低危险性因素的影响机制出发，提出了更受认可的四种弹性发展的作用机制。①危机性因素冲突的减缓，即降低危险性因素的影响，包括改变个体对危险性因素的认知，避免或减少与危险性因素的接触。例如，先让儿童在危险性较低的环境下学习如何成功地应付这些危险性因素，当他（她）碰到更大的危险时就可以减少其不利影响，提高钢化效应（Steeling Effects），降低敏化效应（Sensitizing Effects）。实际上，这是一种补偿或抵消作用。②负向连锁反应的减缓。例如，由于得到健在父亲或母亲的良好照顾，或得到他人的良好照顾，儿童得以幸免于由于父亲或母亲的去世而带来的消极连锁影响。③促进个体自尊和自我效能感的获得，即保护性因素对儿童弹性发展的影响可以通过自尊和自我效能的提高来实现。研究发现，有两类经验可以提高儿童的自尊和自我效能感，它们是与他人建立安全与爱的和谐关系和获得成功解决问题的经验。有了这两类经验，儿童就有信心解决不利的处境。④机会的开发，即为个体获取资源或为个体完成生命中的重要转折期而创造机会，帮助他们得到产生希望和获取成功的资源（Rutter，1990）。保护机制的产生过程不是避免外在负向环境的影响，而是利用个人力量及环境资源，来减缓危机事件的影响，打破连锁的负向影响效应，促进个体内在资源的开发，促使个体变得更有能力面对困境、适应挫折，并得到良好发展。

3. Kumpfer 的相互作用模型

Kumpfer（1999）总结了前人的研究工作，形成了一个心理复原力框架（见图4-1）。该框架是建立在社会生态模型和个体-过程-情境模型基础上的综合模型。Kumpfer的弹性框架由三个部分组成：①已有的环境特征（如危险性因素和保护性因素）；②个体的心理复原力特征；③个体心理复原力的重组或消极生活经历后产生的积极后果，以及调适个体和环境、个体和结果之间的动力机制。具体解释为：图4-1中第一个椭圆框架部分描述了环境/情境中危险性因素和保护性因素之间的交互影响，其中保护性因素发挥缓冲功能。一般而言，个体在1~2个危险性因素下尚能适应良好，但是超过2个，其发展功能损伤及适应不良的概率会大增。相反，保护性因素数量的增加可以有效缓冲这些危险性因素的影响。图4-1中，第二个椭圆表示个体与环境交互作用的过程，这个过程包括个体有意或无意改变其环境或对环境进行有选择的觉知，包括选择性觉知（Selective Perception）、认知再构造（Cognitivereframing）、对环境的积极改变以及主动应对等。环境/情境（危险性因素和保护性因素）和内在心理复原力因素之间交互作用的过程，就导致了心理复原力的过程或结果的产生。Kumpfer发现，内在心理复原力因素包括以下内部特征：认知方面（如学习技能、内省能力、谋划能力以及创造力）、情感方面（如情绪管理能力、幽默感、自尊修复能力以及幸福感）、精神方面（如生活中有梦想/目标、有宗教信仰或归属、自信等）、行为/社会能力方面（如人际交往能力、问题解决能力、沟通能力等）以及身体方面（良好的身体状况、维护良好健康状态的能力、运动技能等）。心理复原力框架图最右边的部分，呈现了心理复原力过程可能导致的三种结果：心理复原力重组（Resilient Reintegration），包括变得更强并达到一个更高的心理复原力水平；动态平衡重组（Homeostatic Reintegration），即适应，包括退回到早在压力或危险发生之前就已经存在的初始状态；适应不良重组（Maladaptive Reintegration）则表示不能显示出心理复原力，即个体的心理功能停留在一个很低的水平（Kumpfer，2002）。

4. Richardson 的过程模型

Richardson的过程模型是指一个人的身体、心理、精神在某一个时间点上适应了外界环境时的暂时平衡状态，它受到来自个体内外的各种保护性因素和危险性因素的联合影响。该模型强调心理复原力本身是有层次性的，其作用在

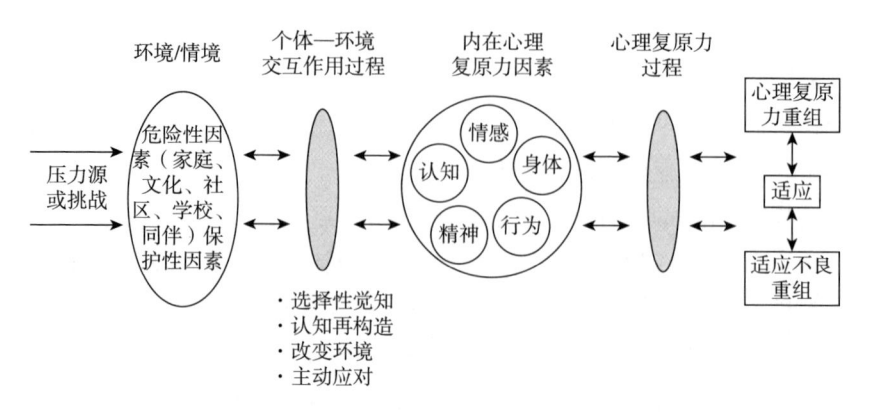

图 4-1 Kumpfer 的相互作用模型

资料来源：马伟娜、桑标、洪灵敏，2008，《心理弹性及其作用机制的研究述评》，《华东师范大学学报》（教育科学版）第 1 期。

于对当前危机环境的适应意义。该模型如图 4-2 所示，具体解释为：危险生活事件与保护性因素的交互作用决定了系统失调是否会发生。如果保护性因素无力抵抗危险生活事件的冲击，那么就会产生系统失调。随着动态平衡的打破，在意识或无意识领域会出现一种机能重组，会产生下面四种情况中的一种：①心理复原力重组，即个体生物、心理、精神系统不仅恢复到了原来的水平，而且还在原基础上有了进一步的提高；②回归性重组，即个体生物、心理、精神系统又恢复到了原来的状态；③缺失性重组，即个体在达到新的平衡态时放弃了自己原有的一些动机、理想或信念；④机能不良重组，即个体通过药物滥用、危险行为等来应对危险生活事件（Richardson，2002）。

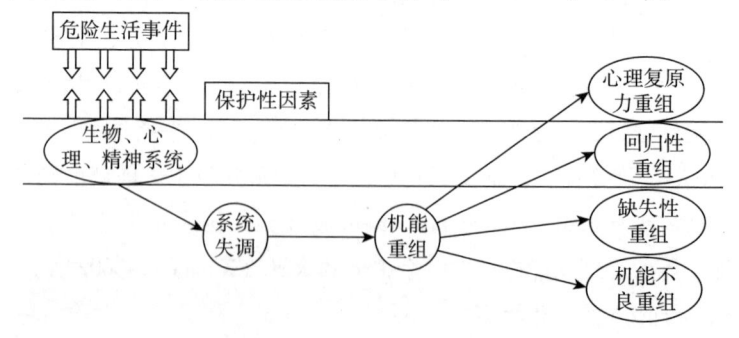

图 4-2 Richardson 的过程模型

资料来源：马伟娜、桑标、洪灵敏，2008，《心理弹性及其作用机制的研究述评》，《华东师范大学学报》（教育科学版）第 1 期。

以上这些模型从不同程度上阐述了心理复原力的作用机制,同时也在一定程度上指出了心理复原力机制模型构建的发展趋势。Kumpfer 和 Richardson 的模型构建是建立在 Garmezy 和 Rutter 的早期模型基础上的。Kumpfer 的心理复原力框架兼顾了外界环境、个体内部及两者的相互作用,强调危险性因素与保护性因素的交互作用,较好地解释了适应结果三种水平的成因、结果和过程;Richardson 的过程模型强调了来自生物、心理、精神三方面的危险性因素与保护性因素的交互作用所导致的四种适应结果。因此,心理复原力的作用机制模型在系统发展观和生态发展观的影响下,必然会越来越强调整合性。

(四)心理复原力的相关研究

1. 定量研究

心理复原力的研究通常采用两种方式,即定量研究与质性研究。定量研究主要采用量表对心理复原力进行测量。不同研究者会基于不同的文化背景和理论框架编制出不同的量表。国外研究者编制的复原力量表主要包括 Bartone (1989)的特质性复原力量表(DRS),Wagnild(1993)针对特定对象编制的复原力量表(RS),Conner(1994)的个人心理复原力问卷(PRQ),Friborg、Barlaug 和 Martinussen(2005)的成人复原力量表(RSA),还有目前广泛使用的 Connor 和 Davidson(2003)编制的复原力量表(CD-RISC)。国外的心理复原力测量工具侧重测量内在保护性因素,测评人群从最初的儿童、青少年延伸到成年人,适用范围也在不断扩展。量表都具有较好的信度、效度。例如 Ungar 等人于 2008 年整合了 11 个国家有关心理复原力的研究结果,编制出了儿童与青少年心理复原力量表(CYRM-28),该量表共 28 个条目,有个人水平、亲属水平、社会与文化水平三个维度(Ungar and Liebenberg,2011)。

国内使用的量表既有对国外量表的编译与修订,也有国内学者的自编量表,还有针对特定人群(大学生、留守儿童、医护人员等)编制的量表。国内的复原力量表主要有杨惠萍的自我韧性量表、俞筱钧的儿童坚毅力量表、张美仪修订的儿童复原力量表。目前,国内主要使用的是肖楠对 Conner-Davidson 韧性量表(CD-RISC)进行修订后形成的包含 3 个因素(坚韧、自强和乐观)的心理复原力量表(见附录 11)(张文新,2006)。向小平、田国秀等人对 Ungar 等人编制的 CYRM-28 进行了修订,并证明了其可靠性和有效性。

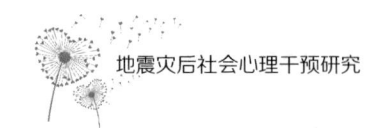

2. 质性研究

质性研究主要是通过个案访谈的方式呈现个体心理复原力特性的本质。国外关于心理复原力的质性研究兴起较早，具有代表性的是 Spencer 和 Renee-Anne（2002）对青少年心理复原力培养和成人养育关系的质性研究，Devine 和 Tara（2005）以访谈的形式对社区对青少年心理复原力影响的质性研究，Lewis 和 Jennifer（2008）对同性恋者的心理复原力的质性研究（李海垒、张文新，2006；李仁莉，2013）。

国内关于心理复原力的质性研究，台湾学者所占比重最大。台湾"9·21"大地震后，台湾心理学界开始了大量的对相关个体或群体心理复原力的研究。如萧文以心理咨询的方式对两个个案进行分析，研究了心理复原力在早年生活事件、人格特质形成过程以及经历的重大创伤性事件中所起的作用（萧文，2000）。除此之外，台湾学者还对辍学和复学中学生（朱森楠，2011）、单亲家庭、学习障碍学生（黄欣仪，2010）、灾后社区复原力等方面进行了研究。我国大陆也出现了一些关于心理复原力的质性研究，如通过个案访谈分析离异女性的心理复原力构成要素（周碧岚，2004）、进城务工农民子女自尊发展的心理复原力状况（谢丹、卿丽蓉，2006）、贫困大学生所具有的心理复原力特点（雷鸣等，2013）、"5·12"汶川地震后羌族心理复原力的文化因素（葛艳丽，2010）、从精神分析视角研究"5·12"汶川地震心理复原力的个案研究（贾晓明，2005）等。

（五）灾难后的心理复原力研究

国外在灾难后心理复原力研究方面，自美国"9·11"事件后，开始了大量的、深入的研究。例如，研究者在对"9·11"幸存者的研究中发现，性别、年龄、种族/民族、受教育程度、创伤暴露水平、经济收入、社会支持、慢性病、近期及过去生活压力对灾难后的心理复原力具有预测作用（George and Sandro，2007）。灾难后心理复原力与社会调节因素有关，例如亲密关系或者家庭关系的质量、灾后的社区支持服务和各种社会支持系统的互动程度也会给心理复原力带来影响（Kessler et al.，1995）。Bonanno 等人（2005）认为，目前灾难后心理复原力研究的不足是大规模的调查研究被局限在一个特定的研究情景中，对复原力的理解是有限的。未来研究如果继续探讨复原力，就应该采用更加多样化的主、客观测量方法，例如临床访谈法、他评的方法（被试者的朋友、家人的评价)、社会功能法等。日本对地震、恐怖袭击后的幸存者的心理复原力研究也比较丰富 (Knowles, 2011; Takahashi et al., 2015; Dresner et al., 2010)。

国内在灾后心理复原力研究方面,自"5·12"汶川地震后,学者们做了比较深入的研究。例如,韩黎等人(2015)对地震后羌族心理复原力的文化因素研究,罗茂嘉、王庆(2012)对藏族中学生心理复原力的探讨,张姝玥等人(2009)和李仁莉等人(2015)对"5·12"汶川地震后中学生心理复原力的特点及预测因素的分析。国内的研究,台湾学者所占比重最大。台湾"9·21"大地震后,台湾心理学界开始了个体或群体心理复原力的研究。例如萧文、洪福建、吴英璋等人,对地震灾后个体心理复原力的影响因素、灾难中前置因素和创伤后的成长等方面做了研究。

目前国内对心理复原力的研究以心理学和社会工作领域为主,而在医学领域的研究尚少。国外关于心理复原力与创伤后应激障碍的相关研究已经比较丰富,而国内在这方面的研究多见于定量研究,而质性研究相对较少。"5·12"汶川地震后,国内学者开始关注灾后心理复原力,戴艳、贾晓明等人做了相关研究,研究对象主要集中在学生群体,且研究结论不尽一致。因此,关于灾后幸存者心理复原力的探索,需要在不同灾难类型、不同文化情景、不同群体中探讨其特点,并且需要探讨复原力在心理应激与心理健康之间的调节机制。

第二节 灾后伤员心理复原力的质性研究

根据 Howard 的观点,心理复原力是个体经得起困境,或者在困境中能抗拒困境,促进健康并恢复正常的能力 (Howard, 1996)。保护性因素和危险性因素是心理复原力的主要影响因素。保护性因素是指降低个体出现适应不良结果反应的因子,分为内在保护性因素(包括个人的心理能力、人格特质和生活态度等)和外在保护性因素(包括社会和家庭中能够促进个体复原的因子)。危险性因素是指个体所生活的环境造成其在生存和发展上出现消极结果的因素,主要来源于个体因素、家庭因素和社会因素。Masten 认为,对心理复原力的研究一般采用两种范式:变量为中心(即应用多元统计方法来考察个体内外各种因素与发展结果之间的联系)和被试为中心(通过比较在相同危

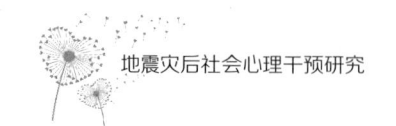

险环境中适应良好与适应不良的被试组，弄清楚心理复原力的结构模式）（李海垒、张文新，2006）。

本研究运用被试为中心的研究范式，比较"8·03"地震伤员的PTSD发生者与不发生者的心理复原力结构，采用质性研究的方法，追踪研究了12例被试。质性研究的方法已成为医学领域的一个重要方向，因为仅用临床试验所得出的定量数据不一定能够解释所有人类所面临的健康问题，而质性研究能使我们对疾病的表征、诱因、康复具有更多的敏感性。而且从某程度上来说，质性研究比定量研究能更好地体现出人文关怀（He and Jian-ping, 2008）。

一 研究目的

本研究对伤员心理复原力进行质性研究，目的在于：

第一，探索典型个案在不同创伤后应激障碍水平下心理复原力的保护性因子与危险性因子，从而了解心理复原力在不同个体之间的异同；

第二，分析躯体外伤伤员心理复原力的特点以及影响心理复原力的因素，以期为灾后心理复原力的干预研究提供可鉴戒的经验；

第三，探讨在中国文化背景下地震灾后幸存者心理复原力的特点。

二 研究方法

（一）研究对象

本研究采取目的抽样，选取"8·03"地震后的典型个案。研究者在灾后1个月，对"8·03"地震后入院伤员采用创伤后应激障碍症状自评量表（PCL-C）进行PTSD筛查，符合入选标准的共12例伤员，被试入选标准为：

第一，灾后1个月内，创伤后应激障碍症状自评量表（PCL-C）得分≥50分，有明显的PTSD症状，可能被诊断为PTSD；

第二，灾前均无重大疾病或精神病史；

第三，无酒精依赖或者其他成瘾性药物史；

第四，选择研究对象时，要考虑在性别和躯体外伤伤情等变量上基本保持均衡。

12例伤员中，1年后，有6例被诊断为创伤后应激障碍（PTSD）。

（二）质性研究方法

本研究采用质性研究方法，通过深度访谈和个案心理咨询收集资料，并在此基础上进行资料分析。"质性研究是以研究者本人作为研究工具，在自然情景下采用多种资料收集方法对社会现象进行整体性的探索，试用归纳法分析资料和形成理论，通过与研究对象互动对其意义建构和行为获得解释性理解的一种活动。""质性研究是在研究者和被研究者的互动关系中，通过深入、细致、长期的体验、调查和分析对事物获得一个比较全面深刻的认识。"（陈向明，1996）质性研究能对事物的"质"有个全面、深入的解释，能了解事物的来龙去脉。同时，质性研究强调研究者放弃权威，从当事人自身的角度去了解研究对象的想法，平等建构其语境。该方法擅长对特殊现象进行探讨（Gale et al.，2012）。

1. 采用典型个案抽样方法选取研究对象

典型个案抽样是抽取研究对象中具有"代表性"的个案，属于目的性抽样，即"抽取能够为研究问题提供最大信息量的人、地点和事件"。抽样时，要考虑对研究问题具有重要意义的因素，如样本的性别、年龄、职业、家庭背景等。这是"为了说明在此类现象中一个典型个案的情况"，通过与总体研究结论相联系进行更深入的分析。这是一种展示和说明，而不是证明和推论（陈向明，1996）。

2. 采用深度访谈法和心理咨询法收集资料

深度访谈（In-depth Interview）是一种无结构的或半结构的、直接的、一对一的访谈形式，是有特定目的的会话，是研究者与信息提供者之间的会话，会话的焦点是信息提供者对自己、生活、经验的感受，用他/她自己的话表达（陈向明，1996）。在访谈时依据提纲，了解研究对象在应对灾后生活中具有的心理复原力的核心事件、经验和个人特质等，并评估其创伤后应激障碍状况。

3. 使用类属分析、情境分析法进行分析

分析方法主要使用类属分析、情境分析和比较分析，并在此基础上进行登录编码。类属分析的方法是"在访谈资料中寻找反复出现的现象以及解释这些现象的原因"（陈向明，1996）。情境分析则是"将资料放置于研究现象所处的自然情境之中，按照故事发生的时序对有关时间和任务进行描述性分析，它强调对事物做整体的和动态的呈现，注意寻找将资料连接成一个叙事结构的关键线索"（陈向明，1996）。

（三）研究工具

1. 研究者作为质性研究的工具

陈向明（1996）指出，在质性研究中，研究者是作为最主要的工具出现的。笔者在硕士和博士研究生阶段曾学习过质性研究方法，并从事心理咨询工作十余年，每年整理咨询手记上万字。本研究中的访谈全部由笔者独立完成，访谈内容由录音音频转为 Word 文档，依据本研究目的所探讨的角度，以个案分析的方式呈现并做进一步讨论。

2. 编制半结构化访谈提纲

本研究通过大量的文献查阅，参考了国内外学者，尤其是我国台湾学者关于"9·21"大地震幸存者的质性研究。根据研究目的，结合研究对象的文化程度、受灾状况等因素，围绕心理复原力概念的内涵，本研究深入挖掘研究对象在个人、家庭和社会方面的心理复原力保护性因子和危险性因子。访谈涉及三个层次：①对个体产生影响的事件/重大事件（事件发生的时间、地点、情境、过程、人物、结果）；②个体对影响事件的评价、获得的经验和感受；③个体与家庭和社会环境（邻里、社区、工作单位等）的互动情况，获得的支持或者遭受的压力。

3. 研究的效度、信度和推广度

质性研究的检测手段可以用效度（Validity）、信度（Reliability）、推广度（Generalizability）作为指标，但是这些问题在目前学术界仍存在很多争议（陈向明，1996）。由于质性研究不像定量研究那样采用随机抽样，而且没有可量化的指标，因此，人们往往对其研究结果的可靠性、可重复性和适用性表示怀疑。近年来，质性研究者们在这方面做了很多理论探讨工作，并提供了一些有利于思考和操作的方法与手段。

（1）效度（Validity）

质性研究中虽然使用了"效度"这一概念，但与定量研究中"效度"的定义和分类并不相同。有学者认为，应该用"真实性"和"可靠性"来代替"效度"概念（Setnik et al., 2017）；另有学者认为，质性研究中所谓的"真实性"是研究者和被研究者建构出来的，从事质性研究的人真正感兴趣的并不是定量研究所指的"客观现实"的"真实性"本身，而是被研究者眼中所看到的"真实"（陈向明，1996）。

陈向明（1996）指出，质性研究中的"效度"指的是一种关系，是研究结果和研究的其他部分（包括研究者以及研究的问题、目的、对象、方法和情境）之间的一致性。研究结果的"真实可靠"，不是将这一结果与某一个可以辨认的、外在的客观存在相比较（事实上这一"存在"并不存在），而是指对这个结果的表述"真实"地反映了在某一特定条件下某一研究人员，为了达到某一特定目的而确立某一研究问题，并选择与其相适应的方法对某一事物进行研究的活动。

（2）信度（Reliability）

目前质性研究者基本达成了一个共识，即在质性研究中不讨论信度问题。因为在质性研究中，"信度"对质性研究没有实用意义（陈向明，1996）。质性研究将研究者作为研究的工具，强调研究者个人的背景及其与被研究者之间的关系对研究结果的影响。因此，即使是在同一地点、同一时间，就同一问题对同一人群所做的研究，研究的结果也可能因不同的研究者而有所不同。研究结果是在研究者与被研究者的互动中共同建构的。

（3）推广度（Generalizability）

质性研究不使用随机抽样的方法，不能像定量研究那样将从样本中得到的结果推广到从中抽样的人群。质性研究的目的不是期望通过对样本的研究找到一种可以推广的普遍规律，而是对社会现象进行深入细致的研究，再现其本质（陈向明，1996）。质性研究虽不能使用定量意义上的"外部推广度"，但可以测查研究结果的"内部推广度"（Internal Generalization），即将在样本中获得的结果推广到样本所包含的时空范围。收集资料时，研究者可以将此时此地收集到的信息推广到研究对象所描述的彼时彼地或一个时期。

4. 研究伦理

由于质性研究关注研究者与被研究者之间的关系对研究结果的影响，从事研究工作的伦理规范和研究者个人的道德品质在质性研究中便成了一个不可回避的问题（陈向明，1996）。质性研究中的伦理道德问题主要包括自愿原则、保密原则、回报原则和关系保持方式。

在本研究中，我们遵从的研究伦理有：①征得研究对象的同意，并签署知情同意书，主要陈述自愿原则和保密原则（知情同意书详见附录9）；②访谈开始前，再次强调保密原则，告知研究对象可以随时退出研究；③研究者在访谈过程中，在必要时运用心理咨询的技巧处理研究对象在访谈过程中的情绪反

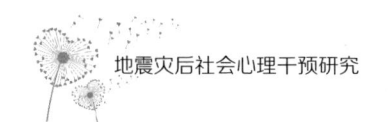

应，主要采用支持性反应技术；④研究结束后，采用电话、微信等手段，定期回访研究对象，为其提供必要的心理支持，以便保持关系。

（四）研究过程

1. 研究被试的筛选

研究者在灾后 1 个月，对伤员采用创伤后应激障碍症状自评量表（PCL-C）进行 PTSD 筛查，有 12 例个案符合入选标准，即在灾后 1 个月内有 PTSD 症状。

2. 深度访谈

（1）预访谈

"8·03"地震灾后 1 个月，研究者利用医院"床旁心理疏导"的时间，采用事先拟定的半结构化访谈提纲，对 2 名研究对象进行预访谈。通过考察与受访者交流的准确性和清晰性，修改访谈提纲，最后形成正式提纲（访谈提纲见附录 10）。

（2）第一次深度访谈

"8·03"地震灾后 1 个月，研究对象中有 10 例接受了深度访谈、2 例接受了心理咨询。每个人累计访谈时间在 120 分钟以上，其间还对研究对象进行了情绪疏导，并对其实施了支持性心理技术。

（3）第二次深度访谈

"8·03"地震灾后 18 个月，研究者对 12 例伤员进行了社区回访，其中入户访谈 6 例，集中在当地龙头山卫生院进行一对一访谈的有 6 例。

在两次深度访谈过程中，研究者尽量保持中立，不带预设进行访谈。访谈期间采用支持性心理技术，尽可能不采用反应性技术，以减少对研究对象的干扰。

3. 访谈资料的整理与分析

（1）文字转录与核查

访谈全部由笔者本人独立完成，在事后将录音转为 Word 文档。12 例研究对象中，有 9 人同意录音，3 人不同意。每次访谈完立刻完成访谈记录，以保持资料完整性。笔者把 12 份访谈资料进行编码，每个编码由性别代码和序号组成，即 F 代表女性，M 代表男性，序号是 1~12。例如，F1 表示第一位访谈的女性，M9 表示第九位访谈的男性。访谈记录共有约 5.3 万字。在转录过程中，笔者将文档与录音反复校对，以保证文档的可靠性。对个人信息不确定的，就进行电话回访核查。

(2) 资料的初步注释

笔者认为，质性研究是一个细致、冗长、默默无闻的过程，需要花费不少心血。笔者对文本内容做最初注释时以时间为主线。因为根据哀伤治疗的理论，人们经历创伤后，心理复原过程大致分为四个阶段：希望、幻想与否认、悲伤在工作、接受现实和新的可能性。"时间是一剂良药"，本研究试图探索心理复原力在创伤后各阶段是如何起作用的。

(3) 资料编码与主题分析

Stauss 和 Corbin 认为，对资料进行逐级编码是构建理论最重要的环节。其中包括三个级别：A. 一级编码，即开放式登录。研究者从资料中发现概念类属并加以命名，确定类属的属性和维度，并把研究现象命名与类属化。B. 二级编码，即关键式登录。通过发现和建立概念类属间的各种联系来表现资料信息中各部分间的有机联系。研究者每次只对一个类属进行深度分析，以围绕此类属寻找相关关系，逐渐地将各个类属之间的联系明确化、具体化。C. 三级编码，即核心式登录。系统分析所有发现的概念类属中的"核心类属"，将分析集中到此核心类属的分类码号上。

笔者遵循以上的研究思路逐步登录、编码，并进行深入的分析，首先寻找主题及各个主题之间的关联性，将能够代表同一属性的主题聚类成主题群。

(4) 逐一个案分析与整体分析

笔者首先对单个个案进行分析，然后再结合多个个案分析得出结论，并从中比较个案之间主题的共通性与差异性。

三 研究结果

(一) 研究对象的基本情况

符合入选标准的研究对象共 12 例。其中，男性 4 人（33%），女性 8 人（67%）；年龄跨度为 21~50 岁，平均年龄为 38.67±8.50 岁；受教育程度为文盲 5 人（42%），小学 2 人（17%），初中 2 人（17%），大专及本科 3 人（25%）；职业分布为农民 9 人（75.0%），教师 1 人（8.3%），公务员 1 人（8.3%），工人 1 人（8.3%）；均已婚，其中 F1 和 M4、F4 和 M3 是夫妻（F 代表女性，M 代表男性）；入院时伤情评定，1 例为危重症，5 例为重症（含 2 例截肢；4 名女性、1 名男性）。研究对象人口学特征及入院伤情评估状况如表

4-1 所示。

表 4-1 研究对象人口学特征及入院伤情评估状况

个案代码 (性别, 年龄)	受教育 程度	职业	入院伤情评估等级
F1 (女, 42岁)	文盲	农民	重症 1. T9 椎体爆裂性骨折 2. T6 椎体压缩性骨折 3. T8 左侧横突、T9 双侧横突及 T10 右侧横突骨折
F2 (女, 42岁)	文盲	农民	重症 (左小腿截肢) 1. 左小腿、左足毁损伤 2. 创伤失血性休克
F3 (女, 33岁)	小学	农民	1. 第三腰椎压缩性骨折 2. 右侧肩胛骨冈上窝骨折 3. 双肺挫伤并且双侧有少量胸腔积液 4. 头外伤：头面部皮肤软组织钝挫伤
F4 (女, 35岁)	大专	教师	重症 1. L1 椎体爆裂性骨折并不完全性截瘫 2. 头顶部皮肤软组织挫裂伤缝合术后
F5 (女, 21岁)	小学	农民	全身多处软组织挫伤 (孕12周)
F6 (女, 47岁)	文盲	农民	1. 脑震荡 2. 全身多处软组织挫伤
F7 (女, 50岁)	文盲	农民	1. 右多发肋骨骨折并双侧血气胸、右肺挫裂伤 2. 失血性贫血
F8 (女, 38岁)	文盲	农民	(术后) 重症 1. 面骨多发性骨折 2. 左上第二磨牙及左上中切牙缺失 3. 颏部及下唇皮肤黏膜软组织挫裂伤 4. 左眼钝挫伤 5. 左下肢深静脉血栓形成
M1 (男, 50岁)	大专	工人	危重症 (左前臂截肢) 1. 急性肾功能衰竭 2. 左前臂骨筋膜室综合征切开术后 3. 左上肢缺血性肌挛缩 4. T12 及 L1、L2、L3、L4 右侧横突骨折, L2 压缩性骨折
M2 (男, 38岁)	初中	农民	重症 1. 全身多处软组织挫伤 2. 双侧股骨颈骨折、股骨头坏死

续表

个案代码 （性别，年龄）	受教育程度	职业	入院伤情评估等级
M3（男，34岁）	本科	公务员	全身多处软组织挫伤
M4（男，43岁）	初中	农民	全身多处软组织挫伤

（二）研究对象在灾后1个月与18个月PTSD检出情况

灾后1个月内，12例研究对象均有明显的PTSD症状（PCL-C总分≥50分为阳性检出）；灾后18个月，由精神科医生采用DSM-Ⅳ中PTSD诊断量表（CAPS）再次对12例研究对象进行诊断（CAPS总分≥65分为阳性检出），其中6例研究对象患有PTSD（见表4-2）。为减少评分者误差，临床检查由两名至少具有5年普通精神科工作经验的医生进行，现场工作开始前，医生和其助手共同复习了DSM-V中关于PTSD临床表现与诊断标准的内容，以熟悉CAPS的评分。

表4-2 灾后1个月与灾后18个月PTSD症状对比

个案代码	灾后1个月 PCL-C得分/主诉症状	灾后18个月 CAPS得分/主诉症状
非PTSD组		
F1	60分/闪回、高警觉、回避、麻木感、梦魇、极度悲伤、躯体化症状（严重便秘、恶心）	60分/闪回、高警觉、头痛、失眠多梦
F2	55分/闪回、高警觉、回避、悲伤、睡眠浅、躯体化症状（恶心、便秘、出汗、心慌）	53分/闪回、警觉性增高、失眠多梦
F5	59分/闪回、高警觉、回避、极度悲伤、睡眠浅、躯体化症状（恶心、腹痛）	62分/高警觉、回避、悲伤
M1	55分/闪回、高警觉、回避、睡眠少、躯体化症状（浑身疼痛、口中有异物感）、突然口味转变喜欢冰冷食物	46分/闪回、高警觉、回避、睡眠少、躯体化症状（浑身疼痛）、幻肢痛
M2	55分/闪回、高警觉、回避、睡眠浅、易怒、躯体化症状（乏力、抽筋）、灾后突然喉部不明原因增大	45分/闪回、高警觉、睡眠少、腰腿痛、喉部增大后部缩小但未消失
M4	50分/闪回、高警觉、回避、睡眠少、易怒、躯体化症状（乏力）、悲伤、酗酒	63分/高警觉、回避、易怒、梦魇

续表

个案代码	灾后 1 个月 PCL-C 得分/主诉症状	灾后 18 个月 CAPS 得分/主诉症状
PTSD 组		
F3	60 分/闪回、高警觉、回避、麻木悲伤、睡眠少、躯体化症状（恶心、头痛、乏力）	79 分/闪回、警觉性增高、梦魇（梦哭）
F4	65 分/闪回、高警觉、回避、麻木感、极度悲伤、睡眠浅、梦魇、躯体化症状（出汗、恶心、头痛等）	83 分/高警觉、回避、麻木、易怒、社交活动减少（很少出门）、悲痛、腰疼
F6	50 分/闪回、高警觉、兴奋、睡眠少、躯体化症状（恶心、腹泻、浑身疼痛、头晕）、停经 1 年地震后又来月经	78 分/闪回、高警觉、睡眠少、躯体化症状（恶心、腹泻、浑身疼痛、头晕）
F7	63 分/闪回、高警觉、回避、极度悲伤、睡眠少、躯体化症状（灾后 3 天开始背部和手足湿疹、浑身疼痛）	78 分/闪回、回避、失眠、极度悲伤、社交活动减少、不能承担基本的家务劳动、躯体化症状（周期性湿疹、浑身疼痛）
F8	58 分/闪回、高警觉、回避、睡眠少、梦魇、极度悲伤、躯体化症状（恶心、浑身疼痛）	75 分/闪回、高警觉、失眠、极度悲伤、社交活动减少、不能承担基本的家务劳动、躯体化症状（浑身疼痛、食欲下降）
M3	50 分/闪回、高警觉、回避、睡眠少、躯体化症状（乏力、心慌）、极度悲伤、自责	88 分/高警觉、回避、麻木、易怒、梦魇、社交活动减少（很少出门、长期请工休）、极度悲伤、对未来没有信心

从表 4-2 可以看到，灾后 1 个月研究对象的症状均符合 PTSD 核心症状，并且躯体化、睡眠障碍明显。灾后 18 个月，检出 PTSD 的有 6 例，即 F3、F4、F6、F7、F8、M3，其中女性 5 名（占 42%）、男性 1 名（占 8%），入院评估为重症患者的有 2 例（均为女性，占 33%），均报告有闪回、高警觉、回避、社会活动减少等核心症状，躯体化和睡眠障碍表现突出；未检出 PTSD 的研究对象有 6 例，即 F1、F2、F5、M1、M2、M4，均报告有高警觉、回避、睡眠障碍。

（三）研究对象灾前重大生活事件及灾难暴露情况

通过收集研究对象的基本资料发现，在灾前经历过重大生活事件的研究对象有 4 人：配偶死亡 2 人，子女死亡 1 人，儿子患重大疾病 1 人。灾难暴露程度指受灾者暴露于灾难当中的程度，例如目睹或事后得知他人的被困、受伤、死亡等（伍新春等，2013）。12 例研究对象，在灾难中目睹亲人死亡的有 3 例，有被掩埋经历的有6例，一级亲属死亡的有8例，灾难致残的有2例，如表4-3所示。

表4-3 研究对象灾前重大生活事件及灾难暴露情况

个案代码	灾前 重大生活事件	被掩埋/目睹 亲人死亡	亲人死亡	灾难致残
非PTSD组				
F1	（无）	被掩埋	1子1女死亡	（无）
F2	大女儿1岁时死亡	（无）	（无）	左小腿截肢
F5	（无）	（无）	丈夫死亡 （留下遗腹子）	（无）
M1	（无）	被掩埋	（无）	左前臂截肢
M2	妻子意外死亡	被掩埋	（无）	（无）
M4	（无）	（无）	1子1女死亡	（无）
PTSD组				
F3	（无）	目睹1子女死亡	1子2女死亡	（无）
F4	（无）	被掩埋、目睹1 子女死亡	1子死亡	（无）
F6	儿子患重大疾病	（无）	（无）	（无）
F7	丈夫10年前自杀	被掩埋、目睹 2子女死亡	1女1孙女死亡	（无）
F8	（无）	被掩埋	丈夫死亡	（无）
M3	（无）	（无）	1子死亡	（无）

表4-3显示，检出PTSD的6例研究对象中（F3、F4、F6、F7、F8、M3），灾前经历重大生活事件的有2例，目睹亲人死亡的有3例，被掩埋的有3例，灾难中亲人死亡的有5例；未检出PTSD的6例研究对象中（F1、F2、F5、M1、M2、M4），灾前经历重大生活事件的有2例，被掩埋的有3例，灾难中亲人死亡的有3例，灾难致残的有2例。两组灾难暴露程度差异主要表现在：在PTSD组中，3例报告目睹亲人死亡，非PTSD组未有报告；非PTSD组中，有2例致残，而PTSD组未有人致残。这表明，灾难暴露中"目睹亲人死亡"可能是发生PTSD的一个重要因素。

（四）研究对象的心理复原力结构分析

笔者通过比较灾后18个月非PTSD组与PTSD组的心理复原力结构特征，

探讨心理复原力中有哪些保护性因素和危险性因素在起作用。根据心理复原力理论，保护性/危险性因素可分为在内在因素（人格特质等）和外在因素（家庭、社会环境）。因此，本研究对心理复原力保护性/危险性因素采取了"个人、家庭和社区/社会"的分类架构，将访谈资料中得到的27个因子按照"个人、家庭、社区/社会"的分类架构进行归类，然后在每个大类里，再次对归入的因子的特征属性进行聚类。每个大类别中又聚为三个属性类别，如表4－4所示。下文我们将引用研究对象的访谈资料，逐一呈现提取的27个因子。

表4－4 研究对象心理复原力结构特征

分类架构	类别属性	保护性因素（15个因子）	危险性因素（12个因子）
个人	信念系统	1. 希望（Hope） 2. 乐观（Optimism） 3. 合理化（Rationalization）	16. 悲观（Pessimism） 17. 无助感/无力感（Helplessness）
	经验系统	4. 积极前置经验（Positive Preexisting Factors）	18. 消极前置经验（Negative Preexisting Factors）
	个性	5. 坚韧（Diligency） 6. 知足（Content） 7. 感恩（Gratitude/Feeling Thankful）	19. 自卑（Self-contempt）
家庭	信念系统	8. 正面展望（Positive Outlook） 9. 责任感/使命感（Sense of Responsibility）	20. 目标模糊（Unclear Goal） 21. 责任感丧失（Sense of Irresponsibility）
	组织模式	10. 弹性（Flexibility）	22. 僵硬（Rigidity）
	沟通模式	11. 亲密度/凝聚力（Intimacy/Cohesion）	23. 指责/抱怨（Criticism/Complaint）
社区/社会	信念系统	12.（对政府的）信任（Trust）	24.（对政府的）不信任（Distrust）
	互动系统	13. 互助（Mutual Help）	25. 缺乏同理/排斥（Lack of Empathy/Rejection）
	资源系统	14. 邻里/社区/政府/社会资源（Adequate Resource） 15. 生计维持（Livelihood Maintenance）	26. 资源/信息匮乏（Scarce Resource/Scarce Information） 27. 生计困难（Livelihood Difficulties）

1. 研究对象心理复原力的保护性因素分析

（1）个人保护性因素

①希望。希望是人们心中最真切的幻想、盼望、期望和愿望。访谈中有6

例研究对象（F1、F3、F5、M1、M2、M4）表达了"希望"。

"我要好好地活着……我们还是要再生一个，虽然是年纪大了"（F1）；"三个娃娃都被打了（地震中因被掩埋死亡），我有时也不想活了，可是我老公、我爸怎么办吧，为了他们也要活下去，他们心里也很苦……我们都还年轻，可以再生一个"（F3）；"我把女儿养好，才对得起他（死去的丈夫），女儿是我的希望，是我的快乐，无论怎样都要把孩子养好，我们俩相依为命"（F5）；"我在ICU时，不停给自己说，千万不能就这么走了，我还有老婆和娃娃，这么走了，他们怎样过啊，老天又让我活过来了"（M1）；"女儿就指望我了，我必须把病治好，我以后还要让她到昆明上学"（M2）；"等她伤好，我们还是要去打工，离开这个伤心地"（M4）。

②乐观。乐观是一种积极信念，它能激发人们去对抗逆境。访谈中有4例研究对象（F1、F2、F5、M1）表达了"乐观"。

"只是钱没有了，房子没有了，不过政府不是要帮助我们建房子啊，那也没啥好慌的了，日子还不是一天天过"（F1）；"还好伤的是我，就算腿没了，两个孙子都保下来了，以后我也就不用下地干活，在家里煮个饭也行，也不算个残疾人"（F2）；"看着孩子一天天长大，越来越像她爸爸，我很安慰，现在也找到男朋友，他对我们都很好，日子会慢慢好起来的"（F5）；"这手就算是有一百个一万个后悔、不情愿，也不会再长出来了，日子总是要过的，还好，我还有右手"（M1）。

③合理化。合理化是一种心理防御机制，是指当个体的动机未能实现或行为不能满足时，给自己一个合理的解释，以减少精神上的痛苦。灾难后人们的潜意识会自动起用心理防御机制，这也是人类在长期进化过程中习得的，以应对危机。访谈中有4例研究对象（F3、F4、F7、M4）表达了"合理化"。

"三个孩子走时就像睡觉一样，在那边（天堂）他们可以相互照顾，我想他们在那边会快乐的"（F3）；"生活中很多事情都难以挽回，尽管一万个自责和想回到过去，但事实已经不可以回去，除了一遍遍地想孩子，祝福他在天堂安息，我们也做不了什么，或者孩子还没有死亡，他失踪了，希望能遇到一个好人家"（F4）；"老天带走了最心疼我的两个人（大女儿和孙女），我厚葬她们（政府补偿金加上积蓄，一个人就花了2万多元），希望她们在阴间过得好。我每天都想她们，都在为她们祈求过得好……我把我养好了，她们在天上也看得到，也会放心"（F7）；"我昨晚梦到他们了，11个人（死亡11个亲

戚）都在一起煮饺子吃，这可能是在告诉我，他们都好好的，让我不要担心，他们一起走这么多人，在那边（天堂）也相互有个照应"（M4）。

④积极前置经验。前置经验是个人早期经验和对生活事件的处理，它影响个人在面对创伤经验时的差别反应。研究者把积极经验看作是研究对象过往成功的、正性的生活经验与智慧的累积，是一种有建设性的经验。访谈中有7例研究对象（F1、F2、F3、F6、M1、M2、M4）表达了"积极前置经验"。

"我们家从小就很穷，穷得啊，快活不下去了，但是我们父母这一辈就是不服输，带着我们吃尽苦头，家里的日子一点点好起来，我们也就是这样吃苦惯了，现在我们家族是我们村里最富裕的"（F1）；"这辈子经历的灾难太多了……有什么坎过不去的，最好的是，我救下了两个孙子，失去一条腿，我不后悔"（F2）；"我们好起来还是要出去打工，以前我们在外面一个月也能攒下来两千块左右，日子过得也还不错"（F3）；"我自从嫁进这个家，就一天没有休息过，里里外外都是我，习惯了"（F6）；"我就是喜欢看这些书，毛主席这一生起起伏伏，多少磨难，成就这样的伟人啊，我看看这些书，我也得到鼓励"（M1）；"她妈走的时候，她那么小，我都能拉扯长大，现在不会过不了这坎儿"（M2）；"我带着村里的兄弟去外面打工这么多年了（他是一个小包工头，带村里的十多个人出去打工），以后还不是可以出去，有双手饿不死"（M4）。

⑤坚韧。坚韧是人们面对困难的勇气和顽强拼搏的精神。研究对象均来自云南贫困的高寒山区，吃苦耐劳是他们世代相传的精神。访谈中有12例研究对象（F1、F2、F3、F4、F5、F6、F7、F8、M1、M2、M3、M4）表达了"坚韧"。

"以前家里太穷了……吃苦吃惯了……就是不服输，带着我们吃尽苦头"（F1）；"这辈子吃的苦太多了，以前一家人几个月都吃不着米饭，顿顿都是饿肚子，现在和以前比起来好多了，这点苦不算啥"（F2）；"我必须坚强起来……"（F3）；"这两年我可能把这辈子的苦都吃完了，地震后拼死生下老二……当我医生告诉我，她们不敢帮我生（剖宫产），把我从手术台上搬到救护车上（送往上级医院），一路上我心里倒显得特别平静，我做好了死的准备，大不了我和孩子就一起走了"（F4）；"为母者强，必须靠自己"（F5）；"把我难倒的事情还没有，我就不信这日子就没法过了，那个不中用的，一天只会唉声叹气，还不是得我撑起这个家"（F6）；"我要回家，不论你们（医生）同不同意，我这伤在医院养不好的，我要回去，拢这个家，（这个家）不能没有我"（F7）；"我还有三个孩子，不靠我靠谁啊，我经常给自己说要快点好起来"（F8）；"没有一只手，又怎么啦，别把我当残疾人，我自己开车回家（他在手术后的半个月，就偷偷溜出医院自己开车回家）"（M1）；"我还是要坚强，我还有我的爸爸、妈妈，不能这样躺着过"（M2）；"作为男人我要坚强，我不能垮"（M3）；"我是男人，我不能让她看到我都不行了，她还得靠我，无论怎么难，都要撑下去，我要把这官司打赢，把拖欠的工钱要回来"（M4）。

⑥知足。"知足常乐"是中国传统文化中处事养心的策略。当没有办法去改变，就要接纳，这是个中庸的智慧。访谈中有6例研究对象（F1、F2、F3、F4、F5、F7）表达了"知足"。

"现在我们摆个水果摊，一天能卖多少卖多少，打发时间，也就不去想那些事情，钱赚多赚少无所谓了，钱现在对我们不重要了"（F1）；"我这一辈都太苦了，多灾多难，还好我一家人都和和气气的，儿子媳妇个个孝顺听话，我也满意了……没有这次地震，我连城里是什么样子都不知道，从来没有走出过大山，昨天儿女们还推着我到望海公园，我也满足了"（F2）；"他一直陪着我，从来舍不得说句重话，我还有什么不满足的"（F3）；"生活中很多事情都难以挽回，尽管一万个自责和想回到过去，但事实已经不可以回去，除了一遍遍地想念孩子，祝福他在天堂安息，我们也做不了什么，或者孩子还没有死亡，他失踪了，希望能遇到一个好人家"（F4）；"我很知足了，虽然奶奶不喜欢我们住在家里，但她也没有赶我们走，我爸妈都在维护我们"（F5）；"现在二女儿也比以前关心我了，儿子也不再去深圳打工了，都守着我，我也没什么要求了"（F7）。

⑦感恩。感恩即对别人所给的帮助表示感激。积极心理学认为，感恩是一种积极的心理品质。访谈中有6例研究对象（F1、F2、F5、M1、M2、M4）表达了"感恩"。

"地震后来了这么多的志愿者关心我们，太感动了……你啊，也该回家看看……政府帮我们修了房子，总理来看我们了，还问我们是否有什么困难，我和总理说了我们的情况……"（F1）；"每天都有人来看我们，送吃的用的，昨天还有个老板过来，非要给我几百元钱……真是生在好时代，感谢共产党的恩情啊"（F2）；"这么多的好心人送来衣物、奶粉、尿片……好感动啊，我替孩子谢谢你们"（F5）；"你们又带我们做活动，给我们放电影、办晚会……冬天到了，又帮我们找来冬衣服，我知道你们也没钱，你们给我们发的东西也是你们去'讨'来的……认识你们就是一种缘分，我们大家要珍惜这份缘分"（M1）；"都回龙头山了，还带医生来看我，谢谢你们把医生都带到我家（社区回访时，康复医生到家里看他，他感动得话都说不出来）"（M2）；"谢谢你，谢谢政府，我们总算把钱（拖欠的工资）要回来了，没有你的帮助不知怎么办"（M4）。

（2）家庭保护性因素

①正面展望。正面展望是对未来生活的积极的期望，有共同努力的目标。困境中从正面展望的家庭是灵活的、有能量的，可以积极利用家庭内部资源对抗危机。访谈中有4例研究对象（F1、F3、F6、M4）表达了"正面展望"。

"我还有孙儿，还有大女儿，为了他们都要好好地活着。我的儿媳（死去儿子的女朋友），说今生做不了儿媳，就做女儿，为了她们要好好地活。只有我好起来了才像个家"（F1）；"我老公说，就算以后不再能生育，也要一辈子陪着我。他心疼我，希望我不要再去做输卵管复通手术，太痛苦，如果实在想要孩子，就收养一个。他说等我好了，还想带我离开这里，两人在外面一起打拼，只要在一起就好"（F3）；"我们现在就想把两个孩子供出来（一个初三、一个高二），他们不能像我一样字都不识，现在每年花两万给老大读补习学校，我不想让他这么早出来打工，还是读书好"（F6）；"我带着村里的兄弟去外面打工十多年了，以后等她（妻子）伤好起来，我们还是要出去……挣得钱，再回来把修房子的贷款还了，也就安稳了"（M4）。

②责任感/使命感。责任感/使命感赋予人们前进的动力，但也是"双刃剑"，使命感太强，压力也增加。访谈中有8例研究对象（F1、F3、F4、F5、F6、F8、M2、M3）表达了"责任感/使命感"。

"我还有两个孙子，我还得带他们，他们陪着我，心里就少空点……我以前没有时间去照顾儿女，他们都走了，我好后悔，我不应该出去打工，现在怎么悔恨都换不回来了……龙头山有不少孤儿，我想照顾他们，还有老人"（该研究对象在住院期间一直照顾两位年迈的伤员）（F1）；"我才7岁，我妈就跑了（嫌弃家里穷），再也没有回来，我爸就带我们两姐妹，好多人给他介绍媳妇，他都不肯，就是怕对我们两姐妹不好，我爸太苦了，这么多年（一个人），我们都坐家（成家立业）了，让他找，他说老了，不找了，怕以后拖累我们……我以后要好好照顾我爸，他的后半辈子就靠我了"（F3）；"女儿就靠我了，要把她把抚养成人"（F4）；"我把女儿养好，才对得起他（死去的丈夫）"（F5）；"我那个老公就是个不成的（不中用、不管事），借故有点小病，家里、家外的事都是我管。地震前，我背废铁去卖，也还是能挣点钱，靠的就是体力活，我闲不得，还有两个孩子要照顾"（F6）；"我还要把他们兄弟三个拉扯大"（F8）；"女儿就指望我了，我得把病治好"（M2）；"家里就剩两个女人，我不撑起这个家怎么行（地震中，儿子遇难，老父亲因过度伤心离世）"（M3）。

③弹性。家庭系统的弹性属于结构派家庭治疗的概念。结构派家庭治疗认为，它是家庭适应转变的能力，如家庭遇到压力是否能适应并重组家庭。Walsh（2003）认为，弹性是家庭面临压力时的"减震器"，家庭的组织过程（怎样有效地组织家庭资源），具体说来，就是当家庭遇到灾难或压力时，原有的角色分工被打破，家庭系统的结构发生变化，某些家庭成员缺位或者功能发生改变，其他家庭成员是否能补充角色，让家庭功能得以恢复。富有弹性的家庭能重新组织家庭结构来应对压力，而僵硬的家庭结构则导致家庭功能不良。访谈中有8例研究对象（F1、F2、F3、F5、F7、M1、M2、M4）表达他们的家庭是有"弹性"的。

"自从住院开始，大女儿就故意把孙女留在我身边，这样我心里也有个打岔的，照顾她们，我心里就不空了。还给我说，不要想着挣钱了，挣钱现在是她的事了，让我带好孙女"（F1）；"以前是我当家，现在没了腿（左小腿截肢），地里也去不了，家就交给大儿媳了，我在家里煮饭，顺便看着这三个孙子"（F2）；"地里的事全部交给我爸，我老公就照顾我，他只要有空就去帮老爸。我们打算最近几年都住龙头山，一来养身体，二来对老人也是一种安慰"（F3）；"我妹妹一直在医院照顾我，我生（女儿）时，所有事情都是她打理，我根本什么都不想做。生完回家这段时间，她也不回昆明打工了，她说，安安（女儿小名）是大家的，一起来养……孩子出生后，她奶奶和爷爷只是问（候）了一下，看都没有来看，因为住得远，而且年纪比较大，我更不可能到他家生活（丈夫死亡）。我很伤心，但是我父母说：'有我们吃的就有你们母女的'。在农村的习俗，嫁出去的女儿是不能在娘家坐月子的，但是娘家愿意接纳我，愿意一直让我们母女在娘家里生活"（F5）；"龙头山的房子修好了，二女儿还是不让我搬回去，因为担心路途远，不好照顾我。他们租了房子，在离她上班处近的地方，这样他们也都放心了"（F7）；"现在我老婆把这家理得好好

095

的，什么她都操心"（M1）；"这段时间都是我大嫂来照顾我，多亏了她"（M2）；"现在他们把孙女交过来了，我们心里头倒是舒服些了，有了个寄托"（M4）。

④亲密度/凝聚力。家庭亲密度是指家庭成员之间的情感联系，具体表现为家庭成员之间相互支持、相亲相爱、融洽和谐的关系。亲密度往往决定了婚姻关系的质量。访谈中有7例研究对象（F1、F2、F3、F5、F7、M1、M4）表达了"亲密度/凝聚力"。

"地震发生时，我被挤压在墙缝中不能动，他（丈夫）紧紧地拉着我，拼命地往外拽，可是我陷得太深，他用身体背着倒下的墙壁，我大喊'你是不是想两个人都死在这里，你快走，快去救爸妈和娃娃'，他不肯放手，'死也要死在一起，我不放'，就在整面墙体压来的瞬间，他把我整个都拎了起来……结婚这么多年，我们没有红过脸"（F1）；"我老伴儿天天都守着我，从住进来的一天就没有离开过，一家人（儿子、媳妇）天天轮流来看我。医院吃得不好，还买了电饭煲，在病房里给我熬鸡汤、骨头汤，我还是有福，有这么孝顺的孩子"（F2）；"其实我老公心里很难过，但他怕我担心，在我面前从来不提孩子的事，前天晚上我看到他偷偷跑到楼下，一个人抽了很多烟。我都看到了，他回来时，给我说去买水果，挑了好久"（F3）；"我生完出院那天，我爸我妈一大早就来接我，你知道，在我们农村，死了老公，又要回婆家坐月子是遭人嫌弃的，但是我妈和我爸都坚持要我回娘家，不管奶奶高不高兴"（F5）；"我一刻都睡不着，闭上眼睛就是死去的女儿和孙女，太难过了，难得过得我都说不出来了。出事后，二女儿和大儿子一直在身边，二女儿在一周后返回龙头山卫生院，因为她也要上班，每天她都给我打电话，她说，之前有大姐在，我对你的照顾少，一天到晚上班，现在大姐走了，你还有我和大哥，我以后会照顾你，多管管你，以前是我不好，把心思都放工作上了"（F7）；"我老婆自从我出事后，就没有离开过医院，一直守着我，我很安心"（M1）；"现在我们都想开了，不必拼命挣钱，挣钱也要会花钱，只要我们俩都在一起……清清静静地过"（M4）。

（3）社区/社会保护性因素

①（对政府的）信任。（对政府的）信任可以给予人们勇气和信心去面对困难，憧憬未来。如果灾后社区是充满希望的、鼓舞士气的氛围，这对人们灾后心身康复是非常有利的。"8·03"地震灾后重建速度惊人，在2016年灾区房屋重建总体完成。重建的日子里，灾区随处可见热火朝天的工地。几乎每个

安置点都有当地民政局统一管理的社工服务机构，政府行政化的介入重塑了人们的心理安全感。大多数研究对象都提及了这一个点——"看到重建的房屋，看到了希望"，尤其是在重灾区，人们充分肯定了政府的介入。访谈中有4例研究对象（F1、F2、M1、M4）表达了"（对政府的）信任"。

"我们全村都安置到鲁甸附近的一个农家乐（甘家寨'红旗社区'），那里也有你们社工队伍，他们也很关心我们，还搞了个活动室，有时帮我们测血压什么的……这日子还会好起来……我们房子也建了，总理来看我们了，好高兴啊"（F1）；"我们还是生对（时代）了，遇到了共产党，现在日子好了，什么事情都帮我们管。以前啊，死多少人都没人管"（F2）；"政府还是一直管着我们这些伤员，直到去年（2016年）我们才出院（医院），还是挺好的，也该满意了"（M1）；"我跑到扬武劳动局，局长给我们主持公道，他（拖欠工资老板）再耍赖，也得听政府的，我就不信这钱要不回来了……"（M4）。

②互助。互助是一种利他行为。有研究表明，灾后的利他行为有助于心理康复。访谈中有6例研究对象（F1、F2、F3、M1、M2、M4）表达了"互助"。

"我们就是帮她打饭，他儿子不在的时候，照顾一下，老人可怜啊，儿子好像脑子不行（智障）"（F1）；"我们村受伤的不多，所以大家都还是很关心我"（F2）；"她妈也可怜，动也动不得，手术又没有做好，大姑娘脾气怪得很，动不动就发火，我就进来帮小欢欢打理一下"（F3）；"你们搞的这个'社工站'是我们（伤员）的家，做完治疗，我就要想着过来坐坐，和大家吹吹散牛，相互拿点主意"（M1）；"我住进来这么多天，家里也没用多余的人手来照顾，都是病房里的人帮忙"（M2）；"现在我们这些伤员聚在一起，都像是一家人了，有什么困难大家相互帮衬着……前几天回家去，帮着村里头有的人家下葬，大家相互都帮衬着，就不这么难了"（M4）。

③社区/政府资源。社区里有可以利用的资源，如医疗、卫生和教育等，政府提供的政策和实际的物质帮助都增强了灾民的安全感。安全感是治愈灾后心理创伤的重要条件。访谈中12例研究对象（F1、F2、F3、F4、F5、F6、F7、F8、M1、M2、M3、M4）都共同提及了政府在政策上和物质上的支持起到了重要作用。下面摘选其中一个例子加以说明。

"每户补贴4万，单亲家庭死人的补贴5万，也还满意了，不给还不是没有，这账慢慢还吧。"（F7）

除了补贴外，研究对象还提及了其他方面的帮助，包括物质上的、政策上的:"我的腿(假肢)还在住院的时候,香港的一个老师就联系了一个什么地方的人,帮我装(假肢)了"(F2);"我们一直都没有解决这个问题(想再生育),医生说,我的输卵管都是碎的,手术做不了,就算是做好了,也难怀孕,建议我去做试管婴儿,可我们没有钱啊,听说要四五万(元),我们去找了村里,希望他们能给我们点补助,去做了这手术(试管婴儿)。村上报到县里的地震办了,我们还在等消息"(F3);"我是去年(2016年)才出院的,你们(研究者)走后,我们后期康复的伤员被安排到鲁甸医院,我一直在那里做康复……我的手装了(假肢),花了10多万(元),我们单位出了点,社保出了点,我个人出了1万(元)吧……"(M1)。

④生计维持。灾难不仅打破了人们赖以生存的环境,也破坏了人们的生产、生活资源。灾后生计问题是灾后重建的关键问题。灾后生计得以维持,不仅仅提供了人们的生存物质基础,更重要的是心理安全感。访谈中有5例研究对象(F1、F4、M1、M3、M4)表达了生计能得以维持。

"我们早上起得早,一大早去鲁甸进点蔬菜、水果回到街上卖,钱是挣不了几个,但是既可以维持生活,也可以打发时间"(F1);"学校是一直发着工资给我,上学期我也去上班了"(F4);"我没有上班啦,单位也没有喊我回去上班,工资还是照样发着给我"(M1);"我自从地震后就没有上班了,请了长假,单位也同意,没法啊,我要照顾她啊,工资还是发着"(M3);"我现在就是和她一起在街上摆摆水果摊,卖水果、卖蔬菜,也还可以"(M4)。

2. 研究对象复原力的危险性因素分析

(1)个人危险性因素

①悲观。悲观是消极地看待事情,对结果有不好的预期。访谈中有5例研究对象(F3、F6、F7、F8、M3)表达了"悲观"。

"我难过、害怕也无法,还能咋个整,不就这样了,还能咋办,过一天就少一天吧"(F3);"没法了,地震后,我这脑子不好使了,以前算个账完全没问题,现在什么事情都做不起来,这日子还不知道咋过"(F6);"我一个人在家里待不住啊,无聊得很,孩子以后还不是有自己的事情,我也不知道以后怎么过"(F7);"我一个寡妇带着三个娃娃,我还能咋办嘛"(F8);"日子还不是像这样了,还能咋个整,混一天是一天"(M3)。

②无助感/无力感。无助感/无力感是当结果不可控,认知和期待就会使人产生无助感/无力感。这个概念由马丁·沙利格文(Martin Seligman)提出,即

第四章 鲁甸震后伤员的心理复原力研究

结果不可控的认知使人觉得自己对外部事件无能为力或感到无所适从，自己的反应无效，前景无望，即使努力也不可能取得成果，这就是无助感/无力感。访谈中有 6 例研究对象（F1、F4、F8、M1、M2、M3）表达了"无助感/无力感"。

"你们都在鼓励，来了很多志愿者都在鼓励，我也知道自己要坚强，可就是觉得没有力啊"（F1）；"你说的道理我都懂，我自己在学校就是教心理健康的，可是到了自己身上，就好像过不去，认不得怎么做，过一天算一天吧"（F4）；"我一个寡妇带着三个娃娃，我还能咋办嘛"（F8）；"我就是有一种有力使不出来的感觉"（M1）；"我一个人，有时候想想都很累"（M2）；"作为男人要坚强，可我就是什么都觉得没有力似的"（M3）。

③消极前置经验。研究者把消极经验看作研究对象过往失败的、负性的生活事件或经验，是一种破坏性的经验。访谈中有 8 例研究对象（F1、F2、F4、F6、F7、M2、M3、M4）表达了"消极前置经验"。

"我不是个好妈妈，为了挣钱，我非常后悔，没有陪女儿……女儿给我说，她可以一天只吃一顿饭，也不希望我再出去打工"（F1）；"我这一辈子经历多少苦，太苦了，我大女儿才 1 岁多的时候生病就走了（死了），那个时候难过得啊，后来又得了大脖子病"（F2）；"我好不容易怀上了，到生的时候难产，我都进了手术室，准备剖腹（宫）产，（当地）医院不敢做，又连夜用救护车送我到昆明，进了医院，我大出血，（医生）说我的血型很少见，血库血不够，让我们想办法……我当时做好了死的准备"（F4）；"我老公啥子都做不了，以前都是我干活……这辈子太累了"（F6）；"我老公十多年前就自杀了，你说，他要咋个死都可以，非要这样死，让我咋个想，别人怎么看我"（F7）；"我老婆是意外走（去世）的，我当时很难接受，太痛苦了，现在都没再娶……前几天看到电视广告上说北京一家医院可以治我这病，让我先打订金，我去借了高利贷，打了几千块钱去，结果被骗了，有人让我报警，我不报了，无法找到嘛"（M2）；"小孩以前都是老人帮我们带的，小孩死了，我老父亲知道后就病了，活活给气死了，家里现在只有我一个男人……我在准备公务员考试，我想通过自己的努力考到县城，靠别人不如靠自己，但是我笔试过了，面试第二名，人家不要……前段时间找了高僧，他说我儿子没死，让他作法，再给些钱消灾，我们钱也给了，可是孩子还是没有回来"（M3）；"我们忙着出去挣钱，最小那个姑娘丢给老人带，她都没有好好和我们在一起过，现在想想好后悔"（M4）。

④自卑。自卑是不能自助的复杂情感，是一种自轻自贱的心理。灾难后人

们的自卑心理可能会导致人们的社交疏离，降低社会功能。访谈中有 7 例研究对象（F1、F5、F6、F7、F8、M1、M2）表达了"自卑"。

"以前我们出去打工，挣钱回来盖房子，在村里算富裕的，可是现在房子和钱都没了，比着其他人我们算穷的了……特别是我家现在穷了，我亲家不让我带小孙女了，说我们穷，说我们不会教"（F1）；"女儿成了遗腹子，我一个嫁出去的女子，要靠娘家"（F5）；"我们没钱啊，盖的房子只有主门安装了，其他的门、窗什么都没有"（F6）；"我死了老公，连个靠的都没有"（F7）；"我们孤儿寡母的，村里人都看不上我们"（F8）；"我以前是个很好强的人，家里家外的都能干，现在手没了，洗个澡、提个裤子都要人帮忙"（M1）；"我一个大男人，现在动也动不得，还要嫂嫂来照顾"（M2）。

（2）家庭危险性因素

①目标模糊。清晰可预见的目标是激励人前进的动力。"当一天和尚撞一天钟"这样的心态会让人们慢慢失去前进的动力。访谈中有 6 例研究对象（F4、F6、F7、F8、M1、M2）表达了家庭"目标模糊"。

"我们也不想以后能怎么样，过一天算一天"（F4）；"晓得以后会咋个整啊，这个日子不就这样过了"（F6）；"我也不知道这家咋个过了，儿女也有自己的家，儿子现在是守着我，可是以后呢"（F7）；"都不知道以后该咋个过这个日子，太难了"（F8）；"现在手（假肢）也装了，我也不上班，日子该咋个过就咋个过吧"（M1）；"又没钱，啥子都做不来，现在摆个小摊，一天赚一两块，管它了"（M2）。

②责任感丧失。家庭的责任感就是使命感。责任感可以激发人的斗志，对于个体来说，有责任感，就能感觉自己的存在是有意义的。访谈中有 3 例研究对象（F6、F8、M1）表达了家庭里的"责任感丧失"或者说"责任感降低"。

"地震后，我什么都做不起了，头痛、肩痛得不行，去医院看也看不好。医生让检查，太贵了，就没看。天天一个人在屋头，以前这个家家里家外都是我，现在不行了，我老公也去帮别人守工地，挣得钱就供两个娃娃上学"（F6）；"我现在屋头的事一点都做不起……对，煮饭都不行，更别说照顾孩子了……我就是担心腿上的血栓，啥子都不敢动"（F8）；"以前家里的事都是我说了算啊，我老婆啥子都靠我，啥子都不管，现在我管不起了，她来负责"（M1）。

③僵硬。结构派家庭治疗认为，一个良好的家庭的功能是流动的、有弹性的，当家庭面对危机时，可以灵活运用家庭资源；而僵硬的家庭结构，缺乏灵

活性，不能有效应对危机。访谈中有3例研究对象（F8、M2、M3）表达了家庭组织模式的"僵硬"。

"才地震住院那会儿，我姐姐照顾我几天，现在出院回来了，谁都有谁的家，各顾各，谁管得到我们啊"（F8）；"这会儿我妈妈也是和我哥住（分家时老人分给哥哥），我一个人自己胡乱地搞点，家里就只有我一个，自己管自己，女儿也是周末放学才回来"（M2）；"这个家里没什么人可以靠的了，两个女人（妈妈和妻子）都得靠我，我爸走的那两天，她（妻子）姐姐帮忙守了这两天，我不愿意和亲戚多说什么，他们理解不了"（M3）。

④指责/抱怨。指责和抱怨让家庭产生疏离感，虽然家庭成员共处一屋，但是大家感情是缺乏联结的，没有亲密度和凝聚力。访谈中有5例研究对象（F4、F5、F6、F8、M3）表达了"指责/抱怨"的家庭沟通模式。

"我不抱怨他，我抱怨谁，都是他天天忙工作，别人不愿意做的，他去，他好说话啊，不是因为他加班，我们会去龙头山吗？儿子也就不会没了……"（F4）；"我奶奶她们天天和我妈吵架，就因为容不下我们母女，我父母又护着我们"（F5）；"我平时在家里，话都懒得和他说，太不中用了……我住院都快一个月了，他都没有来看我，还是你（研究者）喊他来了，他才来"（F6）；"这几个娃娃，喊都喊不听（不听话），真让人操心"（F8）；"面对她，我啥子话都说不出口，也啥子都不想说……她时常抱怨我，可我也不情愿这样，我一千个一万个想回到过去，要不去忙工作，也不会这样"（M3）。

(3) 社区/社会危险性因素

①（对政府的）不信任。信任影响了灾后人们的心理内环境。访谈中有5例研究对象（F3、F4、F6、M2、M3）表达了"（对政府的）不信任"。

"村里头哪个家哭得凶、闹得凶就好，我们只有等着安排（补偿钱），看能发得多少，找了几次村主任，情况也说了"（F3）；"我们这种情况，反映了很多次给镇政府，信都写了很多了，就是还不给办，找镇长，他说他也不知道该咋办，一个推一个……"（F4）；"房子是盖起来了，可是背了很多账，村里头说是今年（2017年）就要还，啥个时候能还得起，我现在啥子活路都做不起……"（F6）；"我残疾证也办了，政府为什么还不给我们补贴……从医院康复出来，就没有人再管我们了，咋个办都不晓得，前几天来了些人说帮我看病，他们让我签字，我不敢签，我怕被骗"（M2）；"向单位、镇上反映了很多次，没有人来处理，也不知道该怎么办。我虽然没有受伤，我老婆受伤了啊，也应该算工

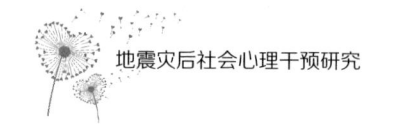

伤吧"（M3）。

②缺乏同理/排斥。同理心又称为共情，指站在对方立场设身处地思考的一种方式，能够体会他人的情绪和想法，理解他人的立场和感受，并站在他人的角度思考和处理问题。富有同理心的社区，邻里能体惜别人的困难，适时地给予情绪或者物质等支援。而与之相反的是，有的社区缺乏同理心，把别人的困难当作应当受到的惩罚和报应，用最粗暴的因果逻辑解释别人当下的困境，轻视和排斥别人。访谈中有7例研究对象（F1、F3、F4、F7、F8、M3、M4）表达了所在社区"缺乏同理，受到排斥"。

"你不知道，在农村死儿子的人，都会被看不起的，绝后了，所以我们年纪虽然大了，还是想再生一个，不知道还能不能生"（F1）；"三个娃娃一下子就没有了（死了），村里像我这种情况的就我一个，大家都觉得我应该再生一个，要不我们家就绝后了"（F3）；"我现在是不想出门，一到院子里，很多不知道情况的人都问，你儿子呢，怎么好久不见你儿子了（儿子死亡）……有一次碰到的还是我家的一个亲戚，她说，你现在还难过啊，都过了好久了嘛……你说，这些人啊，死个猫狗都还会难过的嘛，何况说是我的儿。他们让我不要想啦，应该坚强，他们咋个会了解我的心情啊……我现在搬来廉租房这边了，就是不想在原来熟悉的环境"（F4）；"大家都说我命不好，十多年前死了老公，你说他，咋个死不好，非要喝农药自杀，大家会咋个看我，逼死自己的男人，让我咋个活着，这事刚刚过去淡一点，地震又打死了两个"（F7）；"我又死了老公，又死了儿子，人家都说我命不好……寡妇门前是非多，大家都避让着呢"（F8）；"现在是怕出门得很，一出门就有人问，问得好烦，有的明明知道情况，还要问（儿子死亡）"（M3）；"我们老了都没得个儿子，咋个行吗，'不孝有三，无后为大'，在别人面前都要矮一截"（M4）。

③资源/信息匮乏。人们对社区资源的信任和利用度影响人们的心理安全感，尤其是躯体上处于康复阶段的人们。访谈中有6例研究对象（F1、F3、F6、F8、M2、M3）表达了处在"资源匮乏"的社区。

"往医院里头跑了几次，（医生）还不是说不出个什么名堂，我自己找了个中医，抓了药吃吃，腰少疼了，这药太贵了，也豁出去了"（F1）；"卫生院我都不去，自己找人（医生）找几服药吃吃"（F3）；"卫生院整不成，我哪点不舒服都是去找草医……你说有什么大病医保，娃儿的病可以报一部分，我们没有听说过，咋个办"（F6）；"我们卫生院连个感冒都看不好，更别说我这个伤了"(F8);"我离开你们医院,回到龙头山,前后来了些人,也不知道是哪里的,拍了我的照片走了,说给我治病(股骨头坏死、喉部肿大),让我签字,我不敢签,怕骗钱,后来也不知道该怎么办,我这个病啊,谁来帮我一下"(M2);"我把我的情况给龙头山镇镇长说了,他说会想办法,但他也不知道该咋个办,该去问哪里,我都想直接去找市长,但有人说,这越级反映,更不好,我都不知道咋个办了"(M3)。

④生计困难。生计困难是灾后人们面临的普遍问题。访谈中有4例研究对象(F5、F6、F8、M2)表明自己处在"生计困难"的社区。

"我还是焦(焦虑)得很,娃娃又小,不能丢下她去打工,可我们总靠我父母也不行,家里头的东西也被地震震光了,现在就靠我老爸一人在地里干活"(F5);"地里头的东西全被打光了(地震毁坏了),养得一头牛,养好大了,也被打死了,没有什么可以拿来卖的了。我现在一个人在屋里,什么都做不了,生活咋个过都不知道"(F6);"我这个家里穷得叮当响,现在我什么活都做不起,男人又没有,咋个过下去啊"(F8);"我现在太困难了,在学校门口摆个摊,一天就挣一两块钱"(M2)。

(五) PTSD 组与非 PTSD 组心理复原力的特点分析

1. 两组心理复原力的保护性因素差异分析

为了直观了解研究对象的保护性因素的因子在每个类别中的选择情况,本研究采用累计频数的方法,在各个类别上,每个因子被选一次,则记1分(见表4-5)。

表4-5 保护性因素在三个类别上的因子的累计频数

单位:个

组别/研究对象	分类架构(因子数/核心内容)			
	个人(共7个因子)	家庭(共4个因子)	社区/社会(共4个因子)	总和(共15个因子)
非PTSD组				
F1	6/希望、乐观、积极前置经验、坚韧、知足、感恩	4/正面展望、责任感(使命感)、弹性、亲密度(凝聚力)	4/(对政府的)信任、互助、社区(政府)资源、生计维持	14
F2	5/乐观、积极前置经验、坚韧、知足、感恩	2/弹性、亲密度(凝聚力)	3/(对政府的)信任、互助、社区(政府)资源	10

103

续表

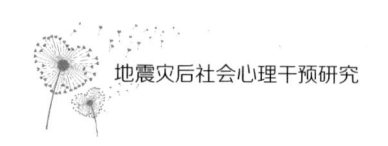

组别/研究对象	分类架构（因子数/核心内容）			
	个人（共7个因子）	家庭（共4个因子）	社区/社会（共4个因子）	总和（共15个因子）
F5	5/希望、乐观、坚韧、知足、感恩	3/责任感（使命感）、弹性、亲密度（凝聚力）	1/社区（政府）资源	9
M1	5/希望、乐观、积极前置经验、坚韧、感恩	2/弹性、亲密度（凝聚力）	4/（对政府的）信任、互助、社区（政府）资源、生计维持	11
M2	4/希望、积极前置经验、坚韧、感恩	2/责任感（使命感）、弹性	2/互助、社区（政府）资源	8
M4	5/希望、合理化、积极前置经验、坚韧、感恩	3/正面展望、弹性、亲密度（凝聚力）	4/（对政府的）信任、互助、社区（政府）资源、生计维持	12
PTSD组				
F3	5/希望、合理化、积极前置经验、坚韧、知足	4/正面展望、责任感（使命感）、弹性、亲密度（凝聚力）	2/互助、社区（政府）资源	11
F4	3/合理化、坚韧、知足	1/责任感（使命感）	2/社区（政府）资源、生计维持	6
F6	2/积极前置经验、坚韧	2/正面展望、责任感（使命感）	1/社区（政府）资源	5
F7	3/合理化、坚韧、知足	2/弹性、亲密度（凝聚力）	1/社区（政府）资源	6
F8	1/坚韧	1/责任感（使命感）	1/社区（政府）资源	3
M3	1/坚韧	1/责任感（使命感）	2/社区（政府）资源、生计维持	4

从表4-5可知，保护性因素共15个因子，非PTSD组累计频数最高者为14个，最低者为8个，平均为11个；PTSD组累计频数最高者为11个，最低者为3个，平均为6个。其中累计频数最高者F1（14个）在三个类别（个人、家庭和社区/社会）中的计数均最高，而累计频数最低者F8（3个）在三个类别中的计数均为1个。上述结果表明，PTSD组的保护性因子计数少于非PTSD组，然而F3的保护性因子数累计11个，仍然发生了PTSD。这提示我们，具体的原因需要进一步探索，也许与危险性因子有关。

2. 两组心理复原力的危险性因素差异分析

采用同样的方法来分析研究对象的危险性因素，具体分析如表4-6所示。

表4-6 危险性因素在三个类别上的因子的累计频数

单位：个

组别/研究对象	分类架构（因子数/核心内容）			
	个人（共4个因子）	家庭（共4个因子）	社区/社会（共4个因子）	总和（共12个因子）
非PTSD组				
F1	3/无助感（无力感）、消极前置经验、自卑		2/缺乏同理（排斥）、资源（信息）匮乏	5
F2	1/消极前置经验			1
F5	1/自卑	1/指责（抱怨）	1/生计困难	3
M1	2/无助感（无力感）、自卑	2/目标模糊、责任感丧失		4
M2	3/无助感（无力感）、消极前置经验、自卑	2/目标模糊、僵硬	3/（对政府的）不信任、资源（信息）匮乏、生计困难	8
M4	1/消极前置经验		1/缺乏同理（排斥）	2
PTSD组				
F3	1/悲观		3/（对政府的）不信任、缺乏同理（排斥）、资源（信息）匮乏	4
F4	2/无助感（无力感）、消极前置经验	2/目标模糊、指责（抱怨）	2/（对政府的）不信任、缺乏同理（排斥）	6
F6	3/悲观、消极前置经验、自卑	3/目标模糊、责任感丧失、指责（抱怨）	3/（对政府的）不信任、资源（信息）匮乏、生计困难	9
F7	3/悲观、消极前置经验、自卑	1/目标模糊	1/缺乏同理（排斥）	5
F8	3/悲观、无助感（无力感）、自卑	4/目标模糊、责任感丧失、僵硬、指责（抱怨）	3/缺乏同理（排斥）、资源（信息）匮乏、生计困难	10
M3	3/悲观、无助感（无力感）、消极前置经验	2/僵硬、指责（抱怨）	3/（对政府的）不信任、缺乏同理（排斥）、资源（信息）匮乏	8

从表4-6可知，危险性因素的因子共12个，非PTSD组累计频数最高者为8个，最低者为1个，平均为4个；PTSD组累计频数最高者为10个，最低者为4个，平均为7个。累计频数最高者为F8（10个），累计频数最低者为F2（1个），可以看到F2在家庭和社区/社会这两个维度上均未报告危险性因子。上述结果表明，PTSD组的危险性因子计数多于非PTSD组。

同时，综合保护性因素和危险性因素累计频数分析，F8报告的保护性因子最少（3个），而危险性因子最多（10个），这可能表明极端的两个因子数的个案增强了患PTSD的风险。同时，F3报告的保护性因子数为11个，危险性因子数为3个，但仍然患有PTSD，这验证了心理复原力是保护性因子和危险性因子交互作用的结果这一假设（李海垒、张文新，2006）。

3. 非PTSD组与PTSD组的心理复原力在个人、家庭和社区/社会方面的对比分析

（1）两组个人保护性因素与危险性因素的对比

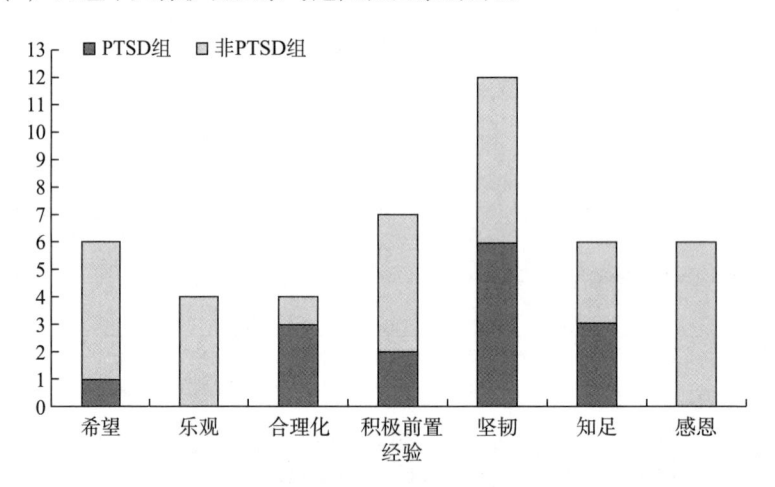

图4-3 两组个人保护性因素比较

图4-3显示，个人保护性因素中"坚韧"排名第一位，"积极前置经验"排名第二位；"坚韧"12例研究对象均有报告；"乐观"和"感恩"只有非PTSD组报告，其中"乐观"报告4例、"感恩"报告6例；"希望"非PTSD组（5例）报告的人数多于PTSD组（1例）；"积极前置经验"非PTSD组（5例）报告的人数多于PTSD组（2例）；"知足"非PTSD组（3例）报告的人数等于PTSD组（3例）；"合理化"非PTSD组（1例）报告的人数低于PTSD

组（3例）。这可能提示，"乐观"和"感恩"是非PTSD组的典型特征，而PTSD组更倾向采用"知足"和"合理化"的方式处理悲伤。

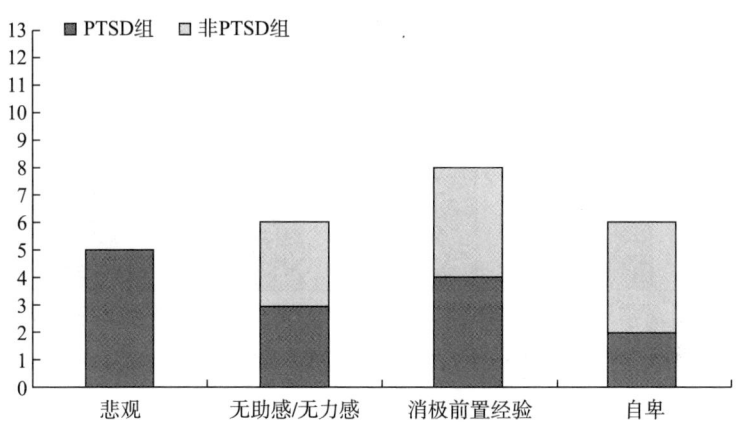

图4-4 两组个人危险性因素比较

图4-4显示，个人危险性因素中"消极前置经验"排名第一位；"悲观"只有PTSD组（5例）报告；"无助感/无力感"两组报告的人数相同（均为3例）；"消极前置经验"两组报告的人数相同（均为4例）；"自卑"非PTSD组（4例）报告的人数高于PTSD组（2例）。这可能提示"悲观"是PTSD组的典型特征。

结合上述结果，可能提示了，"乐观、感恩"是非PTSD组的典型特征，而"悲观"是PTSD组的典型特征；"前置经验"的差异"消极"与"积极"体现了两组的差异；"坚韧"在两组中都有报告，可能该因素对PTSD发生与不发生没有影响。

（2）两组家庭保护性因素与危险性因素的对比

图4-5显示，家庭保护性因素排名依次为"责任感/使命感""弹性""亲密度/凝聚力""正面展望"；其中"正面展望"两组报告的人数相同（均为2例）；"责任感/使命感"非PTSD组（3例）报告的人数少于PTSD组（5例）；"弹性"非PTSD组（6例）报告的人数多于PTSD组（2例）；"亲密度/凝聚力"非PTSD组（5例）报告的人数多于PTSD组（2例）。这可能提示"弹性"和"亲密度/凝聚力"是两组在家庭复原力因子上的明显差异。

图4-6显示，家庭危险性因素排名第一的为"目标模糊"，排名第二的

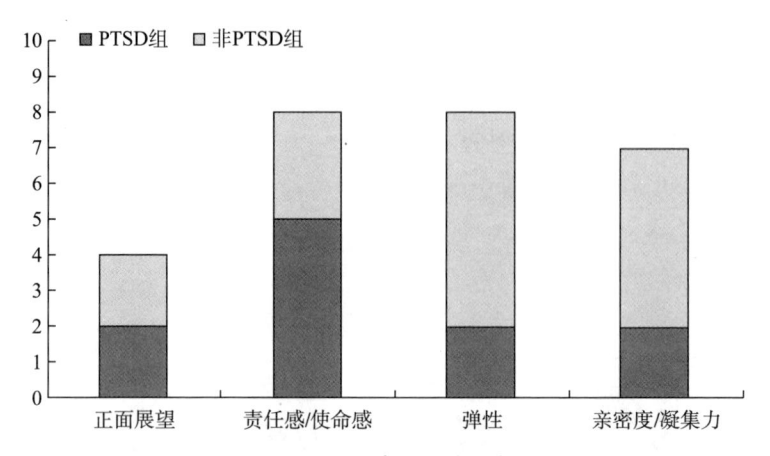

图4-5 两组家庭保护性因素比较

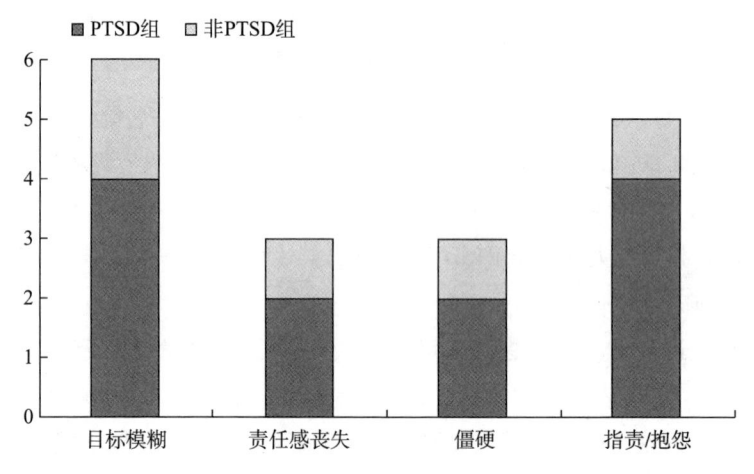

图4-6 两组家庭危险性因素比较

是"指责/抱怨";其中"目标模糊"PTSD组（4例）报告的人数多于非PTSD组（2例）;"责任感丧失"PTSD组（2例）报告的人数略多于非PTSD组（1例）;"指责/抱怨"PTSD组（4例）报告的人数多于非PTSD组（1例）;"僵硬"PTSD组（2例）报告的人数略多非PTSD组（1例）。这可能提示"目标模糊"和"指责/抱怨"是两组在家庭复原力因子上的明显差异。

结合上述结果，这可能提示"弹性"和"亲密度/凝聚力"是家庭复原力的重要保护性因子；而"目标模糊"和"指责/抱怨"是家庭复原力的重要危险性因子。

(3) 两组社区/社会保护性因素与危险性因素的对比

图 4-7　两组社区/社会保护性因素比较

图 4-7 显示，社区/社会保护性因素排名第一位的为"社区/政府资源"，排名第二位的为"互助"，然后是"生计维持"和"（对政府的）信任"。12 例研究对象都获得了政府的物质支持；"生计维持"非 PTSD 组报告 3 例，PTSD 组报告 2 例；"互助"非 PTSD 组报告 5 例，PTSD 组报告 1 例；"（对政府的）信任"只有非 PTSD 组报告了 4 例，这可能提示"（对政府的）信任"是非 PTSD 组的突出特征。

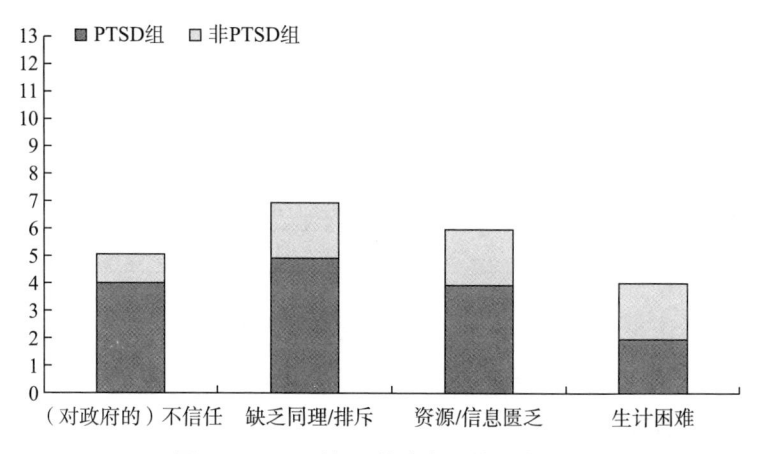

图 4-8　两组社区/社会危险性因素比较

图 4-8 显示，社区/社会危险性因素排名第一位的为"缺乏同理/排斥"，排名第二位的为"资源/信息匮乏"，然后是"（对政府的）不信任"和"生

计困难"。"缺乏同理/排斥"PTSD组（5例）报告的人数多于非PTSD组（2例）；"资源/信息匮乏"PTSD组（4例）报告的人数多于非PTSD组（2例）；"（对政府的）不信任"PTSD组（4例）报告的人数多于非PTSD组（1例）；"生计困难"PTSD组和非PTSD组均报告有2例。这可能提示，"（对政府的）不信任"和"缺乏同理/排斥"是两组在社区/社会复原力因子上的明显差异。

结合上述结果，社区/社会氛围的两个极端"互助"和"缺乏同理/排斥"在非PTSD组和PTSD组有明显差异；"（对政府的）信任"是非PTSD组的突出特征。

（六）本研究的信度、效度分析

1. 信度分析

在质性研究方法的信度分析方面，主要考察研究对象在复原力量表的得分与自述的一致性程度。复原力量表（Connor-Davidson Resilience Scale, CO-RISC）包含25个项目，0～5表示"从来不这样、很少这样、有时这样、经常这样、一直如此"，量表包含三个维度，即坚韧性、力量性、乐观性。分值越高，复原力越好。但是该量表并不是针对灾难后的特定人群（量表见附录11）。在PTSD组和非PTSD组各随机抽取两人进行考察，结果如表4-7所示。

表4-7 受访者自述情况与复原力量表测验结果的一致性程度

单位：分

组别	研究对象	访谈中关于复原力的表述	CD-RISC量表得分
PTSD组	F4	合理化、坚韧、知足	28
	M3	坚韧	38
非PTSD组	F2	乐观、积极前置经验、坚韧、知足、感恩	70
	M1	希望、乐观、积极前置经验、坚韧、感恩	68

从表4-7可见，受访者主观表述的复原力特征与其在客观测量工具上的结果比较一致，即复原力保护性因子多的被试，量表得分也比较高。这表明访谈的内容是可信的。

2. 效度分析

在质性研究中采用"效度"这一概念是用来评价研究报告与实际研究的相符程度。本研究采用了两种手段检验效度，并排除了"效度威胁"。

(1) 相关检验法

它是指将同一结论用不同的方法、在不同的情境和时间里，对样本中不同的人进行检验，目的是通过尽可能多的渠道对目前已经建立的结论进行检验，以求获得结论的最大真实度。在本研究中，采用心理复原力量表（CD-RISC）验证被访谈者情况，保证收集到的资料和研究结论的准确性。

(2) 参与者检验法

它是指研究者应将研究结果反馈给被研究者，请其确认研究结果的客观性。在本研究中，笔者将访谈整理后的资料读给研究对象听，或者请识字的研究对象阅读，以确认研究结果的客观性。请研究对象根据自己的实际情况与笔者提供的资料对照，根据符合程度进行判定，从而获得参与者检验效度。参与者评价研究者提供的材料的符合程度，评分范围为1分（完全不符合）至5分（完全符合）。12例研究对象认为笔者的分析与其实际情况的相符程度为：3.8571±0.762。这说明研究对象认为，笔者整理的资料和结果比较真实地反映了研究对象的状况。

第三节 灾后伤员心理复原力的特征分析

前文对这12例个案的追踪研究验证了 PTSD 的发生并非由单纯的生理、心理因素造成，而是生理、个人、社会等因素交互作用的结果（Auxéméry, 2012）。因此，人们对疾病的认识不能只停留在表征，还应该用更广阔的视野探索疾病的诱因、个体差异、疾病背后的社会文化的象征意义等。本研究采用质性研究获得的结论，虽不能推论到一般大样本，但可以丰富 PTSD 的相关研究，深入理解 PTSD 的发生、诱因和康复等问题，为 PTSD 的预防和治疗提供参考。下面我们从 PTSD 发生/不发生与心理复原力的关系方面进行探讨。

一 灾难暴露水平是影响心理复原力的重要因素

灾难暴露是指灾难中的财产损失（如房屋受损、家庭财产损失）、生命威胁、亲友受伤情况、亲友死亡情况和主观害怕等。灾难暴露程度为灾难暴露客观指标和主观害怕程度之和。现有研究发现，心理复原力确实与灾难的暴露水平相关。George 和 Bonanno（2006）对美国"9·11"恐怖袭击的幸存者研究

发现，在检出 PTSD 的幸存者中，65.1% 的幸存者被发现有心理复原力。虽然，心理复原力在高灾难暴露水平里幸存者有比较少的报告，但仍然有不少于 1/3 的高灾难暴露水平组报告了心理复原力。

在本研究检出的患 PTSD 的 6 例研究对象中，3 例报告"目睹亲人死亡"，而非 PTSD 组未报告，这可能提示灾难暴露"目睹亲人死亡"是影响 PTSD 发生的重要因素。现有研究表明，地震中目睹亲人死亡是 PTSD 的预测因素 (Brewin et al., 2000)。

在检出患 PTSD 的 6 例研究对象中，入院时有 3 例重症，而非 PTSD 的 6 例中也有 3 例重症，其中包含 2 例截肢，这可能提示 PTSD 发生与躯体受伤状况无关。这与国内的相关研究结果不一致，赵丞智等人（2011）在张北地震后 17 个月对青少年的研究发现，本人受伤程度在 PTSD 患者与非 PTSD 患者之间有差异。然而，国外有研究有认为，灾难中受伤状况并不是 PTSD 的预测因素 (Feinstein and Dolan, 1991; Shalev et al., 1996)。

PTSD 组与非 PTSD 组两组研究对象，有"被掩埋"经历的报告人数相同，这表明这个因素并不会影响 PTSD 的发生。有研究表明，灾难暴露程度被认为是引起 PTSD 等灾后创伤心理的危险性因子 (Masten, 2007)。然而，目前这方面的相关研究并未取得一致认识，这可能是由不同的灾难性质、受灾者、研究时间等因素造成的（赵丞智等，2001）。检出患 PTSD 的研究对象中，4 例来自 B 类（次生灾害区），而非 PTSD 组只有 1 例来自 B 类（次生灾害区），这可能提示灾情的严重程度影响了 PTSD 的发生。

二 保护性因素是心理复原力的必要条件而非充分条件

定量研究发现，心理复原力对创伤后应激障碍（PTSD）有削弱作用。喻玉兰（2010）、李仁莉（2013）对汶川地震后中学生心理复原力的研究发现，PTSD 检出率与心理复原力呈现显著负相关。本研究发现，在 12 例个案中，通常心理复原力保护性因子丰富、危险性因子少的个案 PTSD 分值低，然而，F3 保护性因子多，危险性因子少，仍检出 PTSD，这说明心理复原力的保护性因素和危险性因素不是简单的线性关系。Garmezy 等人（1984）提出的心理复原力"保护模型"认为，保护性因素和危险性因素的交互作用降低了消极后果发生的可能性，保护性因素起着"调节器"的作用。我国学者刘取芝和吴远（2005）认为，保护性因素的出现并不一定导致适应良好，而且在某些情境下具有良好压弹能力的个体在其他情境下又可能表现出较差的适应能力,即保护性因素是心理复原力的必要条件,而不是充分条件。

我们具体来看一下 F3 个案的情况,其在灾难中丧失了三个孩子,分别是 6 岁、4 岁和 1 岁,F3 描述"当时三个孩子被打了埋着,我离他们不远,但我也被埋着动不了,起初我还能听到老大和老二说话的声音,后来慢慢地听不到了……当我老公把这三个孩子挖出来的时候,他们好像睡着了,可背上都是瘀青……我心里的这种痛简直无法说出,说不出来",可见,F3 的灾难暴露水平极高。再看 F3 的消极前置经验。F3 年幼时,其母亲嫌弃家里穷,丢下了姐姐和她离家出走,之后再也没有回来。童年时期母亲疏于照顾也是引发 PTSD 发生的重要因素。Barfiel 通过近 20 年的研究总结出心理复原力的危险性因子之一是"伤害"(遭受暴力或虐待、疏忽及缺少早期经验)(李仁莉,2013)。由此可见,F3 个案佐证了"高灾难暴露"和"幼年被疏于照顾"的消极前置经验是诱发 PTSD 的重要因素,也是心理复原力的危险性因子。

三 影响心理复原力的个体因素

(一)"坚韧"是心理复原力的重要个人保护性因素

心理学界一致认为,保护性因子是心理复原力的本质内涵,其中个体自身具有的内在保护性因子显得尤为重要。在本研究中得到的保护性因素的因子有 15 个,其中个人保护性因子有 7 个,即希望、乐观、坚韧、积极前置经验、知足、感恩、合理化。其中 12 例研究对象都报告了"坚韧",这提示"坚韧"可能是在逆境中的人们的一种特质,用于激发人们面对困难的勇气。

(二)"乐观"和"感恩"是非 PTSD 组倾向采用的个人保护性因素

"乐观"和"感恩"只有非 PTSD 组报告,这是 PTSD 组与非 PTSD 组的重要区别之一,这可能说明"乐观"和"感恩"的积极认知对逆境中的人们来说是重要的保护性因素。另外,危险性因素中的"悲观"只有 PTSD 组报告。李仁莉(2013)的研究发现,"自强、坚韧、乐观"在 PTSD 的影响中扮演保护性因素的角色。Connor-Davidson 的心理复原力量表把复原力分为坚韧性、乐观性、力量性三个方面。由此可见,本研究佐证了"乐观"和"感恩"是心理复原力的重要因素。

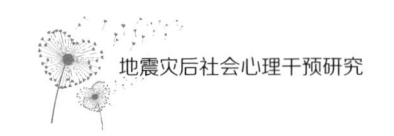

(三)"合理化"和"知足"是 PTSD 组倾向采用的个人保护性因素

"合理化"是一种心理防御机制。心理防御机制（Psychological Defense Mechanism）是个人面临困境或冲突的紧张情境时，在其内部心理活动中具有的自觉或不自觉地解脱烦恼，减轻内心不安，以恢复心理平衡与稳定的一种适应性倾向。心理防御机制的积极意义在于能够使个体在面临困境与挫折后减轻或免除精神压力，恢复心理平衡。

"知足"是一种心态，也可以说是中国人的一种处世哲学。中国文化提倡"知足者常乐"。从某种意义上来说，这也属于"合理化"的心理防御机制。PTSD 组 6 例研究对象中有 3 例报告了"要知足、要满足"，这不同于"乐观"，可以理解为逆境中的不得不为的心态，相对于"乐观"显得消极和被动。

(四)"前置经验"是影响 PTSD 发生的重要因素

12 例研究对象在"前置经验"上的差异主要体现在"消极"与"积极"方面，即 PTSD 组多报告"消极前置经验"，而非 PTSD 组多报告"积极前置经验"。"前置经验"影响人们的认知评价、应对策略及信心。当人们面临压力时，会自动启动大脑里存储的经验去应对压力。我国台湾学者肖文对"9·21"地震幸存者的研究发现，个人早期如果曾经有过创伤经验或不愉快的生活事件，那么日后面对重大灾难时，就比较容易出现 PTSD。PTSD 症状的轻重、发生与否，极可能与个人过去的某些"前置性人格因素"有关，包括自尊低落、缺乏情绪安全感、社交/人际行为偏差，或缺乏适当的人际支持网络等。McGruder-Johnson 等人的研究发现，性别和种族并不是直接影响 PTSD 的因素，其建议从个人过去是否遭遇过创伤的经验来解释日后 PTSD 症状的出现（Radnitz et al.，2000）。本研究得出的结论也佐证了这个观点，某些消极的前置经验影响了 PTSD 的发生。

(五)"无助感/无力感"和"消极前置经验"是创伤后压力反应增高或维持的重要因素

"无助感/无力感"是个人认知自己对外部事件无能为力或感到无所适从，认为前景无望，即使努力也不可能取得成果的感受。先前创伤经验（Prior

Trauma Experiences）一直被认为是创伤后压力反应的风险因子,大部分的研究均显示创伤经验与压力事件具有累积的效果,但多重创伤经验到底是加成效果（Addictive Effect）还是免疫效果（Inoculating Effect）,依然存在争议（洪福建,2003；Radnitz et al., 2004）。如果对先前创伤经验持消极认知评价,则更倾向于累积的效果。"无助感/无力感"和"消极前置经验"属于负性的认知评价,影响人们在灾后压力情景下的选择注意和应对能力。负性认知评价是评估灾后身心反应增高或者维持的重要因素（洪福建,2003）。在本研究中,PTSD组更多地报告了"消极前置经验"和"无助感/无力感",因此本研究佐证了消极认知评价是灾后身心压力反应增高或维持的重要因素。

四　影响心理复原力的家庭因素

在众多的复原力研究文献中,家庭常常被看作是促进心理个体复原力生成的背景性因素或是风险及保护机制（Jenkins and Smith, 1990；Walsh, 2002）。近年来,有学者把家庭复原力（Family Resilience）作为独立研究的领域,即以家庭为单位,发挥其应对压力与适应逆境功能的过程。Walsh的家庭复原力理论认为,家庭复原力有三个主要方面,即信念系统（Belief Systems）、组织模式（Organizational Patterns）和沟通过程（Communication Processes）（Walsh, 2002）。本研究借鉴了Walsh的家庭复原力理论,总结了12个中国家庭在上述三个系统中最突出的4个核心内容,即信念系统中的"正面展望""责任感/使命感",组织模式中的"弹性"和沟通模式中的"亲密度/凝聚力"。

（一）"弹性"和"亲密度/凝聚力"是非PTSD组家庭的重要特征

保持弹性是一个家庭发挥家庭功能的最佳做法,其中包含了适应改变。Walsh指出,家庭以弹性的方式重新组织,以适应新的挑战或改变。在经历重大转变与危机之后的家庭,可能无法恢复到原本正常的生活,他们可能需要建立新的模式,来应对挑战。灾难后的家庭可能经历了家庭成员的伤残或者死亡,原有的家庭结构被打破,有弹性的家庭,会重构家庭结构,其他家庭成员发挥弥补或者替代功能,让家庭功能得以正常发挥。在本研究中,PTSD组的家庭大都缺乏"弹性"。在12例研究对象中,有3例是丧夫,即F7（50岁）灾前10年丧夫,F5（21岁）和F8（38岁）在地震中丧夫。"丧夫"意味着家庭结构重组,不同的家庭面对"丧夫"这一重大生活事件,表现出的弹性

不同。下面我们具体分析这3例个案。

F7的丈夫在10年前喝农药自杀，F7一直忍受着周围人的指指点点，然而内心中对这件事充满了遗憾和愤怒，她认为丈夫是报复她的行为。F7一直和大女儿、孙女一起住，在女儿和孙女遇难后，她的家庭变故巨大，无法再回到以前的平衡状态。F8在地震中丧夫，本人则是重伤，小腿血栓让她无法再从事任何劳动，以前家里都是靠丈夫。F8家庭负担沉重，且无其他亲戚帮助，她要一个人带着正在学龄阶段的三个孩子，最大的孩子15岁。F8的完整家庭结构受损，家庭弹性弱。然而，与上述两个研究对象不同的是F5。F5也在地震中丧夫，且留下遗腹子，灾后半年产下一女。F5的情况起初看来很糟糕，但由于她娘家是强大的后盾，娘家人决定帮她共同抚养孩子。原生家庭富有弹性是F5复原力的重要保护性因素，而且F5灾后一年多已经有了男朋友，这样她的生活有了更多的可能性。通过3例研究对象的家庭弹性分析，我们可以看到"弹性"是一个重要的复原力保护因子。F5的家庭有弹性，其并未检出PTSD，而F7和F8的家庭结构严重缺损，无弹性，检出了PTSD。

家庭亲密度主要是指家庭成员之间的情感联系，具体表现为家庭成员之间相互支持、相亲相爱、融洽和谐的关系。家庭的凝聚力是指家庭成员为了共同的目标，紧密联系在一起，互相合作，共同应对困境。在重大灾难发生的时候，家庭会变得异乎寻常的紧密，用家庭保存下来的资源（物质的、经济的、情感的、行为方面的）立即对家庭成员进行救护，这也是人类适应自然环境的生存方式（李静、杨彦春，2012）。本研究的12例研究对象中，非PTSD组5例报告了"亲密度/凝聚力"，而PTSD组仅有2例报告，这可能是两组研究对象一个明显的差异。这提示"亲密度/凝聚力"是复原力的重要保护性因素。

（二）"目标模糊"与"指责/抱怨"是PTSD组家庭的重要特征

清晰、可预见的家庭共同目标可以激发家庭的凝聚力，它能激发出家庭成员超越困境的能量，让家庭成员秉持坚毅信念和不达目的不罢休的气魄，并付诸行动。与之相反，目标模糊的家庭，没有动力，常常陷入无目标、无行动、无力感的恶性循环。PTSD组的4例研究对象都报告家庭没有目标，处于"混日子，过一天算一天"的状态，对生活没有了期待，没有了改变的动力。赫尔的内驱力理论可以解释灾后"没有目标"家庭的恶性循环困境。赫尔认为，人们的行为反应潜能等于内驱力（D）、诱因（K）和习惯强度（SHR）的乘积。当诱因（K）或者内驱力（D）为零，人们的行为反应潜能也就为零。如果人们没有改变的想法（即心理内驱力），没有目标（诱因），则行为反应潜能肯定为零。所以，大量研究表明，"希望""正面展望"（即要有"目标"）是灾后心理复原力的重要保护性因素（洪福建，2003；李仁莉，2013），也是积极心理学强调的重要心理品质（崔丽娟、张高产，2005）。

  Walsh等人的研究发现，家庭复原力中，沟通模式是重要的影响因素，直接、清楚、明确、坦诚的沟通会促进家庭所有功能的发挥，改善危机状况。每个家庭成员都能表现出同理包容，都能够坦诚地被了解，都能为自己的感受和行为负责，避免责怪别人，坦诚地表达正面感受，并且互相鼓励，以轻松幽默来应对压力（崔丽娟、张高产，2005）。由此可知，与坦诚清晰的沟通相对立的"指责/抱怨"的沟通模式对其家庭功能的损坏是严重的，这样的家庭应对灾难是困难的。本研究发现，PTSD组的4例研究对象的家庭都采用了这样的沟通模式，因此也佐证了"指责/抱怨"是家庭复原力的危险性因素。

（三）夫妻一方患有PTSD，对另一方是否发生PTSD可能具有预测作用

  在12例研究对象中，有两对夫妻，即F1和M4、F4和M3。在这两对夫妇中，F1和M4未检出患有PTSD，而F4与M3均检出患有PTSD，这可能表明：夫妻双方某一方患有PTSD，对另一方是否发生PTSD有预测作用。接下来，我们具体分析两个家庭有何不同。

  首先，两个家庭F1和M4、F4和M3的灾难暴露水平差不多，甚至F1和M4这一家庭比F4和M3家庭还高。F1和M4来自次生灾害，丧子丧女，系农民（曾在外务工多年）；而F4和M3两人都是国家公职人员，有固定工资，灾难中无房屋的损毁，但有丧子。但是，为何两个家庭一个发生了PTSD，而另一个没有，这可能表明：灾难暴露水平并不一定决定是否发生PTSD。我们需要再深入了解两个家庭的家庭结构。

  F1和M4是农民，在灾难中丧子（17岁）、丧女（13岁），家中还有一长女和两个孙女。他们长期在外打工，家庭经济条件相对宽裕，夫妻感情非常好，结婚20多年从未"红过脸"。地震时丈夫用身体背起垮下的墙体，一只手把妻子从废墟夹缝中拎起，丈夫也说："当时我也不知道哪儿来的这么大力气，想着要死也死在一起。"灾难过后1年，夫妻双方到处寻医问药，试图再怀孕。

F4 是老师，M3 是公务员。遇难前，M3 在加班，妻子和孩子去探望，儿子（3岁）不幸遇难。妻子一直抱怨："如果你不加班，我们也不会去看你，孩子也不会没有。"双方心情非常悲痛，彼此之间也没有交流，丈夫非常自责。他们一直否认孩子死亡，曾到处寻找，花了几百元请"高僧"做法事，可孩子仍然没有回来。M3 在医院一边照顾妻子，一边复习考公务员考试，可是考试失败，为了调动工作也花了几千元的冤枉钱。灾后一年半，其妻子怀孕难产大出血，因当地医院实施手术失败，连夜开5小时车将妻子送往上级医院，最后产下一子。

通过两个家庭的对比，F1 与 M4 夫妻感情好，彼此爱惜，灾难后无大生活事件。F4 与 M3 的夫妻间沟通模式以指责、抱怨的负性沟通方式为主，灾后接连发生大的生活事件。研究结果可能提示，家庭不良的沟通模式和多重创伤经验的加成效果（Addictive Effect）可能导致了夫妻双方发生 PTSD（洪福建，2003；Radnitz et al.，2004）。

五 影响心理复原力的社区/社会因素

（一）"（对政府的）信任"和"互助"是心理复原力的重要保护性因素

我国经历了"5·12"汶川地震后，国家对灾难的应急响应机制逐步完善，对灾难的反应、救援响应能力，恢复重建的能力，动员社会力量救援的能力都受到世界瞩目，并卓有成效。12 例研究对象均报告得到政府物资和补贴金等及时救助，大部分研究对象对政府的救援力度持肯定态度。同时，"8·03"鲁甸地震后民政部统筹组建了新中国成立以来首个地震灾区社会工作支援团队开赴鲁甸，进驻鲁甸灾区的各个过渡安置区开展灾害社会工作服务。他们在3个多月的时间内为灾区民众提供心理抚慰、安全教育、关系修复、互助网络建构、组织发展、社区建设与发展等方面的专业社会工作服务。这一系列政府主导的灾后救援对灾民恢复信心、重振希望和获得安全感起着重要的作用。这从社区的层面提升了灾后幸存者的复原力。从本研究的结果可以看出，"（对政府的）信任"非 PTSD 组报告了4例，而 PTSD 组无人报告，这可能表明："（对政府的）信任"是非 PTSD 组的重要特征，是复原力在社区/社会层面的重要保护性因素。

本研究发现，社区/政府的资源充足度、平衡度以及社区的包容和互助，是影响人们心理复原力的重要因素。研究发现，社区/社会保护性因子中最重要的是"互助"和"社区/政府资源"，其次是"（对政府的）信任"和"生计维持"。相反，社区/社会危险性因子排名第一的为"缺乏同理/排斥"和"资源/信息匮乏"，其次是"（对政府的）不信任"和"生计困难"。由此可见，社区互助和政府资源支持是心理复原力的重要保护性因素，生计困难是影响心理复原力的危险性因素。

（二）"（对政府的）不信任"和"缺乏同理/排斥"是心理复原力的危险性因素

当灾后救援资源相继从灾区撤离，灾后"蜜月期"过去，灾后社区重建的种种矛盾开始暴露，人际氛围远不如之前团结和紧密，加之人们对政府缺乏信任，这些问题让人们的心理复原力面临挑战。在12例研究对象中，PTSD组有4例报告"（对政府的）不信任"，而非PTSD组仅有1例报告；PTSD组有5例报告在社区受到"排斥"，而非PTSD组仅有2例报告。因此，这些研究资料佐证了"（对政府的）不信任"和社区"缺乏同理/排斥"的人际氛围是灾后心理复原力的危险性因素。因此，提升灾后人们的心理复原力有赖于加强人们对政府的信任度并共筑和谐的社区。社区在应对突发灾难时的自救能力和灾后重建能力将影响人们的身心健康。

六　文化与心理复原力

近年来，研究者对心理复原力进行了更深层次的研究。Luthar（2000）认为，心理复原力并非一种个人的自身状况，其也作为社会和政治背景特征而存在。对心理复原力理解关注的重点应置于我们的社会结构和社会政策之中。李静和杨彦春（2012）认为，灾后心理复原力是基于一定社会文化情景的认知重构，文化中的核心信念、认知图式、行为仪式通过文化的认同而内化到个体的精神结构中，从而影响个体的社会适应。因此，对灾后心理复原力的探讨应置于一定的社会文化背景当中。

（一）理解躯体化表达的意义

心理问题的躯体化是指人们在发生心理不适时，不以或较少以焦虑、恐惧及情绪变化等心理化的方式呈现，而是以躯体症状的方式呈现，最常见的躯体

化症状为头昏、头痛、耳鸣、乏力、睡眠障碍、胸闷、心慌、慢性疼痛、腹胀、尿频等。躯体化是一种心理防御机制。精神分析学者认为,躯体化反应是焦虑的内脏表现,个体可借此防止焦虑进入意识。患者是在用这些症状置换内心的不适,从而减轻由某种原因造成的自罪感等(汪新建,2010)。我国台湾学者曾文星(1997)研究发现,中国人躯体化水平相对于西方人要高。因为中国文化注重"隐忍",更鼓励人们压抑情感,在心理上暗示人们在人际互动中应尽量避免直接表露爱恨之情,心理上的创伤在躯体上表达更高。

本研究的研究对象在灾后 1 个月、18 个月的躯体化水平都比较高,主要表现为疼痛和睡眠障碍。有半数以上的人报告死去亲人的"托梦",不同的"梦"对人们的心理和行为的影响不同。下文将对比两个研究对象的梦。

M4 报告,他梦到死去的 11 个亲人聚在一起热热闹闹地煮饺子,吃完后,他们背起行囊离开,临走时说:"你们不要来找我们,你们找不到,我们大家在一起好好的。"M4 说,灾后 3 个月才有这个"托梦",做了这个梦后,他觉得自己解脱了不少。

F4 报告,她梦到了死去的儿子(3 岁),被夹在一个窄缝里,又好像是在山洞里,周围黑漆漆的,孩子哭着说"妈妈,救救我"。F4 每次做完这样的梦都痛苦万分,她坚信孩子还没有死,可能是失踪。F4 和老公 M3 到街上寻找过,也请高僧做法事,希望孩子能回来。灾后 1 年多,夫妻俩仍然坚信孩子还活着,这样的信念,让他们很痛苦,不知道孩子在哪里受苦,有没有遇到好人。

M4 和 F4 的梦影响了他们对待"死亡"的态度和行为反应。M4 接受,F4 否认。精神分析认为,"创伤梦是潜意识对于创伤的执着"。通过上述分析,我们尝试理解在中国文化背景下,创伤后高躯体化表达(如"创伤梦")可能是影响心理复原力的危险性因素,或者说是心理复原力水平的一个表现。

(二)传统生育文化是把"双刃剑"

在中国传统文化中,传宗接代、延绵子嗣是重要的家庭责任。人们在生育上偏重男孩,一是为传承香火,二是为年迈后的赡养和照顾。中年丧子的夫妇,无论何种原因所致,或多或少都有"耻辱感"。"不孝有三,无后为大"的生育观念深深印在人们的心里,人们会把"绝后"看作不能承受的痛苦。延绵子嗣是灾后幸存者活下去的一种动力,而对于丧夫的女性、不能再生育的女性来说,这种巨大的文化压迫,还有自卑、无助和无望折磨着她们。

因此，我们可以看到灾难后丧子的夫妻打算再生育的情况非常普遍。然而，"再生育"是一把"双刃剑"。一方面"再生一个"让家庭有了目标，如果生育成功，可以在一定程度上减轻丧子之痛，甚至人们会认为新生的孩子是死去孩子的"投胎转世"，这无疑是治愈心理重创的"良药"。但是，另一方面，"再生育"给夫妻双方带来了新的压力，尤其是女性。如果不能再生育，婚姻的危机感、自责感、无能感将让女性陷入更深的精神痛苦之中。因此，"再生育"既可能成为心理复原力的保护性因素，也可能成为危险性因素。

在访谈中，F1（42岁）和F3（33岁）报告，灾后她们一直都打算再生育，但是都做了绝育手术，然而她们也并没有放弃，随丈夫四处寻医问药，等筹够了钱，打算采用人工受孕的方式，圆了生育的梦。F3丧失了三个孩子，在村子里只有她一个人遭受了这样的不幸，他们只能通过人工受孕的方式再生育，然而无法支付这笔费用。村主任为此事专门向上级领导反映，希望能让他们获得医疗支持。由此可见，在农村生育这个问题不仅仅是个人的问题。在我们的文化里，"留个后很重要""农村人没有儿子会被看不起""（没有儿子）老了以后很可怜"等，这些朴实的生育观念支撑着灾后幸存者活着的信心，但是，如果再生育失败，则可能陷入新的危机。

（三）丧葬风俗有助于人们整合创伤经验

面对丧失，人们会采用各种悼念方式，包括各种悼念的仪式、风俗等，这实为人们面对丧失的一个哀伤过程（贾晓明，2005）。"悼念"是哀伤过程，可以使人们的丧失得以修通（Clewell，2004）。丧失后的哀伤过程，特别是亲人的死亡，社会上逐渐形成了各种固定的悼念仪式，这些仪式具有民族和文化的特点（Varvin，2003）。

本研究的12例研究对象均报到，亲人死亡后的"头七"、下葬时的"先生开路"等一系列过程完结之后，他们"心落了"。"入土为安"是一种活人对亡人的尊重，也是对生者的安慰。12例丧亲的家庭大都是倾其全力厚葬亡人。例如，F7把政府的补偿金（3万元），向亲戚借的1万元，全用于厚葬她的女儿和孙女。她认为，"活着没有能力照顾好她们，死后让她们在那边过得好一些"。农村"厚葬"亡人的风俗非常盛行，因为"厚葬"不仅表达了哀思，表达了"孝"道，代表了家庭的"颜面"，而且生者想为亡人尽最后的努力，为其修缮后世的房屋，期待亡人在"另外"的世界过得更好，弥补这一

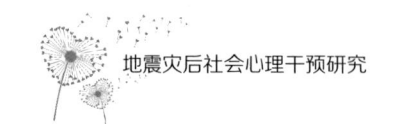

世的遗憾。这样的"弥补"其实是对生者的慰藉，在一定程度上可以帮助生还者减轻丧失的痛苦。因此，我们可以看到研究对象中大多数家庭都非常困难，然而面对灾后重建的各种经济困境，他们仍执着于"厚葬"的风俗。

每个民族特有的丧葬风俗是帮助丧失者处理哀伤的过程。这些仪式既是对亡人的告别，也是和亡人保持联结，让人们有机会去整合过去的经验，面对现实生活。丧葬风俗是几千年来人们积淀下来的，用以应对灾难、丧失危机的智慧，也是人们适应自然环境的生存方式。中国文化中的丧葬仪式可以被理解为心理复原力的文化保护性因素。

七 研究的反思

本研究采用质性研究方法，探讨灾难后幸存者的心理复原力特征，初步分析了心理复原力与PTSD发生之间的关系。诚然，本研究虽然获得了比较丰富的信息，但是质性研究的结论不适合于运用到大样本的推断上，尤其是本研究的研究对象取样于特定的农村地区。心理复原力不仅受到个体、灾难性质和程度影响，也受社会经济、文化等因素的影响，因此，在研究结论的运用和推广上一定要慎重。除此之外，本研究的追踪时间为灾后1~18个月，时间仍然比较短。在后续的研究中需要增加追踪时间，探讨个体心理复原力的状况随时间变化的情况，从长期的角度探讨影响心理复原力的多种保护性因素。由于本研究时间短，仅抽取了27个心理复原力的因子，在后续的研究中需验证和完善研究结论。

质性研究中最敏感的话题就是伦理问题。本研究采用深度访谈获得了深入、个性化的资料，但有的资料涉及个人的隐私。在研究开始之前，笔者征得了研究对象的同意，并签署了知情同意书。在整个研究过程中，研究对象可以自由选择继续参与或者退出。笔者在呈现研究资料时，尽量避免报告研究对象的代表性特征，尽管这样，丧亲、灾难暴露等信息仍然带有一定的标签性，并不能完全隐去研究对象的个人特征化信息。

诚然，研究中存在这些不足，但该研究初步探索了在特定灾难情景中PTSD发生与心理复原力的关系，不仅可以丰富PTSD的相关研究，帮助人们深入理解PTSD的发生、诱因和康复等问题，为PTSD的预防和治疗提供参考，而且，质性研究是对本研究第一部分定量研究的补充，定量与定性结合可以相互弥补各自研究的不足。

第五章 灾后幸存者丧失与哀伤历程研究

第一节 哀伤研究的新进展

丧失（Loss）是人生命中难以避免的部分，丧失挚爱的亲人会给当事人带来无尽的伤痛。丧失亲人对当事人生活的巨大影响，在 Holmes 与 Rahe 的生活应激事件评定中，尤以丧偶所带来的应激最大，其他家庭成员的去世排在第五（Rice，2000）。关于哀伤的定义，不同学者的解读有所差异，其中最具有代表性的是我国香港学者陈维樑的观点，他把哀伤（Bereavement）定义为：任何人在失去所爱或所依恋的对象（主要指亲人）时所面临的境况，这种境况既是一个状态，也是一个过程，其中包括了悲伤（Grief）与哀悼（Mourning）的反应（陈维樑、钟秀筠，2006）。

精神分析是最早，也是最多论及哀伤的学派。从传统的精神分析学者到当代的精神分析学者，都有不少对哀思和哀思过程中悲伤反应的论述。弗洛伊德（Freud）最早对丧失和哀伤历程进行了研究，之后的研究大都依循弗洛伊德的"悲伤过程假设"（Grief Work Hypothesis）进行探讨。但 20 世纪 80 年代后，弗洛伊德强调"与逝者分离"的基本假设受到挑战，界定的模糊也使得实证研究工作难以进行。当代研究者从依恋理论、创伤研究、认知应对研究、情感的社会功能等视角，多方面地对哀伤领域进行了深入探索。探索的结果是出现了一些整合性的理论模型，其中有代表性的是"依恋与哀伤双程模型"（刘建鸿、李晓文，2007）。下文将从探讨传统精神分析、当代精神分析，到当代的整合观点等方面，对哀伤研究进行梳理。

近年来，全球各种类型的灾难频频发生，对灾难中丧亲者哀思处理的研究再度引起了学术界的关注，也使得精神分析对"悲伤过程假设"的观点具有

了历久弥新的意义。相较于西方，我国的心理治疗研究起步较晚，如果我们将这些观点全盘引入我国，并将其作为灾难后心理援助的借鉴，必然有一些需要考虑的文化差异。但是，适当地运用西方的相关观点作为我们心理援助工作的理论参考，确有事半功倍的价值。

一　传统精神分析的观点

（一）弗洛伊德的"哀思"观点

弗洛伊德在1917年最早在心理治疗领域提出了"哀思"（Mourning）一词，他对哀思的描述是："通过现实检测，显示出所爱的对象不复存在，需要立即把投注在此对象的力比多（Libido）收回，而相对于此需求的挣扎过程因而产生一个可被观察到的现象是，人们从来就不愿放弃其力比多，即便是某个替代物已在召唤他们。"（陈维樑、钟秀筠，2006）他还进一步推测，如果这一过程遇到异常的外在或内在干扰，当事人仍然停留在某种与逝者矛盾或被内疚支配的关系中，生者的精力就会难以转移，因而会形成延迟、夸大或病理性的悲伤（陈维樑、钟秀筠，2006）。后来，弗洛伊德又对此做出了修正，他认为认同过程最初是与抑郁相连接的，是哀伤整合的组成部分（Hagman，1996）。这种模式认为，哀思是一个正常且普遍存在的内在心理过程（Intra-psychic Process），其主要功能为从对逝者的记忆中逐渐撤回对此力比多的投注（Decathexis）。所谓的哀思工作的完成是个体对逝者的"去依附"，并将此原欲重新投注在其他可供其能量释放的存活他人身上。

弗洛伊德认为，当旧有的联结由于逝者离世而消失时，如果心力从关系中被抽离释放出来的话，过渡性精神投入（Hypercathexis）的过程便会开始。生者的情感会随着投入重温与逝者有关的每一个记忆，并会因持续地发现逝者不再存在这一现实而产生波动与抽离。随着时日的逝去，这些经过不断投入和抽离的经历会逐渐转移到新的对象身上，直到生者的哀伤最终可以画上休止符。

（二）悲伤过程假设

荷兰心理学家Stroebe将弗洛伊德对哀思的看法总结为"悲伤过程假设"（Grieg Work Hypothesis），即"哀伤是当事人的一系列认知过程，包括直面丧失、回顾逝者生前的事件、在心理上逐步与逝者分离（Detachment）的过程。

它是一个积极持续和需要付出努力的过程。这一过程中最重要的是当事人要意识到亲人离去的事实，如果压抑情感表达则是病态的现象"（Stroebe and Schut，1999）。

20世纪60年代后，学者们致力于探讨悲伤反应的阶段，认为哀思是一个具有生物基础，且特定、可辨识的阶段过程。Parkes和Weiss（1983）提出了悲伤反应的7个阶段：最初的否认和对失落的逃避、持续的警觉反应（如焦虑、坐立不安、生理上抱怨）、对逝者的搜寻、愤怒和罪恶感、内在失落感、采取逝者的行事风格和人格特质、接纳和解决。之后，Pollock（1989）又加上了两个阶段——周年性纪念日的悲伤复苏和创造性阶段。

（三）哀伤修复理论

值得指出的是，Lindemann发展了"痛苦工作"的概念，强调在强烈的悲痛面前，要让自己感受和经历痛苦，发泄情感，否则容易产生不良后果。痛苦工作包括丧亲的哀痛、体验哀痛、接受丧亲的现实、在失去亲人的情境下调整生活等。

哀伤修复理论认为，一系列的悲伤阶段，有助于丧亲者接受分离的现实，切断与客体的依恋连接，并建立新的客体连接。哀伤和有效的悲伤过程都有利于主体完成与客体的分离，并建立新的连接。除与亲人死亡有关的丧失以外，生活和正常的发展中还有许多种丧失。我们需要一种类似仪式化的方式，并且要由当事者进行悼念。哀伤对于处理这些丧失是必需的，对于没有得到充分表达的哀思，其结果是导致当事人产生精神疾病或身心疾病。相比之下，适当的哀伤是有必要的，并且哀伤和通过心理治疗达到的康复是具有平行意义的（M. Stroebe and W. Stroebe，1991）。

综上所述，传统精神分析认为，哀思是一个私人的内在心理过程，主要是痛苦和悲伤的单纯情感状态，其功能为心理能量的保留、恢复和去依附。而且，多数人具有相似的依序产生的悲伤反应阶段，即"与逝去的亲人在内心逐步分离"，这也是传统精神分析"悲伤过程假设"的核心论点。也是基于此，我们才发展出了多种哀伤咨询理论（刘建鸿、李晓文，2007）。

然而20世纪80年代后，许多研究者对此提出了质疑。他们认为，"悲伤过程假设"界定模糊，难以进行实证研究。比如"悲伤过程"与苦思（Pining）、沉思（Rumination）难以区分，而前者被认为是不良的应对方式，将加

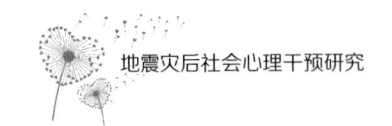

重或延迟丧失后的抑郁症状（Nolen-Hoeksema，1994）。一系列对哀伤的实证研究也对该假设提出了疑问。例如，Klass 研究了不同历史文化背景下的哀伤，发现许多东亚国家的丧亲者在亲人去世后仍保持与逝者的情感联结。他发现父母与早夭子女仍然存在情感联结。他认为，悲伤的结束不在于切断与逝者的联系，而在于以不同于逝者生前的方式在内心"安置"逝者（Klass，1997）。我国台湾学者 Hsu 等人分析了 52 位丧夫女性和她们的部分子女（30 人）的叙述材料，研究发现，建立与逝者新的连接（Reconnection）是家庭恢复和谐的重要方式。她们的整个家庭努力维持一种整体性，并留有对丈夫和父亲的象征性想象。对于台湾地区的人们来说，他们能普遍接受的释放悲伤的方式就是与逝者的重新联系。

二 当代精神分析的观点

当代精神分析学者，特别是客体关系、自我心理学和关系性精神分析理论的支持者，对弗洛伊德本能的心理能量和孤立的心理功能等观点持有否定态度。许多学者开始重新反思长久以来所持有的信念，其中 Mitchell（1995）提出的"心理生活基本上植基于关系和人际导向意义"的观点普遍得到了认同，即个人心理生活并非只关乎私人，也非可预期的体认。当代精神分析治疗关于哀伤的观点，更强调丧亲创痛后的成长和改变中意义的转化与自我感的重建。

（一）意义的转化

Machoney 是最早从心理失衡（Psychological Disequilibrium）观点看"意义"的建构的，他认为丧亲使个体原处于某个具有功能的状态转变到失衡的状态，而心理治疗的目的是使他再回到原状或完成新的组合（New Synthesis）。治疗的过程在认知和行为上的意义是追求建构和修正（Machoney，1985）。

Hager 则是从经验的混乱和重组角度来分析的。他认为"混乱"（Chaos）是个体成长和治疗必经的过程，个体最初是无组织或困惑（Disorganization or Confusion）的状态，甚至会出现阻抗（Resistance）或退行（Regression）情形。这可能是改变的起点，因为个体会主动从此刻的混乱中找出意义（Hager，1992）。

Machoney 和 Hager 两位学者都是从心理治疗方面来探讨哀思的，而 Davis 则是直接针对丧亲和哀思提出他的观点。他认为丧亲者的"赋予意义"至少有两种不同的过程：一为让失落有意义；二为发现益处。前者涉及个体受到威胁的世界观之维持或重建，后者则涉及个人受到威胁的自我感之持系或重建（Davis，2001）。而且一些研究证实，运用后者使丧亲者转移注意力会较前者寻找意义的效果更佳。

（二）自我感的重建

Nerken 强调自我在哀思过程中的重要性。他认为，自我是一个二元的构念，由"核心我"（Core Self）和"反映我"（Reflective Me）组成。"核心我"涉及个人的认同资源，包括意念、才能、梦想、目标等，而"反映我"则须通过与他人的互动和依附而产生自我评价和意义建构（Nerken，1993）。因而，当挚爱的人死亡时，丧亲者面对的是"反映我"受损，即无法再通过与逝者的互动获得自我肯定和价值提升。个体主动的哀思过程，会内化其与至爱者互动所产生的"反映我"价值及自我知觉。换言之，成长为"反映我"，就不用再通过对他人的依附来维持，且开始有了独立运作能力的状态。

（三）创伤研究之整合信息

Horowitz 认为，个体经历创伤后，一方面个体的防御机制会发挥作用，把创伤信息压抑到无意识中；另一方面个体又有将新的信息整合到预存认知模型的"完型倾向"。前者表现为麻木和否认，后者表现为闪回和噩梦等。认知取向的创伤后应激障碍研究者认为，创伤性事件（如亲人意外丧亡）会对个人的核心信念造成巨大冲击，丧亲者能否恢复在很大程度上取决于其能否将创伤事件整合到原有的信念中（李雪英，1999）。因此，情感宣泄和谈论、回忆创伤性事件可能会促进幸存者的认知重构，进而利于其恢复。这与传统精神分析的"悲伤过程假设"有相似之处，但两者强调的重点不同。前者强调整合重构（Restructuring），后者则强调逐步分离（Detachment）。

总之，当代精神分析强调哀思代表某种"意义的危机"，分别通过心理结构的转化、现实和想象，维系有意义的哀思者和逝者的情感联结。换言之，在丧亲创痛后的成长和改变中，并非传统精神分析中所谓的原欲或心理能量的保留、恢复或去依附，而是意义的转化、自我感的重建及与逝者持续性关系的创造。

此外，他们还认为，悲伤反应阶段的发展因人而异，它的次序可能不同，

也会因人格特质、目前的生活冲突和发展阶段的不同而影响到悲伤反应阶段的经验和时间长度（胡欣怡，2005）。而且，丧亲者悲伤情感反应复杂，甚至缺乏悲伤的表达都可能是正常的反应。

为了理解传统精神分析和当代精神分析关于哀伤的观点，我们将对两者进行比较，如表5-1所示。

表5-1 传统精神分析与当代精神分析关于哀伤观点的比较

传统精神分析	当代精神分析
个人内在的心理过程	在过程中他人参与的重要角色
撤投注（撤回对逝者依附的原欲）	内在自我与他人关系的持续性创造
心理能量的机械过程	与逝者关系的意义联结
心理能量的保留和恢复	有意义的经验转化
清楚、可辨识且依序的悲伤反应阶段	受人格特质、生活冲突、发展阶段等影响的非依序悲伤反应阶段
单纯的痛苦情感反应	复杂的悲伤情感反应
常态、标准化的相似经验	因人而异的独特性
缺乏悲伤的表达是病态	缺乏悲伤的表达是正常
一个情感完全解决的点	持续的思念和纪念

资料来源：金宏章、钟思嘉，2016，《精神分析观点在哀思传统表达上的运用》，《中国健康心理学杂志》第4期。

三 新的研究视角与理论整合

随着传统精神分析的"悲伤过程假设"在实证研究中受到挑战，而当代精神分析强调悲伤反应阶段的复杂与个性化，心理学者对哀伤进行了广泛、深入的实证研究和理论检视。相关领域的研究，如依恋理论、创伤研究、应对研究和情绪的社会功能等研究，为哀伤研究提供了坚实、丰富和更具操作性的研究视角（Bonanno et al.，2005）。

（一）依恋理论

英国精神病学家Bowlby（1969）最早提出了"依恋"的概念，并且指出依恋的形成有着深刻的生物根源，其生物功能在于保护弱小个体，其心理功能在于提供安全感。个体在生命早期所建立的依恋关系会影响个体成年后所建立的人际关系的形态。另一位依恋理论的早期研究者 Ainsworth 及其同事通过"陌生情景法"（Strange Situation Procedure）观察到婴儿和教养者之间存在三种关系类型：安全型（Secure）、回避型（Avoidant）和焦虑矛盾型（Anxious/Ambivalent）（Aronson 等，2005）。20 世纪 80 年代早期，一些研究者开始把依恋理论作为框架去解释成年人的孤独感和恋爱的本质。

Hazan 和 Shaver 于 1987 年第一次提出成人婚恋关系中的情感联结也可以被理解成一种依恋关系，即成人婚恋依恋。他们发现成人的依恋类型及各类型的比例与婴儿的非常相似，于是就将 Ainsworth 提出的三种婴儿依恋类型扩展到成人个体。根据他们的定义，安全型的个体乐意接近和依靠其他人，对他人感到信任，认为自己是有价值的、受人喜爱的，不担心被抛弃；回避型的个体不愿意接近和依靠其他人，对亲密感到不舒服，强调自我的独立；焦虑矛盾型的个体有很强的接近别人的愿望，渴望亲近，但同时又害怕被抛弃和拒绝。在 Hazan 和 Shaver 的三类依恋模型基础上，Bartholomew 和 Horowitz（1991）提出了以对自我和他人的内部工作模型为基础的成人依恋的四种类型模式，并把成人婚恋依恋关系分成四类：安全型（Secure）、专注型（Preoccupied）、恐惧型（Fearful）和冷漠型（Dismissing）。其中，后三种类型属于不安全依恋类型。具体说来，安全型（Secure）的个体认为自己是值得爱的，他人也是值得爱和信任的；专注型（Preoccupied）的个体认为自己是不值得爱的和没有价值的，但是他人是可接受的，他们往往依赖于别人的接纳来支持自我形象；恐惧型（Fearful）的个体认为，他们对自己和他人的态度都是消极的；冷漠型（Dismissing）的个体认为，他们对个人的看法相对积极，认为自己是有价值的，但认为他人会拒绝自己。不安全－冷漠型的个体对他人缺乏信任感，有某种强迫性的自立（Compulsive Independence），这一类型的个体往往会在亲人丧亡后压抑或逃避与依恋关系有关的情绪。不安全－专注型的个体表现得比较情绪化，他们沉溺于丧失亲人的悲痛中，不能建设性地应对与依恋相关的情绪。不安全－恐惧型的个体对他人和自身都缺乏信任感，以往的创伤损害了他们，以至于他们不能正常地思考和谈论丧失依恋，前后的叙述也不一致（Stroebe et al.，2005）。

（二）创伤研究

哀伤与创伤研究有重合的部分。Horowitz 认为，经历创伤后，一方面个体的防御机制会发生作用，把创伤信息压抑到无意识中去；另一方面个体又有将新信息整合进预存认知模型的"完型倾向"。前者表现为麻木和否认，后者表现为闪回、噩梦等（李雪英，1999）。认知取向的创伤后应激障碍研究者认为，创伤性事件（如亲人意外丧亡）可能动摇或挑战个人的核心信念，个人的核心信念能否恢复，在很大程度上取决于丧亲者能否将创伤事件整合到原先的信念中。因此，情感吐露和谈论创伤性事件可能会促进幸存者的认知重构，进而有益于良性的恢复。这与"悲伤过程假设"有相似之处，但两者强调的重点不同。前者强调整合重构（Restructuring），后者则强调在心理上与逝者逐步分离（Detachment）。Pennebaker 在研究中发现，相较于写肤浅话题的对照组，连续 4 天写个人创伤经历的大学生在之后的 6 周里免疫系统机能较好，到健康中心就诊的次数也少了（Pennebaker et al., 1998）。但一般的哀伤是否也能从情感吐露、谈论丧失中获益呢？现在的研究结果不尽一致。Kelly 等人指出，这有赖于谈论对方是否接受（Kelly and Mckillop, 1996）。Stroebe 则提出了个体差异性的影响，她认为，安全依恋型的人从情感吐露中获益不大，而不安全依恋型的人在相应的指导下会有较明显的促进效果（Stroebe et al., 2006）。

很多学者进行了创伤的应对研究。如 Stroebe 借鉴了 Horowitz 创伤研究中强调的"侵入和逃避"（Intrusion and Avoidance）维度，提出哀伤过程的日常经验可以分为丧失导向（Loss-oriented）和恢复导向（Restored-oriented）两类。前者涉及评估丧失和在内心重新安置逝者的位置，后者涉及丧亲后生活的改变，如男子要承担起亡妻生前处理家务、照顾孩子的责任和适应新的角色（如从"丈夫"变为"鳏夫"）等。前者直接与逝者相关，后者则是因亲人去世而衍生。如果丧亲者能在两者之间灵活地来回摆动（Oscillation），不滞留于一端，就能具有适应性的调节功能（Stroebe et al., 2005）。该理论兼顾了哀伤过程的动态性和整体性。此外，有学者研究了当事人从丧亲事件中获得的意义以及不同形式、不同层次的情感联结对丧亲后适应的影响。他们从获得意义的角度区分了两类丧亲者：一类是"弄明白"型，他们弄清楚了亲人去世的原因，如有些人认为是上帝的意志，有些人认为是死者个人的习惯，如吸烟导致肺癌；另一类是"领悟获益"型，如从丧亲中感受到了生命的珍贵，更珍惜生命，也更珍惜与其他人的情谊。现有研究发现，"弄明白"型在开始时身体不适程度较低，但在 13 个月和 18 个月后的测量中没有表现出差异性；而"领悟获益"型则在后来表现为更好的适应状况（Davis et al., 1998）。由此可见，对丧亲的积极（"领悟获益"）、中性（"弄明白"）或是消极（如"沉思默想"）思考会带来不同的适应情况。Field 等人发现，中年丧偶者存在多种形式的情感联结，如保留逝者的生前物品或是通过回忆寻求安慰。情感联结是否有益于丧亲者的适应与它是何种形式有关（Field et al.，1999）。Shuchter、Zisook 等研究者认为，与逝者的情感联结存在多种水平，事实的、象征的、内化的和想象的联系，事实的联结虽然消失了，但其他的形式可能保留下来甚至发展出更精细的形式（Stroebe and Schut，2005）。

（三）哀伤中的"正向"情绪研究

过去的哀伤研究很少注意到某些正向情绪（如笑、满意等）的作用。与传统的"悲伤过程假设"相反，Bonanno、Keltner 等人发现，正向情绪有益于丧亲者居丧期间的良好适应。他们记录了居丧者真正意义的笑（Duchene Laughter and Smiling），发现居丧者笑时会带动眼眶边的轮匝肌收缩，而且还发现真正意义的笑与丧后 14 个月和 25 个月的悲伤舒解程度呈正相关。他们同时记录的负向面部表情，包括愤怒、蔑视、恶心、恐惧等，则与丧后 14 个月和 25 个月的悲伤加重呈正相关（Bonanno and Keltner，1997）。Folkman 等人认为，正向情绪能够使人"舒一口气"，暂时摆脱眼前的压力情境，在压力面前不但能坚持下去，也能恢复受损的资源或开发新的资源（Folkman and Moskowitz，2002）。显然，这也有利于居丧者应对日常工作和亲人去世后的其他生活应激事件（例如家务和一些经济方面的事务）。Keltner 等人的研究也证实了，与其他居丧者相比，那些在描述逝去伴侣时至少有一次真正意义的笑的人的自我报告适应良好，在描述伴侣时也少有矛盾。当一些未受训练的观察者看他们的无声录像时，他们感受到的是更多的正向情绪和更少的受挫感（Bonanno and Keltner，1997）。Bonanno 等人也发现，在不同的情境中表现出情绪灵活性的个体也更具适应性。他们追踪研究了美国"9·11"事件后的一组纽约大学生，结果发现那些既能增强（Enhance）情绪表达也会抑制（Suppress）情绪表达的学生表现出了更好的适应性（Bonanno et al.，2004）。

（四）理论的整合：依恋与哀伤双程模型

从传统的精神分析到当代的精神分析，学者们从不同的视角探讨了哀伤的相关理论，但理论显得较为凌乱。因此，学者们试图整合现有的理论，期望对哀伤获得整理性的理解。在这样的研究期待下，Stroebe 等人（2005）针对丧偶者提出的"依恋与哀伤双程模型"整合了依恋理论、创伤研究和认知应对理论。Stroebe 等人认为，哀伤过程的日常经验可分为丧失导向（Lloss-oriented）和恢复导向（Restored-oriented）。前者与评估丧失和在内心重新安置逝者的位置有关，包括悲伤过程（Griefwork）、悲伤干扰（Intrusion from Grief）、破坏联结（Breaking Bonds/Ties）、否认/回避恢复的转变；后者包括使自己专注于生活的转变、做新的事情、从悲伤中分神（Distraction from Grief）、否认/回避悲伤、适应新角色/身份/关系。一般丧偶者往往在两者之间来回摆动（Oscillation），既接近又逃避哀伤（Confrontation and Avoidance），来回往复于丧失导向和恢复导向的经验之间，如图 5-1 所示（刘建鸿、李晓文，2007）。

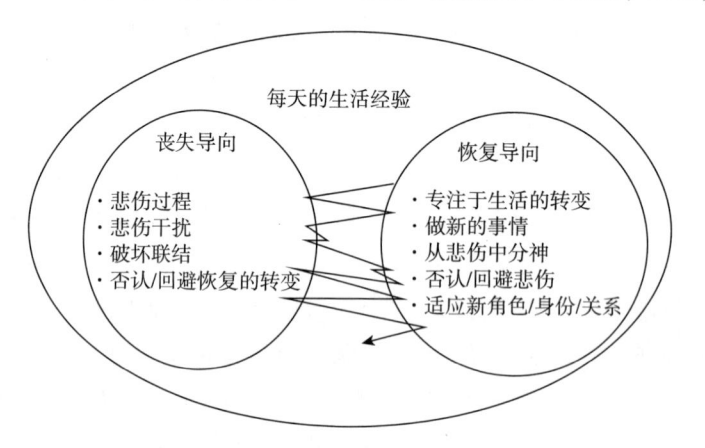

图 5-1　哀伤双程模型（Dual-Process Model of Bereavement）

Stroebe 假设这种接近和逃避之间的来回摆动具有适应性的调节功能。若没有摆动的发生，长期滞留在丧失导向或恢复导向一端，都可能导致病态或复杂的哀伤。例如，长期的悲痛（Chronic Grief）者常常沉思默想逝去的亲人，他们强迫性地让自己停留在丧失导向的经验里；而延迟或抑制的悲痛（Delayed or Inhibited Grief）者在早期没有或很少表现出悲伤，但在以后可能会表现出躯体症状。他们只关注于恢复导向，而逃避丧失导向。已有一些研究证明了这种假设（Stroebe et al.，2005）。

依据依恋"内部工作模型"的不同可将丧偶者分为安全依恋型、不安全-专注型、不安全-冷漠型和不安全-恐惧型。安全依恋型表现出正常的悲伤，仍然保留着与逝者的情感联结，但逐步减弱，会逐渐地适应现实生活，并从正面重估丧失经验,在双程模型中表现为灵活地摆动在丧失导向和恢复导向之间。不安全－专注型表现出长期强烈的悲痛,常常沉思默想与逝者有关的一切,在双程模型中表现为偏向于丧失导向经验。相反,不安全－冷漠型很少表现出悲伤,也否认内心有此需要,但在以后可能表现出压抑或延迟的悲伤,在双程模型中表现为偏向于恢复导向经验。不安全－恐惧型既不能连贯一致地叙述逝者,也不能有效地进行应对。他们对逝者的离去既逃避又焦虑,也担忧自己,从而心神不安,严重者会出现 PTSD 的相关症状,如"强迫的侵入性回忆和逃避"(Stroebe et al.,2005)。在双程模型中他们表现为摆动轨迹的紊乱。依据此模型,Stroebe 为哀伤咨询提出了富有操作性的指导:工作者应依据丧偶者的依恋类型予以不同的指导,即对于安全依恋型,只需给予适度的理解和情感支持;对于不安全－专注型,则应当在辅导中促使当事人尽量离开与逝者有关的事物,更多地参与一些新的社会活动;对于不安全－冷漠型,工作者可以适时地促其面对内心的情感,适当宣泄其内在的积郁和悲伤;对于不安全－恐惧型,由于他们表现出自我描述的不一致,工作者在辅导中应让他们有更多的倾诉机会,以帮助他们发展出关于逝去者的一致性陈述(刘建鸿、李晓文,2007)。

综上所述,"与逝去的亲人在内心逐步分离"是"悲伤过程假设"的核心论点,也是基于此才发展出了许多哀伤咨询理论。当代的研究并非完全推翻这一假设,而是发现它过于"简化"了,远远不能涵盖哀伤过程中的诸多因素。另外,"悲伤过程假设"定义的模糊也妨碍了哀伤实证研究的进一步开展。当代相关研究带来的多元视角给哀伤研究注入了新的活力,尤其是 Stroebe 的"哀伤双程模型",它有三点是值得注意的。一是普遍注重哀伤研究的生态性。它不但关注了伤悼逝者的心理过程(丧失导向),还关注了丧亲后生活的各种变化(恢复导向),而且还注意到哀伤过程中正向情绪的存在及其带来的良性影响。二是它关注了哀伤应对过程中灵活性的重要性。Stroebe 对哀伤双程模型中摆动灵活性极其重视,他关注了心理过程的动态性。三是重视不同文化背景(价值观、风俗习惯、宗教信仰)对哀伤过程的影响,探讨了不同地域和文化背景下的哀伤过程。

第二节　我国丧葬文化在哀伤修复中的意义

国外关于哀伤的研究已积累了丰富的研究成果。近年来,国内研究者也开

始关注丧亲与哀伤领域，从不同方面进行了越来越多的探索。国内研究者除了借鉴国外哀伤理论进行深入探讨外，还对一些具有本土特色的问题展开了研究。尤其是"5·12"汶川地震后，关于哀伤的干预研究越来越丰富，并强调中国传统文化在哀伤修复中的作用。

中国传统文化中传承的认知方式重点不是基于当前问题的认知，而是注重在人与自然、社会、历史的宏观构架中来认识事物，特别是重大自然灾难后，人、自然、社会的平衡被严重打破，巨大的恐惧、悲伤和痛苦情绪会迅速摧毁人类的理性认知图式，文化中承载的无意识认知会立即启动。这些无意识认知方式是人类面临重大生死关头集体的超自然的认知方式，它们能够帮助幸存者尽可能摆脱重创和毁灭性灾难，具有一定的积极意义（李静、杨彦春，2012）。我国从古至今沿袭下来的丧葬文化，是人们智慧的结晶，也是人们在面对生、死、灾难时的智慧。我国的传统文化非常看重丧葬仪式的举办，几千年来，我国的丧葬已经发展出一整套繁复的仪式。当幸存者面对客体的丧失时，丧葬仪式有着重要的心理修复功能（贾晓明，2005；邱小艳、燕良轼，2014）。

一 我国传统文化的"生死观"

中国文化呈现的是儒、道、佛三家相融合的文化格局，以儒家的文化为主体。儒、道、佛三家的生命观均为"以生命为贵，珍爱生命"。儒、道、佛三家均认为，人是万物之灵，人的生命在宇宙之间是最重要、最珍贵的，具有至高无上的地位，一定要尊重生命、敬畏生命。

在"死亡观"上，儒家强调死亡的意义。儒家学派的死亡观是入世。孔子"未知生，焉知死"的感悟向后人阐释了一种积极的死亡观。他认为，只有真正认识生，把生的问题解决好，才能更好地理解死，解决死亡的问题。道家则宣扬出世、顺其自然的死亡观，认为生死是天道所定。道家中有"苦生"的观念，"苦生"含有"以生为苦，以死为乐"的意思，但它并不是说"悦死恶生"。道家"苦生"的真正含义是：人应顺其自然，顺应人生可能面对的不幸与灾难，以坦然的态度对待死亡，不恶死惧死。佛教中，释迦牟尼认为，生的本质是痛苦的，人生皆苦，人从出生到死亡所经历的一切世间事物、情感均是苦的。同时，他认为众人皆有佛性，只要勤苦修炼就可以进入"涅槃"，可成"佛"，那时，生与死相交融，既"无生"又"无死"，生命实现了永恒，即使死亡来临，也会平静坦然，不害怕、不恐惧。

这些传统文化的生死观在不同民族中有所不同，但无论是秉持儒、道、佛三家中哪家的观点，均表现为对死亡坦然面对，对生命心存敬畏。这些传统的生死观与宗教信仰在各民族中又有所差异，一些民族在巨大灾难发生后，宗教信仰成为其最主要的心理支持系统，顺应灾民的宗教信仰，甚至发挥当地宗教神职人员的积极作用，也能起到快速稳定情绪的作用。

二 丧葬仪式是对亡人世界的想象性建构和哀思寄托

死亡对于亡者而言是生命的结束和永久的休息，但对于生者而言，除了直面死亡过程的发生，亡者的故去并不是整个过程的结束，丧葬才是死亡过程的真正结点。受儒家孝文化及佛教轮回观的影响，我国丧葬礼俗的重要信念是"不死其亲"，即"不把死去的亲人当亡人，而是将其视作灵魂与肉体依然存在的活人"（时鉴、徐西胜，2001），其具体表现为"丧礼者，以生者饰死者也，大象其生以送其死也。故如死如生，如亡如存，终始一也"（《荀子·礼论篇》）。"灵魂不死"是此种丧葬文化产生的根源，生者的最高宗教义务之一就是在父母死后给他们供奉食物和其他生活必需品，以供死者在新国度中生活下去（王夫子，2007）。受"事死如事生，事亡如事存"观念的影响，丧葬文化的突出特征是将死亡看作个体生命存在形式的转变，人们通过丧葬仪式将死者送入比照现世生活所构想出的死后世界。

在中国的传统文化中，对丧葬仪式和祭祀仪式的重视，以及将丧葬和祭祀的执行程度和情感投入作为衡量是否尽了孝道的标准，助长了社会上"隆丧厚葬"的风气，以致到了"生不能致其爱敬，死以奢侈相高，虽无哀戚之心，而厚葬重币者则称以为孝，显名立于世，光荣著于俗，故黎民相慕效，至于发屋卖业"（《盐铁论·散不足》）的程度。中国的"孝"文化，让"厚葬"习俗一直延续了下来。生者通过"厚葬"，期望亡人在极乐世界中也享有在现世生活所构想出的死后世界。在葬礼中，生者通过各种现世的意象（为死者准备灵屋、衣物、冥币、长明灯等），形式性地为死者在另一个世界的生活做好了各种准备和铺垫（黄健、郑进，2012）。生者在下葬和祭日时以死者生前喜爱的菜肴饭食进行祭祀，鸣炮鞠躬致敬，并跪拜和烧化纸钱，让亡人在构想的世界里体面地生活。尤其是贫、病之人，亲人更希望他/她在极乐世界中，没有病痛，享受富足。如果丧礼办得过于寒碜或过于简化，家属会觉得"对不住"死者，还会遭人耻笑。因此，中国的丧葬仪式有着"慎终追远"的传统。

"慎终"，即应慎重地对待一个人直至生命的最后时刻，使生者无憾，死者也无憾。"追远"，即若能做到无憾，整个心理过程就可以演化为一种可以传递的思想和意识形态（王琛发，2013）。亲人的去世尤其是意外过世会让家属感到自责和内疚，觉得自己在死者生前未能很好地给予照顾和陪伴，死者未享受到应有之福。因而希望能以隆重的殡葬礼仪来"补偿"，通过"尽礼"以"尽心"，这一定程度上减轻了愧疚感。

诚然，举行隆重的丧葬仪式也有标识亡者的身份、地位以及炫耀财富之意。除此之外，人们相信亡者对于生者的现实生活能够起到威胁或是荫庇的作用，这也是丧葬文化中表现出尊敬、恐惧，甚至包含厌恶的复杂情感的缘由。在中国传统文化语境中，鬼与神本就具有某种程度上的联系，侍奉死者的态度甚至比对待生者更需要谨慎和拘束。因此，厚葬也寄托着生者对死者的敬畏、祝福和期望。

三 丧葬仪式蕴含着心理修复功能

面对丧亲，无论人们身处怎样的社会文化背景、宗教信仰、经济地位，都会采用形式多样的仪式来纪念逝者。丧葬仪式包括为安葬逝者和祭奠逝者而举办的一系列仪式，被西方研究者认为是帮助丧亲者减轻哀伤、重建社会关系的重要环节（Kastenbaum and Costa，1977；Gamino et al.，2000；Jason and William，2003）。在日常生活中，人们会因为各种原因而缺席亲友的丧葬仪式，比如工作过于繁忙未能参加，路途遥远未能赶到，以及部分家长出于保护心态而对孩子隐瞒了亲友的死讯。未能参加丧葬仪式，没能跟逝者做最后的告别，这对丧亲者来说是一种未完成的事件，可能会给他们带来难以释怀的伤痛（Jason and William，2003）。丧葬仪式提供了一个特定的时空，通过相对固定的仪式化的哀伤行为帮助丧亲者平复哀伤。心理学上的哀伤理论认为，丧失需要哀伤修通，而修通的过程包括：确认和理解丧失的真实性；表达、调整和控制悲伤；应对由于丧失所带来的环境和社会性的改变；转移与丧失客体的心理联系；修复内部的和社会环境中的自我（Varvin，2003）。

我国学者贾晓明认为，中国文化中独特的丧葬祭奠礼仪为人们提供了哀伤的一个心理过程，具有心理动力学的意义：①通过固定的仪式，提供一个特定的时间和空间，完成与丧失的客体的分离；②众人聚集得以分享和获得支持，这也是为了社区的一种对丧失与死亡的修通；③通过所致悼词和个体对死者的哭诉，个体的冲突和痛苦用社会和文化可以接受的方式得到表达；④清明节的祭扫，是一种有规律性的看望，也是和过去、和失去的亲人的一种联结方式（贾晓明，2005）。在对农村殡葬礼俗的探究中，邱小艳和燕良轼也认为，传统且完整、洋溢着人情味的农村丧葬仪式可以帮助丧亲者宣泄负面情绪，转移注意力，获取社会支持，重建与逝者的情感联系，从而达到哀伤修复的效果（邱小艳、燕良轼，2014）。

中国传统的丧葬仪式蕴含着心理修复功能，其具体表现在以下三个方面。

第一，哭丧使丧亲者的负面情绪得以充分宣泄。哭、诉是人们遇到悲伤，宣泄情绪的最直接、最有效的途径之一。哭丧是中国殡葬礼俗的一大特色，贯穿于整个殡葬仪式的始终，其中大的场面就有数次（罗永华，2011）。因各地文化、习俗不同，丧葬仪式各异，哭丧也表现出鲜明的地方性差异。比如，浙江农村地区的丧葬仪式主要包括送终初丧、入殓成服、出殡安葬三大环节。在亲人去世的第一时间，全家大小要号啕大哭，而嘉兴一带在给死者更衣、梳头时，家属也要哭；入殓时，亲属哭声哀哀；守灵时，家中女眷除了一天早、中、晚哭三次之外，凡有吊丧者还必须陪哭；起灵时，亲属要放声大哭；送丧时，更是哭声不断（陈华文、陈淑君，2011）。湟水流域的汉族丧葬仪式中，吊唁时死者家属要哭尸于室，孝子孝媳要披麻戴孝在灵案边陪祭并陪哭；出殡时，须有女人们"唱哭"，否则会被视为不孝（马延孝，2007）。在江西庐陵农村，丧葬仪式包括送终初丧、入棺祭奠和客祭出殡三大环节，小孩、女儿及婆媳等在各种祭拜仪式中均要大声哭诉，成年男子则要悲痛哭泣（康梅钧、钟玉卿，2013）。哭丧时，唱丧歌（挽歌）是较普遍的形式。对亡人的追思哀悼是丧歌的主要内容（刘天学，2004）。汉族的哭丧歌是"想到什么哭什么，搭着什么唱什么"，内容主要是"歌颂逝者生前的美德、表达对逝者离世的哀伤、倾诉对逝者的思念之情以及悲叹自己的苦难身世"等（金开诚、吴美玲，2012）。正是这些含悲蓄泪的哭诉或哭唱，使丧亲者的哀伤得以用社会文化可接受的方式充分表达出来，为死者亲属及时倾诉痛苦、宣泄压抑的负面情绪提供了一个有效的平台，从而最大限度地减少了创伤后遗症的发生。

第二，各种仪式和习俗帮助丧亲者不断体验丧失的现实感，使其在心理上与逝者分离。面对亲人的离世，尤其是意外离世，否认与逃避通常是噩耗来临的第一反应。因此，接受丧亲的现实、与逝者分离是哀伤心理辅导的重要环节。农村的丧葬礼俗则通过停尸、报丧、入殓、吊丧、出殡等一系列仪式化的程序，以及通过整理遗物、焚烧衣物等习俗，让丧亲者不断体验逝者已去的现实。现今，中国城市居民普遍采用的丧葬祭奠礼仪方式也类似，首先是由死者亲人或生前单位护送遗体去殡仪馆，由馆方专业人员为死者修容更衣，使死者保持安详整洁的仪容，以减轻亲友悲痛之情；然后，死者亲属戴孝，报丧通知近亲好友，使之能前来吊丧；随后，发出讣告，举行追悼会或遗体告别仪式；最后，将死者进行火化，安葬骨灰。这一系列的过程结束后，丧事即已告一段落，随后是家人清理挽幛、挽联及其他祭品，分给子女留作纪念。在此过程中，尤其是追悼会，整个过程就是一个告别仪式。追悼会现场，遗体两侧摆放花圈，悬挂挽联、挽幛。花圈上贴有一个较大的"奠"字，两边分别挂着写有死者头衔和送花圈者姓名的长白条纸。参加追悼会的人要臂戴黑纱或胸佩小白花。追悼会仪式一般分为：①追悼会开始，全体肃立；②奏哀乐，鸣炮；③向遗体致敬、默哀；④致悼词；⑤宣读唁电、唁信及送花圈、挽联、挽幛的人的名单；⑥家属代表讲话；⑦向遗体告别，列队慢步经过遗体前并鞠躬。这一系列的仪式化行为，可以让亲人与死者告别，有助于其接纳亲人死亡的事实。亲近的人（比如父母、配偶、子女以及抚养人等）是人们成长过程中的重要客体，亲近的人逝世意味着重要客体的丧失，会使人有一种被抛弃感与无助感。而丧礼则"通过固定的仪式，提供了一个特定的时间和空间，完成与丧失的客体的分离"（贾晓明，2005），起到了心理修复作用。

第三，丧礼为丧亲者提供了社会支持。丧礼是集体性的活动，它将死者亲属、乡邻，以及与死者及其亲人关系密切的好友、同事聚集在一起，对死者共同进行悼念，无形中发挥了相互支持，增强社会心理支持系统的功效。丧葬仪式将同宗族的人群聚集在一起，举行集体性的活动，对于增强宗族观念和群体情感具有特殊的意义。众人聚集对死者进行共同悼念发挥了团体心理辅导的功效。首先，与死者亲属一起来面对丧失之痛，亲属间相互宽慰、相互支持，使得痛苦和悲伤情绪得以分担。其次，亲友和乡邻们的共情性陪伴、劝慰和支持起到了哀伤表达和修复的作用。在中国农村，丧礼是乡土社会中的大事，"喜事可以礼到人不到，而丧事则必须礼到人也到"。不管是否接到报丧，亲朋好友、远亲近邻闻讯后都会主动、自觉地前来吊唁。一些关系较近的亲友，还会长时间给予陪伴、安慰、支持和鼓励（徐春林，2007）。吊唁者在哀乐声中向死者遗像行礼致哀，然后敬香烧纸、垂泪痛哭，结束后会再向死者的主要亲属说些诸如"人死不能复生""生死由命,富贵在天""节哀顺变""保重身体"之类的简短劝慰话语。吊唁者与丧亲者一起哀伤本身就是一种无声的共情。而亲友和乡邻的陪伴、劝慰和支持,一方面可以让丧亲者感受到温暖和慰藉,使其感到那个爱他的或他爱的人虽然离去了,但他身边仍有许多关心他的人;另一方面他们的到来构成了一个良好的社会支持系统,为丧亲者走出丧亲之痛提供了精神上的巨大支撑。以往研究也表明,社会支持是延迟哀伤障碍发展和维持过程中的重要保护性因素(何丽等,2013)。此外,在哀伤心理辅导中,治疗师的共情、陪伴、支持和抚慰是决定疗效的关键因素;而在丧葬中,亲友和乡邻则在不自觉中运用了这些技巧,起到了"免费的哀伤抚慰师"的作用。而且,由于亲友和乡邻与丧亲者原有的关系或交情,抚慰效果往往更佳(徐春林,2007)。最后,亲友和乡邻们的帮忙减轻了丧亲者的心理压力。丧礼是民间仪式中最隆重、最讲究的仪式之一,有很多后事需要处理,这无形中加重了尚处于哀恸情绪中的丧亲者的心理负担。亲友和乡邻们通常"有人出人、有力出力、有物质出物质"(何秀琴,2012),协助料理后事,这使丧亲者在感受到温暖的同时也在一定程度上减轻了心理压力。

四 通过祭祀活动保持与逝者的情感联系

正如上一节提到的,依恋与哀伤双程模型理论强调与逝者保持情感的联系有助于哀伤的修复。Klass 认为,哀伤的结束并非结束与逝者的联系,而是用不同于逝者生前的方式在内心重新安置逝者(Klass,1997)。Hsu 等人的研究也表明,那些获得与逝者相关的某种重新联系的家庭,能更好地恢复(Hsu Min-Tao et al.,2004)。

在中国的传统文化中,殡葬礼俗中的各种祭祀习俗是一种与逝者联结的有效方式。安葬仪式结束后,家属会将逝者的遗像、牌位带回家中供奉。为进一步寄托哀思,死者家属还会定期进行祭祀,主要的祭祀活动有"做七、百日祭、周年祭、中元节祭祀以及清明节祭扫"等。"做七"是从死者去世之日起,亲属每七天供奉斋食祭奠一次,前后七次,共计四十九天,它是佛教斋会仪式的简化。满七至百日有百日祭,周年则举行周年祭。农历七月十五是中国传统的鬼节,汉族称中元节,是民间的一大祭祀祖先的节日。清明节也是民间的一大祭祀节日,是祭扫坟墓、缅怀先人的重要日子。此外,逢年过节或忌日,人们也会祭奠亡灵。丧亲者通过供奉遗像以及各种祭祀活动,使其觉得逝

者音容宛在，从而重建了生者与逝者的情感联系。这种"逝者依在的感觉能帮助丧亲者与逝者维持持续的情感联结"，一方面为其提供了精神上的慰藉，另一方面也可激励其重拾生活的信心（贾晓明，2005）。

丧葬文化和祭祀文化是儒家孝道文化的集中体现，人们甚至将之视作孝道的头等大事。"养生者不足以当大事，惟送死者可以当大事"（《孟子·离娄章句下》）。儒家尤为重视丧葬文化和祭祀文化，倡导"慎终追远"的孝文化，孔子向樊迟解释何为"孝"时就说："生，事之以礼；死，葬之以礼，祭之以礼。"（《论语·为政第二》）"孝子之事亲，有三道焉。生则养，没则丧，丧则祭。养则观其顺也，丧则观其哀也，祭则观其敬而时也。尽此三道者，孝子之行也。"（《礼记·祭统》）

殡葬礼俗提供了一个特定的时空，通过相对固定的仪式化的哀伤行为帮助丧亲者走出丧亲的阴影，其具有心理宣泄、转移注意、团体心理辅导、体验丧失的现实感、在心理上完成与逝者的分离、重建生者与逝者的情感联系、减轻丧亲者的自责与愧疚等心理治疗价值（贾晓明，2005；邱小艳、燕良轼，2014）。事后祭拜的行为可以缓解丧亲者的愧疚与自责，帮助丧亲者接受斯人已逝的事实。我国的丧葬习俗中鼓励与逝者的联结，但区分情感联结的不同水平和形式等，对于这些无意识的认知方式，我们不可以简单地认为它们是非理性的而加以否定。在灾难后，理解和尊重人们的这些无意识的认知和信念是很重要的，它们是哀伤修复的宝贵资源（李静、杨彦春，2012）。我国学者除了借鉴国外哀伤理论和研究进行深入探讨外，也正在积极地开展具有本土特色的哀伤研究。如探讨"孝"的观念、不同地域文化习俗、宗教信仰对哀伤过程的影响等，这是对哀伤理论的重要补充和探索。

第三节　鲁甸震后丧亲个案的哀伤历程分析

"8·03"鲁甸地震发生在贫困的山区，那里的青壮年几乎都外出务工，家中只留下年迈的老人和年幼的孩子。在"8·03"地震中，不知道有多少死去的孩子，是留守儿童。他们还没盼来与父母团聚的日子，却走得太突然，留给父母无尽的悲痛与愧疚。因为贫穷，这些父母不得不背井离乡；因为贫穷，他们离开自己的孩子，忍受骨肉分离，只为了给家人三餐温饱。然而，这突然的灾难让分离成为永远的分别，在等待相聚的日子，却等来了永远的离别。这是笔者陪伴一位丧子母亲走过的心路历程。笔者通过梳理人们在创伤后哀伤修复过程中的内在心理机制，希望能为灾难救援和促进受灾人群的心理复原寻找可借鉴的经验。

一 个案基本信息

李舒（化名），女，42岁，龙头山人，长期与丈夫在四川打工，家里有3个孩子，即大女儿（25岁）、儿子（17岁）和小女儿（13岁）。大女儿已成家，且育有两个女儿；儿子与他们一同在四川打工，地震前一个月回家养病；小女儿从小留守家中，一直由老人抚养。

李舒夫妇于地震前一周回到龙头山探亲。在此次灾难中，她的儿子和小女儿遇难。另外，家中的亲戚有11人遇难。李舒是腰椎爆裂性骨折，入院后20多天，不言不语，不哭泣，失眠，不理会家人。在这种情况下医生要求心理评估及介入。

在这样的情形下，笔者接触了李舒，开始了一周两次的心理干预。在这个过程中，笔者和案主一同走过了"希望与幻想、否认、悲伤、在过去与现实中摇摆、接受事实……"这个哀伤修复的历程。这让笔者看到了人们哀伤修复过程的内在心理机制和动力。同时，笔者也感激这样的经历让自己对生命、爱和家庭有了更多诠释。

二 受助者哀伤修复的历程

第一阶段：希望与幻想、否认

当我第一眼看到李舒，她憔悴、清瘦，眼神飘忽不定，嘴角不停抽动。为了让她比较快地接纳我，我从询问她身体的情况开始：腰的疼痛是否减轻了？睡眠和饮食怎么样？她反映，害怕响动，睡得非常浅，总是似睡非睡，并有严重的便秘。对于上述问题，我做了回应和解释。

接下来，我问她："你睡得非常浅，是否会做梦？是否梦到了什么？"当这个问题一问，她立刻回应："我想梦，拼命想梦，就是梦不到，我一个梦也没有。""你想梦到什么呢？是不是有很想见到的人，或者别的？"她沉默了。我回应她："我知道你这段时间很艰难、很辛苦，我不确定是否能帮到你，但是我很想陪陪你。"我坐在她的床前，看到在她的床上有个熟睡的小孩，两岁左右。她告诉我这是她的小孙女，入院后一直和她丈夫陪伴她。我说："你有福气啊，这么年轻就有孙孙了。"她苦笑道："有什么福气，她娘任是我唯一的安慰了，我的儿子和小女儿都走了。"接着，她开始给我讲述地震发生时的情景。"地震发生的那一瞬间，我被挤压在墙缝中，不能行动，他（丈夫）紧紧地拉着我，拼命地往外拽，可是我陷得太深，他用身体背着倒下的墙壁，我大喊：'你是不是想两个人都死在这里，你快走，快去救爸妈和娃娃。'他不肯放手，'死也要死在一起，我不放'，就在整面墙体压来的瞬间，他把我整个都拎了起来……"（后来她丈夫说，他也不知当时怎会有如此大的力气，竟然一只手能把她抓起来）随后，丈夫四处寻找两位老人，老人也被救了下来。当丈夫找到被掩埋的两个孩子时，他们已经死了。她告诉我："我紧紧抱住女儿，紧紧地用脸贴着她。她像是睡着了，浑身上下都是好好的，没有伤，就是睡着了，可是来救我们的人说她没气了，我觉得应该是可以救活。"她没有描述两个孩子的伤，她觉得他们都应该能活。在描述的过程中，她哭了（这是她入院后的第一次哭泣）。她不停地重复"两个娃娃是可以活的"，她一边说，一边浑身颤抖，我紧紧地拉着她，鼓励她讲下去。"如果他不救我，让我和他们一走了，我不会这样痛苦。我恨他，为什么要救我……"

听着她的讲述，我能感觉到自己浑身冰凉，眼泪不知不觉就流下来了，我紧紧地拉着她。我说："母亲最大的痛苦莫过于失去自己的孩子，我也是母亲，听着你讲述孩子们的经历，我的心都在颤抖，谢谢你愿意给我讲孩子们，这对于一个母亲来说太不容易了……"

【介入与反思】在接触受到创伤后的人们时，最难的就是让其主动开口讲述。当受助者开始讲的时候，有意义的治疗才能开始。在介入时，笔者是从关注他们的躯体开始，慢慢拉近话题。如果受助者回避，笔者就会立刻停下来，继续等待，让受助者知道笔者是安全和可以信任的。在接触伤员的过程中，"倾听、同理、无条件的积极关注"是治疗工作的根本，不要以救世主的姿态去看灾难中的人。创伤复原的过程，是自我整合的过程。这时候介入者需要陪伴受助者，推动他/她进入自我整合的过程。

我们可以看到，在这个阶段，李舒不言不语、不哭、不笑，这种麻木的状态属于创伤后的"认知休克"。灾难来得太突然,她的脑子"傻了"。大脑在突然遭遇严重灾难性应激时,正常的理性思维过程会中断成为"认知休克"。在这个时候,如果受助者不倾诉,不是他/她不愿意,而是他/她无法讲述,因为他/她的认知功能受到了抑制。让创伤中的人开口讲述是需要时间的。接下来,我们可以看到,受助者采用了"否认"的心理防御机制。"她好像睡着了""本来可以活下来""身上没有伤"……这些话几乎是每个灾难中的人都会讲到的。在辅导的过程中,"受助者是带着问题来的,也是带着资源来的",救助者一定要挖掘受助者自身的资源。李舒最大的资源就是良好的夫妻关系。在生死关头,丈夫对她不离不弃的爱,就是治愈的力量。

第二阶段:悲伤在工作

在接下来的一周后,我再次来到李舒的病房。这次她告诉我,她昨天做梦了,这个梦太美好了,梦中只有她自己一个人,在一个非常安静、非常美丽的地方,好像是森林,有草地,有高高矮矮的树木,没有任何人,没有想孩子,没有家庭,什么都没有,太轻松了(她笑了,一脸轻松的样子)。她说,可惜梦被周围的响动惊醒了,她很想永远地留在梦里。

我请她闭上眼睛,慢慢地去想那个梦,我问她:"你来到了哪里?周围有什么?你看到了什么?闻到了什么?手摸到了什么?……"就这样,顺应她的梦境,我给她做了想象放松。练习完后,她说好想留在梦里,无牵无挂。她说:"我时常告诉自己要坚强活下去,可是总感觉没有力气。天下这么多的路,走哪条都很艰难……"

她一家人都非常能吃苦。以前家里非常穷,但是丈夫和她都愿意为了儿女拼命地付出。他们一起和村里的十多个人外出打工,但是工厂拖欠他们6万多元的工钱,他们上访当地政府也无果。丈夫和她日夜牵挂工人的工资,"我们无所谓,现在也用不了,人都没有了,但是跟着我们的十多个人,他们家里又受灾又死人又没有钱"。

李舒告诉我,她儿子本来是可以逃过这一劫的,就是因为她才丢了性命。因为儿子从小就身体不好,她强迫他回龙头山养身体,这才碰到了地震。儿子从小基本都和他们在一起外出打工。她一直强调感到最愧疚的是小女儿。她的小女儿乖巧,学习又好,非常懂事,小女儿曾说:"妈妈,我可以一天只吃一顿饭,我希望你不要出去打工,你陪陪我","我最怕

开家长会，有一次开家长会的头一晚，我哭了一夜，最后我也想通了，以后一想你们就折纸鹤。"小女儿成绩很好，而且在学校组织的各种比赛和晚会上总是佼佼者，女儿告诉她："妈妈，我和另外一个同学竞争当主持人，我不想赢她，我怕她伤心。"（李舒一脸的幸福与哀伤）

她告诉我，地震发生时，女儿正在厨房给他们煮稀饭，刚煮好端出来时，地震了。我看到女儿时，"她的样子很难看，脖子上被划开了一个10厘米的口子，她的嗓管都断了，我看到了……她下面都没有了（她女儿的下肢已完全损毁），我紧紧地抱着她"（她第一次这样清晰地给我讲女儿死的情景）。

"我女儿肯定在恨我，所以她没有托梦给我，她托梦给她爸爸了，她爸爸看见了我们家走的11个人。他们背着包准备去逃难，还告诉她爸爸，不要来找他们，永远找不到的。"她说从出事到现在都没有梦到过女儿，她太想看到了。深刻的内疚感在折磨她，"没有陪在女儿身边，无论怎样都无法弥补"。

李舒告诉我，两个孩子的尸首还在殡仪馆冷冻着，并未下葬。因为他们还在择日子和选坟地，要"好好安葬，让他们后世过得安逸些"。孩子能入土为安，她和老公才能好受些。选了吉日，她的丈夫去办理了丧事。她丈夫希望他去办理丧事时，我们能帮忙照顾一下她，家中抽不出人手来照顾。之后，孩子下葬后做"头七"，我们的工作人员也陪伴着她，她对我们的信任与依恋更强了。

李舒是个内心敏感、细腻，又特别体惜别人的人。每次我见她时，她都会给我说："我不希望看见你，你应该在家里陪老人和孩子，不要来照顾我们。我心里很不安，你快回去陪你的家人。"李舒的提醒每一次都深深地触动我。确实，我们在忙碌中忘记自己最亲的人，我决定周末回去看看家人。

【介入与反思】在李舒能哭之后，表明她开始想倾诉了，"悲伤"开始工作。她讲述女儿死亡时的情景，描述得很细致，这说明她不再停留在"否认"阶段。可是，深刻的愧疚感仍然折磨她。内疚是幸存者受创伤后的最常见的情感反应，尤其是李舒，她对女儿一直怀有愧疚。内疚感是很难通过痛哭和表达愤怒的方式得到释放的。在处理的过程中，不必急于对内疚进行处理，它需要大脑对创始事件的整合。受助者会一遍一遍地回忆，寻找与死者有关的信息，这就是一个整合的过程。悲痛过后，理性思维建立，内疚感会慢慢得到缓解，尤其是在有了助人行为之后，内疚心理会得到补偿。救助灾难中的受助者，放松、催眠是很好的方法，可以帮助他们减低灾后的应激水平，调整那些因焦虑而导致的身体机能紊乱。

因为各种原因，李舒夫妇没有能及时安葬孩子。他们的内心是矛盾与不安的：一方面，想留住孩子的尸首，舍不得火化；另一方面，她表述"不入土，终归还是个孤魂野鬼……"中国的丧葬文化强调"入土为安"，"厚葬"以期待后世的圆满，这对李舒的哀伤修复起到了重要的作用。

笔者以医务社工的身份介入，不仅要对受助者进行心理陪伴，也要帮助受助者链接社会资源，解决实际问题。当李舒夫妇把他们在信访局的会谈记录、用工记录等资料给笔者时，"社工站"决定帮助他们找回工资欠款。"社工站"的社工详细地写了一份"情况说明"，联系了在鲁甸的四川服务团队，请他们协助解决问题。四川服务团队很快联系了当地的政府组织部，经过多番周折，1年后，这事情由当地劳动局出面，圆满地解决了。

第三个阶段：直面现实

（周末，我回家探望了我的孩子）当我告诉她，因为她的提醒，我回去看了孩子，她满意地笑了。她说："你的宝宝太小了，太残忍了，你做事不要太拼命了，母亲就是要守护自己的孩子……"天下母亲没有谁愿意与自己的孩子分离，骨肉分离的痛苦，得需要多么漫长的过程才能得到平复，才能把愧疚、悲伤的棱角修平，不要让它每时每刻都刺痛母亲。

她说："为了关心我的人，我在强打精神，可是觉得力量不够。"我回应她："你已经很勇敢，不要苛求自己这样快走出来，没有人能做到。"她说："我难过，我丈夫心疼我，他不说，总是一个人抽烟，我也想快点好起来……他说要带我离开龙头山，到外面做点轻松的活，我们现在也不需要钱，苦（挣）钱来，也没有人用了……"在灾难中夫妻间的相互扶持和体恤，是治愈她的最大资源。

李舒的丈夫从废墟中挖出了家里的一本影集，上面有孩子们的照片，还有孩子的同学和家人，可就是没有小女儿的照片。她很遗憾他们连个合影都没有。她手机的屏幕上有一张她女儿3岁时候的照片（非常漂亮的小

女孩，看着这张照片，我心里透心的凉）。这张照片还是小女儿自己用手机拍下来后发给她的，这是唯一的照片。我建议她让家人去学校里找找，学校的墙上一般都贴着学生的照片。

时值中秋节，我们为伤员举办了中秋晚会，他们全家人都来参加了。晚会最后，我们放飞孔明灯。夫妻俩跑了很远，把孔明灯放了。我知道，这一定带着他们的心愿和思念。第二天，我去病房时，她告诉我，她丈夫昨晚梦到了家里死去的11个人聚在一起吃饺子，很开心的样子。她放心了，但是孩子还是不能原谅她，只托梦给丈夫。我问她："你了解女儿吗？她想什么，你知道吗？"她说："我明白她的心思。"

即刻，我让她扮演"在天上的小女儿"，并且讲一段女儿在走前没有来得及说的话。她扮演女儿时，这样说道："妈妈，我知道你在想我，我也很想你，我也不想和你分开，你要养好伤，你快快乐乐，我也才会快乐。妈妈，我在这边过得很好，（死去的）一家人都在一起……"李舒哭了，哭得很痛快。我感受到，她整个身子都是颤抖的，这是蓄积的悲伤的力量在释放。

【介入与反思】李舒不只停留在对孩子过往的记忆中了，她开始接受现实，在现实中努力去寻找与孩子有关的线索，把孩子的过去和现在连接。人的大脑总有一种完美的倾向，就是把空白的信息填补。她开始参与我们的小组活动，小组中同病相怜的人们，相互支持，形成了灾难后的"共生体"。这个灾难"共生体"对于其康复意义重大。每一个人的倾诉就是其他共生者的心理反应，在别人的感受中释放自己同样的情绪，这种相互的心理反应十分有助于彼此负性情绪的释放和表达。"共生体"中还表现出了灾难后的行为互动（杨彦春，2012）。因此，我们在辅导伤员时，努力地为他们建造这个"共生体"，并提供了小组、晚会、影评等多种形式，增加每个人生命的连接。

在中秋节来临之前，是否举办中秋晚会，"社工站"做了充分的准备。在离中秋节还有半个月的时候，我们的社工来到每个病房问伤员两个问题"你们希望怎么过中秋？为什么？你们希望我们举办中秋活动吗？为什么？"最后记下希望过中秋晚会的伤员，中秋节前，我们邀请他们。中秋晚会很让我们感动，能走动的伤员都来了，大家很开心，有位伤员说："今天是我们重生的日子，让我们就唱生日歌吧。"其实我们通常会低估创伤中的人们的治愈能力，尤其有团体的动力,这样的集会让灾难后的"共同体"更紧密。

第四个阶段:新的可能性的开始

再一次来到病房,我看到李舒的心情有很大好转,嘴角也不再抽动。李舒的丈夫去学校找来了小女儿的照片,她拿出来给我看,一张张地讲。照片上,一个很可爱的孩子,能歌善舞,照片是学校里文艺演出、班级活动时拍的照片。她手上戴着丈夫从废墟中挖出的小女儿给她买的手镯,我夸这个手镯非常漂亮,非常适合她,她高兴地笑了。其实受助者很漂亮,她好像年轻了许多。但是一提到女儿,她还是眼眶发红,我很害怕看她的眼睛。大女儿给她带了个笔记本电脑,她想看看小女儿参加文艺演出的光碟,但是没有安装播放器。我们把它弄好后,她一遍一遍地看着女儿的演出录像,虽然每次看都在哭泣,但是还是忍不住,一直在看。

周五晚上,"社工站"放了电影《暖春》,她来看了。第二天,我去到病房时,她给我说:"昨晚的电影太感人了,小花,那么小的孩子都这么坚强,我也要坚强,我还有很多事情要做……龙头山有那么多的孤寡老人,他们没有人照顾,我想去做点事……"她和丈夫告诉我,对面病房有个可怜的86岁的老奶奶,伤得不轻,是个"傻儿子"在照顾。有一天她儿子丢了,半夜老奶奶让病房的人陪着出去找。李舒和丈夫就经常去帮助老奶奶,给她带饭,经常照顾她。

最后一次看李舒,是在她出院前。我们决定给李舒夫妇做一次家庭辅导,辅导的目的,在于增强夫妻之间的沟通,让夫妻之间不再把与孩子去世有关的话题作为禁忌,说出彼此的感受,不去刻意规避。丈夫说:"说出来好受多了,前些日子,一不好受就去喝酒,喝醉了,一动不动,又把她(妻子)给吓着了……"我回应他们:"你们彼此都小心地照顾对方的情绪,都很心疼对方。当她第一次给我讲,你救她的情形,我深深地被感动,好似看电视剧。我听说,你还要带她离开这个伤心之地……拉拉她的手,就像地震那天一样,告诉她,你有多爱她。"丈夫可能不善于这样表达,他说:"平时我也不会说什么,结婚这20多年来,我一直对你都没有变过,都是一个样,我怎么会舍得放开你的手……"(他紧紧拉着李舒的手)李舒羞涩地笑了,像个少女。

此次辅导结束,丈夫觉得轻松了,心里不再憋得难受。为了弥补没有

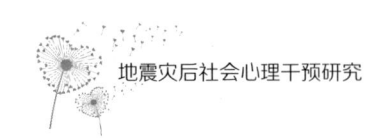

全家福的遗憾,我们决定给他们家人拍一张全家福。拍照的那天,她打扮得很漂亮。拍摄时,留下了两个死去孩子的位置,然后,我们把两个孩子生前的照片填补进去,给他们合成了一张全家福。

【介入与反思】认知取向的创伤后应激障碍研究者认为,创伤性事件(如亲人意外死亡)可能动摇或挑战了个人的核心信念,个体能否恢复在很大程度上取决于丧亲者能否将创伤事件整合到原先的信念中。因此,情感吐露和谈论创伤性事件可能促进幸存者的认知重构,进而有益于良性的恢复(李雪英,1999)。这与"悲伤过程假设"有相似之处,但强调的重点不同。前者强调整合重构(Restructuring),后者则强调在心理上与逝者逐步分离(Detachment)。在该案例中,我们可以看到李舒在一遍遍地观看孩子的录像,纵然看得泪流满面,但还是希望我们能为他们圆"全家福"的梦。这些细节表明:她在认知层面对与孩子相关的信息进行了整合,可以直面死亡这一事实;"全家福"是与逝者保持联结,在象征层面得到了"圆满"。

在重大灾难发生的时候,家庭会变得异乎寻常的紧密,家庭保存下来的资源(物质的、经济的、情感的、行为方面的)会立即对家庭成员进行救护(李静、杨彦春,2012),这也是人类适应自然环境的生存方式。中国传统文化是以"家"为纽带,以"血缘"为本的文化结构,这些都是宝贵的心身康复资源。对于灾难后的伤员来说,待在医院里,有家人的陪伴,这是最人性化的管理。家人的陪伴与抚慰,使得创伤愈合要容易很多。很多时候,我们不是去给伤员做辅导,而是给家属做辅导,告诉他们应该怎样疏导伤员,告诉他们应该怎样开口把"爱"表达出来。李舒就是拥有了这样的良药。

第五阶段:安置过去与新的可能性

地震后一年,我们在社区回访伤员时,特意去了李舒家。他们刚搬进新房子里,家中整洁、干净,虽然家具很少,但家很温馨。我们一进门就看到桌子上摆放着那张"全家福",李舒看到我注视着这张照片,她连忙说:"自从你们做好后,这张照片,我们走到哪里就带到哪里……让两个孩子也看看我们的新家……"家里还摆放了两个孩子的"牌位",供奉着新鲜水果,点着香火。李舒告诉我,她和丈夫每天都积极地做事情,早上5点多,丈夫就开车去县城拉蔬菜、水果到镇上,他们早上比较忙一些,挣的钱也够花了。下午生意淡，空闲时间多，闲下来还是会想到两个孩子。因此，他们还想再要个孩子，现在在吃中药调理身体。他们觉得太孤单了，有个孩子就有个念想。

震后第二年，在与李舒的联系中，她告诉我，再生育有些困难了，也想过人工受孕，但最后因各种原因放弃了。他们开始在山上种植农作物、养鸡，并且把两个孩子的坟迁至离他们的地不远的地方，这样就可以随时看着孩子，也让孩子们可以看到他们。李舒夫妇心里一直感到愧疚，说他们没有陪伴孩子，尤其是小女儿。他们想用这样的方式与逝去的孩子保持联结，也希望用这样的方式陪伴孩子。她在电话里说："我想让孩子可以随时看到我们在做什么。他们在天上一定会看到的，会高兴的。我和他们的爸爸都在努力做事，我也希望他们能这样陪着我们……"

震后的第四年，有一天，李舒给我发来微信，激动得有些语无伦次："我捡到了一个孩子，是个男孩……这是老天给我的礼物，我太珍惜这个宝贝了，我的新生活来了。"随后李舒给我发来孩子的照片，还有她怀抱孩子的照片。从照片上可以看到，她很清瘦，脸上的表情是悲喜交加。她告诉我，她要好好地把这个孩子养大，其他的都不奢望了……之后的半年内，她经常给我发孩子成长的照片，给我讲述在为孩子落户口的过程中的种种艰难。每次，我都能感觉到她现在的快乐，更多的快乐来自对这个孩子的照顾。她想把之前没有做到的爱，在这个孩子身上弥补。

【介入与反思】每次与李舒的联系，都让我深深感受到灾难后人们的复原力。她在积极地寻找着生活的意义，并没有让悲伤吞噬。他们用自己特有的方式在内心中安置逝去的两个孩子，按照中国的传统在家摆放孩子的牌位、摆放"全家福"、把孩子的坟墓放置在举目可及的地方等，他们始终与这两个孩子保持情感的联结，用他们的话来说就是"相互陪伴"。正如 Shuchter、Zisook 等人的研究表明，与逝者的情感联结存在多种水平，事实的、象征的、内化的和想象的联系，事实的联结虽然消失了，但其他的形式可能保留下来，甚至发展出更精细的形式（Stroebe and Schut, 2005）。我国台湾学者的研究表明，丧亲后恢复到和谐状态的常见方式是获得了与逝者的某种重新联系（Reconnection），家庭努力维持一种整体性，并保留对逝者的象征性想象，与逝者的重新联系是台湾地区的人们化解悲伤普遍能接受的方式（Hsu Min-Tao et al.,

2004）。从李舒的案例中我们可以看到，李舒在哀伤修复的过程中，表现出正常的悲伤，仍然保留着与逝者的情感联结，但悲伤在逐步减弱。她逐渐地适应现实生活，能从正面重估丧失经验。我们看到了李舒在哀伤修复的双程模型中表现为灵活地摆动于丧失导向和恢复导向之间，正如现有研究表明："悲伤过程假设"的核心论点"与逝去的亲人在内心逐步分离"过于"简化"了，远远不能涵盖哀伤过程中的诸多因素（刘建鸿、李晓文，2007）。

李舒夫妇积极创造新生活，想各种办法让生活充实，努力改变现状。有了养子后，新的希望让他们的生活充满了更多的可能性，正如李舒所说："新生活来了。"创伤后，重拾希望，赋予生活新的意义，这是创伤后的成长。在第五个阶段中，笔者的角色是个倾听者、鼓励者和分享者。笔者对她的勇气和行动力加以肯定，深度的共情，让她感到自己也是有价值的。在这个过程中，笔者自己也是获益者，目睹了她整个哀伤复原的历程，看到了灾后幸存者的韧性和力量，也看到了生命的丰富与张力。

第六章 灾后心理救援的新视角

第一节 社会工作介入灾难后心理救援的路径探索

在国际上，社会工作介入灾后心理援助已经比较成熟，例如，美国、日本、新加坡等国家已积累了相当丰富的灾后社会工作介入心理危机的经验，并逐渐形成了救助体系（边慧敏等，2013）。根据我国台湾"9·21"地震的启示，灾后社会工作可以按时间划分阶段完成心理重建（冯燕，2008）。我国学者王思斌和顾东辉等提出，社会工作在灾后心理救援中往往协助政府，承担着助手的角色。在灾后心理援助中，社会工作提供着心理危机干预、应激性心理障碍追踪治疗、社区心理重建等服务（王思斌，2008）。社会工作是"灾后心理援助的极佳途径和行之有效的策略与方法"（贾晓明，2005）。"5·12"汶川地震后，在外力的作用下，社会工作蓬勃发展，并催生了不少社会工作服务机构，它们在灾后救援和灾后重建中发挥着重要的作用。灾难后对特殊人群，如受伤幸存者、丧亲者等开展医务社会工作，帮助其身心康复应当属于灾后社会工作介入的重要范畴。

一 社会工作介入心理救援的可行性分析

"5·12"汶川地震后，大量的心理工作者涌入灾区开展心理救援。心理工作者水平参差不齐、专业方法不一等，导致在灾区流传着"防火、防盗、防心理辅导"的流言，一度让心理救援工作陷入了尴尬的境地。"8·03"鲁甸地震后，民政部首次把社会工作纳入救灾体系中，社工以"合法"认可的方式进入灾区，展开系统的服务，他们的服务能力得到了灾区民众的肯定。医务社工的工作得到了政府、医院等相关部门的支持和患者及其家属的充分肯定。我

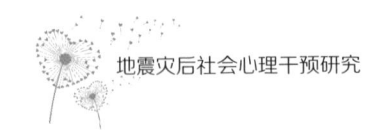

们从实践工作中得出结论：社会工作为灾后心理救援提出了新的工作理念与方法，从社会工作的视角出发开展灾后心理救援，具有适用性和可操作性。

(一) 社会工作"平等"和"多元化"的专业价值观

社会工作专业价值更强调平等、人道主义和改善人与社会环境关系的理想追求。社会工作专业价值决定了专业角色的"平等"和"多元化"，容易被灾区群众接纳。社会工作者体现的专业精神是不过度强调专业角色，社会工作者是协同者的角色，强调心理救援中的陪伴功能。社会工作者并不是以"专家"、"教育者"或"权威"的身份出现，强调的是"仆人"精神，拉近了与受灾群众的距离。在服务过程中，社会工作者灵活地扮演各种角色，如协调者、资源整合者、倡导者、个案管理者等。在灾后无序的状态下，社会工作者充当了资源整合者，利用一切可以利用的社会资源。同时，社会工作者在群众与政府之间架起了沟通的桥梁，必要时运用倡导策略，推动相关社会政策的完善。这些角色体现了社会工作在改善人与社会环境关系时的理想追求。

(二) 社会工作的"常态化"视角

社会工作以"常态化"的视角看待受灾群众灾后的心理反应。通常人们认为，主流的心理援助者是心理咨询师、心理治疗师或精神科医生，然而，这样的专业身份很容易使其服务对象被贴上精神病患者的标签，引起灾区群众的排斥。同时，从心理专业的角度对灾后心理创伤的过度强调，也会给灾区群众形成负面的心理暗示，似乎经历了重大灾难创伤之后就一定会有心理问题，需要心理干预（贾晓明，2005）。"5·12"汶川地震后，在灾区安置点，心理咨询师见着灾区群众就要为其做心理咨询，进入灾区学校为全体学生、全体老师不断进行团体心理干预……这些心理援助工作状况值得反思（贾晓明，2005）。

大量的研究表明，灾后心理治疗的目标人群并非全体受灾群众。自然灾害或重大突发事件之后，20%~40%的受灾群众不需要特别的心理干预，他们的症状会在几天至几周内得到缓解（世界卫生组织、战争创伤基金会和世界宣明会，2013）。即使经历了重大创伤，灾区群众的许多反应也都是正常反应，必然会经历一个痛苦的过程，之后许多人会自愈。人类的心灵有强大的自愈能力，这也是人类在千万年进化过程中形成的一种自我保护机制。当面临灾难或创伤时，以"常态化"的视角去看待灾后幸存者的心理反应才是科学的。"常态化"视角，强调并非经历了重大灾难创伤之后就一定会有心理问题，一定需要心理的介入。社会工作者强调"常态化"的介入，从灾区群众的日常生活照顾开始，适度、适宜地提供帮助，这样可以减少对灾区群众的负面心理暗示。

二 社会工作介入心理救援的可操作性分析

（一）社会工作取向的心理救援是看似"无为"的"有所为"

社会工作取向的心理救援往往是在"无为"状态下的"有所为"。心理咨询"来者不拒，去者不追"的原则（张日晟，1999），并不适用于灾难后的情况。社会工作对于受灾群体应该是"来者不拒，去者要追"，要主动关注，并提供适时、适宜的援助。常用的心理援助方法，如心理咨询、危机干预、团体辅导等，常被规范在心理层面开展工作，似乎心理援助并不关注灾后人们的实际生理和心理需求，这导致灾区群众对心理援助的疏离和不信任。社会工作视角下的心理援助以解决幸存者的实际困难为出发点。只有建立了良好的关系，才有可能采用具体的心理治疗理论和助人技巧进行介入。在社会工作中，只有与受灾群众逐步建立信任感，才能自然引入心理干预的方法，达成心理工作的目标。社会工作者的心理救援行动，从一开始的陪群众聊天、做农活、打麻将、跳广场舞，到哀伤辅导、心理咨询、小组工作等，是一个循序渐进、"不显山不露水"的过程。只有采用这样的方法，灾区群众才易接纳和配合。

心理援助应被视为所有心理帮助的途径与方法，这样的心理援助概念为心理救援提供了更加广阔的讨论空间，跳出了心理咨询/治疗、心理危机干预的"制式化""正规化"语境，从多元的视角去看待灾后心理救援。社会工作的理念与方法正好提供了这样的视角。

（二）社会工作取向的心理救援是因地制宜与灵活多样

社会工作方法强调行动和资源的整合，强调解决实际困难，具体工作方法也会因地制宜、灵活多样。社会工作者具有更大的灵活性，可以在灾难现场提供人员安置、物资发放、伤亡抚恤、协助殡葬处理、伤者照顾、哀伤辅导等服务。例如，医务社工在医院帮助无家属陪伴的伤员洗头、吃饭，陪同其进行医疗检查等。同时，社会工作者可以根据实际情况，大量使用社会工作方法，比如个案管理工作方法、社区工作方法等。个案管理是社会工作新发展出来的一种助人模式。一些在安置点或学校心理援助站的工作人员，为有多重问题的受助者如孤儿、伤残者，建立档案，评估其各种需要，积极寻找各种资源帮助他们，如寻找经济资助、联系其他幸存者等。社区工作方法更具有多样性和灵活性，如在灾区安置点为群众播放电影，入户家访，鼓励并帮助丧亲家庭用民间的方式进行哀伤修复，帮助受灾群众生产自救等。总之，社会工作者在遵从专业理论规范的前提下，通常首先满足群众急需的生理、生存需求，协助群众解决实际困难。这样"接地气"的灾后救援，群众乐于接受，他们感受到的是平等和支持。

（三）社会工作取向的心理救援是灾后"政社合作"典范

社会工作者通常扮演着社会政策执行者的角色。政府在灾后心理援助中起着中流砥柱的作用，社会工作开展灾后救助服务需要切合政府的救灾方针。在灾难救援中，社会工作者发挥着枢纽和直接的服务提供者的功能。具体来说，社会工作者在灾后救援中，可以把散落在民间的各种救援资源整合起来，成为政府救援的有力补充，同时又成为服从政府统一调配资源，避免救援资源分配不均、救援效率降低等问题的不可或缺的力量。例如，非政府组织具有非营利性、民间性、服务性和志愿性等特点，在我国的灾后心理援助中，非政府组织队伍在近年来得到了壮大，但其组织结构的随意性和复杂性，组织中志愿者社工专业技能缺乏等问题，影响着非政府组织功能的发挥。因此，需要专业社工机构对非政府组织进行系统培训，提高非政府组织的服务质量和工作效率，积累实务经验，这样它们才能在救灾活动中茁壮成长。除此之外，在心理救援过程中，社会工作者善于整合跨专业合作的资源，使灾后跨专业服务落到实处。社会工作组织在灾后心理援助中的资金往往是其开展救援工作的一大瓶颈，破除这个限制性因素，需要探索政府、慈善组织、基金会、企业和个人等资助方与社会工作组织的经济合作机制。由于我国灾后心理援助的政府行政性较强，政府救援占主导性地位，而社会工作组织又有其灵活性和专业性的特点，因而政府组织和民间社会工作组织建立起了合作平台，形成协作机制，发挥起两者的整合性力量，从而为灾后幸存者提供专业化和全面的心理援助服务。政府部门、专业社工和民间组织要联合起来，共同推进灾后心理援助工作的发展。

"8·03"鲁甸地震灾后救援是"政社合作"形式的一大突破。民政部派出的五支队伍和云南本地队伍，在云南省民政厅社工处的指导下，搭建了"8·03"鲁甸社会工作公共平台。公共平台的搭建，使得几支社工队伍共享资源、互换信息，避免了有的地方资源匮乏，而有的地方资源过度集中。更重要的是，平台加强了政府部门和社工组织的对话，把"政社合作"落到了实处。同时，在开展整个灾后救援前和救援过程中，民政部组织各省社会工作非政府组织开展了多次针对鲁甸灾区的社会工作实务培训，明确了整体救援方向，规范了非政府组织管理，创新了非政府组织的服务形式。总之，"8·03"地震后，中国首次尝试医务社工介入灾后伤员的心理救援，具有里程碑意义。该救援模式之所以能行之有效地推动与执行，得益于民政部、云南省民政厅、昭通市卫生局，以及当地医院管理者在政策上、资金上的大力支持，得益于香港择善基金会、思健基金会的资金支持。

三 社会工作在灾后心理援助不同阶段的实施方法

灾难发生后的灾后重建大致分为三个阶段：第一个阶段为灾后1周内，称为紧急救援期；第二个阶段为发生灾难后的前3个月，称为灾后初期或灾后"蜜月期"；第三阶段为灾后3个月到数年的时间，称为灾后中长期或重建期。社会工作在灾后的三个不同阶段都有介入的空间，承担着灾后心理救援的重要任务。

（一）社会工作介入"紧急期"的心理救援

第一阶段紧急期救援的主要工作目标是生命安全的维护，包括生命救援、临时安置、危机处理以及需求评估等。本阶段的心理干预目标为稳定受助者的情绪，消除其焦虑和恐惧，帮其进行心理宣泄等。心理救援者提供的干预更多的是一种心理服务，而不是正式的心理治疗，服务的对象是所有的受灾人群。在这一阶段，社会工作者在第一时间进入第一现场，开展应急救援，妥善转移安置受灾受困群众，在第一现场发放救灾物资，提供救灾资金，维护社会秩序，开展心理抚慰和心理疏导工作。同时，逐步了解灾区、灾区群众需求的变化，不同身份（如儿童、青少年、老人等）、不同特征人群（丧亲者、残障儿童）的需求，并将需求与政府或是重建单位进行联结。在这个阶段，社会工作者要充分发挥支持者的作用，在进入灾区后与其他救援队伍配合完成受灾群众生命财产的救援，同时为受灾群众提供温暖、安全的心理陪伴，帮助其解决实际困难。"8·03"灾后1周内，医务社工开始对伤员进行床旁心理陪伴，进行每日"心理查房"，把伤员的情绪状况及时与医护人员沟通，配合医生治疗。社会工作者除了给伤员情绪上的支持外，还帮助伤员和家属做力所能及的事。如为没有家属的伤员提供日常的照顾；对社会工作者难以安抚的小孩，社会工作者用手偶故事会、绘画等方式陪伴孩子；利用社工网络资源和相关的政府部门资源帮助与家人失去联系的伤员找到家属。同时，社会工作者还为前来参与救援的志愿者提供上岗前的培训，规范心理陪伴的原则和方法。

(二) 社会工作介入"蜜月期"的心理救援

第二阶段为灾后初期，也称为灾后"蜜月期"，心理干预目标是帮助受灾人群进行心理宣泄，处理其紧张焦虑的情绪；帮助受灾人群寻找解决问题的方法，找到正向资源以及适时、有效的应对方式，改变其认知偏差，帮助他们建立勇气和信心。在这一阶段，社会工作者可以充分发挥多种角色的功能，比如心理支持者、资源链接者、使能者等。社会工作者可以灵活采用多种方式对受灾群众进行心理上的陪伴，如主动走近灾区群众，深入安置点的帐篷、板房、学校、医院等地直接了解情况，在现场发现问题时直接提供帮助或介绍转诊。只要在心理层面提供了帮助，不管是什么方法，都可以称为心理援助的方法。如组织灾区群众看电影、帮助其恢复生产自救、带小朋友玩耍、进入帐篷和板房做探访等，这些都在一定程度上帮助了灾区群众，使他们的情绪得到宣泄与调整，提升了安全感。"8·03"鲁甸震后1~3个月内，医务社工对伤员进行每日"心理查房"，从每天一次到每周两次，最后到每周一次，直到全部伤员出院。更重要的是，在这个阶段，医务社工建立了"家庭资源中心"和"少儿玩教中心"两个活动室，分层次对伤员进行心理干预，主要活动包括团体心理辅导、家长小组、健康讲堂和康乐活动，其目的在于增进伤员灾后身心康复，预防创伤后的心理疾病。

(三) 社会工作介入"重建期"的心理救援

灾后的第三个阶段为重建期，该阶段是心理干预的关键时期（龙迪，1998）。因为本阶段的幸存者开始有了求助动机，也最容易受到别人的暗示和影响，心理救援者对处于这一阶段的个体影响最大。这一时期，心理救援者若能为受灾人群提供符合其心理需求的援助，就可以帮助他们顺利渡过危机，并能有效降低创伤后应激障碍（PTSD）的发病率（Reyes and Elhai，2004）。提供心理援助的社会工作者在灾区逐步建立了稳定的心理援助机构，有了固定的工作人员，但其仍然关注灾区民生，关注灾区群众整体生存、生态环境的状况，在一定范围内帮助所在社区进行生活重建和社区重建。他们更着手于向灾区群众进行心理重建的宣传，有针对性地对丧亲者、致残者、经济严重困难者等提供系统的心理帮助，对日益显现的严重心理创伤者提供直接的心理干预。"8·03"鲁甸震后3个月，伤员基本都出院了，医务社工的工作从院内转移到社区，他们在灾后18个月内先后完成了两次社区回访评估。社区回访主要是评估伤员的身体康复状况、心理健康状况，同时评估社区提供给伤员的康复资源及伤员对康复资源的利用度。因此，我们特意把社区回访地点安排在社区的乡镇卫生院，同时邀请了驻地社工参与回访。通常，这样的方式可以促进社区资源的整合，提高伤员对社区康复资源的知晓率和利用度。

第二节　鲁甸震后医务社会工作介入心理救援的特点分析

一　多学科合作的心理救援

自然灾难发生后，房屋倒塌情况、财产损失情况、亲人伤亡情况、政府的救济力度、物资的发放公平与否等社会心理因素，都会影响人们的身心康复。康复是在一定的社会生活环境中人与环境的良性互动过程。医院为社会工作者开展跨专业合作提供了天然土壤。"8·03"地震后，昭通市第一人民医院涌入了大量的心理咨询师和志愿者。在"社工站"和医院护理部的通力合作下，主管单位快速筛选出一支由医护人员、社工、心理咨询师和精神科医生组成的干预队伍。这支队伍在服务中各施所长、相互配合，是一支团结互助的队伍。在救援过程中，需要重点关注的伤员，心理咨询师定时提供心理辅导；在必要时，精神科医生会进行药物治疗。医务社工把个体心理干预定位在心理陪伴，社工用"泡病房"来形容最初的工作，每个社工负责若干间病房，每天帮助伤员做些实事。例如，陪伤员检查、替换家属照顾伤员、给孩子讲故事、辅导作业等。在慢慢和伤员建立了信任后，进一步的心理疏导才开始。

我们整个团队的合作救援就是提倡把心理疏导寓于日常的治疗和护理工作

之中。毫无疑问，每天看护伤员的家属、病友和每天参与治疗的医护人员是最佳的人选。所以，"社工站"进入医院一周后，开始对医护人员进行了心理陪伴基本原则和相关技巧的培训，让其了解心理陪伴中"可为"与"不可为"的事情。医护人员有意识地把心理疏导寓于日常的治疗和护理工作之中，尤其是重症伤员的心理疏导，大都由护士完成。对于筛查出来需要重点关注的伤员，心理咨询师会定时提供心理辅导，反馈伤员情况。在必要的情况下，精神科医生会进行药物治疗。随着与伤员关系的逐渐建立，社工或者心理咨询师会使用不同的小组工作方法集体处理悲伤情绪。后来不少伤员在回忆时说道："刚开始你们来，我不敢看你们，害怕你们又来问我……"任何有效的治疗，都是建立在信任关系上的。无论是理论还是实践，都提示：灾后心理救援一定是细微处见真情，"不显山不露水"，把心理救援寓于日常的与受助者的互动中。

二 文化适应性的心理救援

我国幅员辽阔，地域文化差异显著。在少数民族地区的人文环境中，常规心理援助模式会受到宗教信仰、民族习惯等因素挑战。杨彦春（2010）等人在汶川地震心理救援中强调，"本土化"的心理干预是借助于文化对灾后幸存者本身具有的表达功能、交流功能、认知信念、行为习俗的共同方面，发展出符合灾后幸存者需求和文化的、可接受的心理干预方式，使灾后幸存者的个人体验、态度和情感得到充分的宣泄和表达。"本土化"的心理救援是发展出符合灾后幸存者需求的、可接受的和具有文化适应性的干预。

鲁甸是回族聚居、其他民族杂居的地区，拥有独特的文化背景和恶劣的自然条件，而且，人们受教育程度低，经济文化信息闭塞，这些因素使得常规的心理干预方法并不适用。尝试让宗教信仰、当地文化习俗与心理辅导配合，寻找信仰中积极的教义和宗教行为中具有治疗意义的仪式意义重大。例如"社工站"在建立的"家庭资源中心"中专门布置了"礼拜堂"，鼓励伤员去礼拜，支持伤员参与宗教活动；谨慎处理民族风俗习惯、地方风俗与咨询冲突的地方等；维护灾后人们的本土文化生活和宗教活动的正常化，这些都是"本土化"的心理干预。挖掘和利用"本土"专家是行之有效的方法，"空降"专家，在偏远、文化水平偏低的人们心目中，没有"专家效应"；相反，"本土"专家和受灾群众有共同的语境，他们在接受心理危机干预培训后，结合自身的优势再开展服务，效果理想。

在具体的干预中要注重中国特有的文化因素。"社工站"通常以关注伤员的躯体情况为切入点，如饮食、睡眠、梦、疼痛等，这样不仅能拉近与伤员的距离，开启话题，也符合中国传统文化。中国文化注重"忍"，因而国人习惯压抑情绪，此时人们心理上的创伤往往在躯体层面表达了出来，疾病的躯体化水平高。对灾后幸存者进行心理援助时，尤其要关注其睡眠问题，只有解决好了睡眠障碍，才能有效地开展深入的 PTSD 的防治工作。在"社工站"服务过程中，伤员常反映梦多，亡人"托梦"。我们鼓励伤员把梦细致地讲出来，包括看到什么，听到什么，感受是什么，想到什么。通过释梦，积蓄的负性情绪和能量才能得到释放，这也是帮助伤员整合创伤经验的过程。梦反映了人们未满足的或压抑的心理需求、内心的心理冲突等，灾后，人们的梦大都为"创伤梦""焦虑梦"，正如弗洛伊德所解释的"创伤梦为潜意识对于创伤的执着"（弗洛伊德，1993）。这启示我们：灾后人们在各种正性力量的支持和鼓励下，他们要求自己坚强，要求自己遗忘痛苦，而越这样要求自己，往往内心冲突越厉害，痛苦感越明显，晚上只能以梦境的形式出现。这是因为潜意识里蓄积了太多的负性能量，并没有被疏导出来，通过释梦的过程，积蓄的负性情绪和能量才能得到释放，从而帮助伤员整合创伤经验。同时，人们走出灾难是一个心理自我疗愈的过程，陪伴和尊重是最重要的。

三 以家庭为本的心理救援

灾后心理救援应从系统的生态观出发，挖掘幸存者所在的生态环境中的有利资源，把资源、优势扩大化以降低、削弱不利因素的影响。"8·03"鲁甸震后伤员生活环境中的有利资源，如社会资源、文化资源、家庭资源、社区资源、医院资源、邻里与病友、医患关系等都是可以开发和利用的。相关单位可以通过各种社会活动、宗教活动、社区康乐活动等倡导与呼吁促使这些资源整合，构成伤员的社会支持系统。在众多的有利资源中，最重要的是家庭资源。

本土文化取向的心理干预尤其重视家庭层面的干预。在重大灾难发生的时候，家庭会变得异乎寻常的紧密，家庭保存下来的资源（例如物质的、经济的、情感的、行为方面的）可以立即对家庭成员进行救护（李静、杨彦春，2012），这也是人类适应自然环境的生存方式。中国传统文化是以"家"为纽带，以"血缘"为本的文化结构。与西方文化相比，中国的传统文化更强调家庭的团结、家庭的凝聚力，还提倡尊老爱幼、互尊互爱，这些都是家庭复原力的宝贵资源。尤其在自然条件恶劣的农村边缘地区，家与家族的观念更强，多为几代人同住一个大家庭，老人具有很高的地位和权威，承担重要的责任并做出家庭决策，崇尚的价值观有：孝敬、勤劳、节俭、礼节，注重家庭和家族的荣誉和家业。"8·03"鲁甸地震灾区，有的山坡上住的仅是一个大家族的人，或者三五户人家就是一个寨子。这些家庭之间、家族中的人之间相互支持，以保证生存和繁衍。当我们在问及"你家人都平安吗？"时，所有人的回答都涉及扩大家庭，并非仅回答核心家庭的情况。在他们的观念里，家庭就是扩大家庭，是由叔伯兄弟组成的家庭。如果在做家庭辅导过程中，沿用西方以核心家庭为主导的家庭治疗理论，必然会受到一定的挑战。在服务这些伤员时，他们的家庭总给我们"绝处逢生"的感觉，其家庭蕴含的力量非常强大（Walsh，2002）。在中国"家为本"的文化背景下讨论家庭复原力，是最有必要的和最有效的心理救援手段。

四 "政社合作"保障心理救援的力度

从"5·12"汶川灾后社会工作服务的经验来看，社会工作的开展需要政府的足够支持和协助。政府需要与社会工作服务机构建立起良好的合作机制和互信、平等的合作伙伴关系，形成以政府为主导、以社会工作机构为主体的社会工作运行机制（边慧敏等，2013）。"8·03"鲁甸地震灾后，民政部首次把社工纳入救灾体系中，保障和提升了社会工作的合法性。然而，社会工作仍然面临很大的挑战。例如，医疗、心理救助必须在国家法律法规规定的范围之内，并在有关政策、法律法规的指导、监督之下进行。然而，我国关于灾后医疗救助、心理重建这部分以法律法规的形式仍体现得不够。

从某种程度上说，"社工站"在医院的服务带有"行政"的色彩，就是说正是因为有了当地民政部门的支持，"社工站"才得以在医院开展跨专业的服务。在这样的背景下，"社工站"也才得到了医院的支持，得以顺利开展工作，同时，我们的工作也被纳入了医院伤病员救治的一个环节。然而，这是一把"双刃剑"，这也给我们的工作带来了不利的一面。医生和伤员都认为，"你们是政府派来解决问题的人"。在服务过程中，很多涉及医院和伤员的实际问题，我们却无法解决，社工只有倡导的权利和义务，而医院和伤员们需要的是立竿见影的效果。医院和伤员的很多实际问题是需要政府部门之间协商，需要有相应的政策出台，并以法律法规的形式进行规范。

"8·03"鲁甸震后"政社合作"形式虽然是一大突破，但社会机构和政府部门之间的对话，仍有待加强，并要将其落到实处。灾后救援需要进行专项立法，之所以这样做，既因为它是一个系统工程，涉及多部门、多方面的投入和配合，也是因为它可以保证灾后重建能够按法定的程度运行，保证重建工作的公平、公正、公开，避免腐败和盲目指挥。

第三节 鲁甸震后医务社会工作者的角色与功能研究

一 我国医务社会工作的简述

（一）医务社会工作的概念

社会工作是继社会学、心理学、人类学之后与医学发生联系的一门学科。专业社会工作于19世纪末20世纪初诞生于西方，"是持守利他主义的助人理念，以科学的知识为基础，用科学的方法助人的服务活动"（王思斌，2008）。它可以在众多的领域内为社会提供服务，其中医疗卫生就是其较早进入的领域之一。社会工作介入医疗领域，不仅可以促进患者早日康复，而且可以协助患者解决因疾病而产生的社会问题，还可以发挥预防疾病蔓延与复发、使患者重新适应社会生活的功能。

医务社会工作是社会工作专业的一个分支，是指社会工作者在医疗照顾处境中提供的专业社会服务活动的总称（刘继同，2012）。医务社会工作是综合运用社会工作专业的知识和方法，为有需要的个人、家庭和社区提供专业医务社会服务，帮助其舒缓、解决和预防影响健康的社会问题，恢复和发展社会功能的职业活动。其宗旨是通过专业化的工作程序与方法，为患者及其家属提供社会心理服务，帮助和促进医患之间的沟通，协助医护人员提高服务的整体水平。按照原卫生部的政策界定，社会工作者是"医生的助手，护士的伙伴，患者与家属的朋友，家庭健康福祉的保护人，社区的组织者，慢病管理者和健康促进者，医护、心理学家、康复师等其他专业技术人员的专业合作者，是现代医疗健康服务多学科团队的重要成员"（卫生部人事司，2007）。

(二) 我国医务社会工作的发展历史

医务社会工作作为适应新医学模式特点在医院和社区为患者提供专业化服务的一种职业,首先起源于工业革命较早发生的英国,但是,医务社会工作发展得较好的却是美国。早在1894年,纽约的The Post Graduate医院就首先聘用社会工作者在小儿科服务。1905年,马萨诸塞州总医院聘请了首位社会工作者,这标志着美国医务社会工作制度正式诞生。1905年,美国哈佛大学麻省总医院开始引进社会工作者,并正式成立了社会工作部,为患者提供社会服务。到1910年,美国公共卫生协会就已成立了社会工作部门。随后,医务社会工作又从美国传回欧洲,同时向世界扩散。目前,在发达国家,医务社会工作已经走上专业化、社会化、职业化的道路,并成为解决社会问题包括医患纠纷问题在内的重要力量。

在我国,医务社会工作最早开始于新中国成立前。1921年,北京协和医院在美籍医务工作者蒲爱德女士的帮助下,创建了我国的第一个医务社会工作部——北京市协和医院"医院社会服务部"。1930年,济南鲁大医学院附属医院、南京鼓楼医院、上海红十字医院等先后建立了社会服务部。新中国成立之后,随着高校院系调整,社会学和社会工作被取消,医务社会工作被"中国特色"的卫生保健与疾病预防控制体系取代。改革开放后,一些高校又重建了社会学和社会工作系,社会工作的理论研究又重新开始。2000年,上海东方医院正式成立了医务社会工作部。此后,北京朝阳医院等也相继建立了医务社会工作部,开展医务社会工作。2008年,民政部和人力资源部组织了全国第一次社会工作师职业资格考试,社会工作师被纳入我国职业资格认证体系。2009年,在中共中央、国务院公布的《关于深化医药卫生体制改革的意见》中,正式提出开展医务社会工作,构建和谐医患关系。这表明医务社会工作在和谐医患关系构建中的作用已得到政府的承认和重视(刘继同,2012)。

近年来,随着传统的生物医学模式向"生物-心理-社会医学"模式转变,医学整体论强调了两个鲜明的观点——健康整体和医学整合,卫生服务回归到了以人的整体健康为中心,同时卫生服务整合也成为实现医学整合的理想路径(张拓江、陈育德,2009)。2016年8月召开的全国卫生与健康大会,是新中国成立以来最高规格的以健康为主题的大会,首次提出了"人民健康优先发展"的战略,要求"把健康融入一切政策",提高了卫生健康工作的力度和扩展了其广度。2016年10月中共中央、国务院印发的《"健康中国2030"规划纲要》成为新时期推进"健康中国"建设的行动纲领。我国各相关部门将围绕建设"健康中国"的战略目标展开工作。在"健康中国"的大背景下，卫生和健康领域社会工作的服务领域大大拓展，构建起医院医务社会工作与社区相关服务相结合的服务链，形成以健康为导向、以不同情境下医务社会工作服务为载体的全过程的整合型服务模式势在必行。

(三) 我国医务社会工作的主要功能

美国是当今国际上社会工作职业化程度最成熟的国家，医务社会工作者为个人、家庭及弱势群体提供心理上的支持，帮助他们应对各种疾病和绝症，医务社会工作者甚至与医生、护士一起组成工作组，对伤员进行救治。其中，他们还有一项重要任务：在防范和处理医疗纠纷中发挥重要作用，具体包括为服务对象增能、纠纷调解、立法与政策倡导等，有效地扮演"第三方"角色。在英国，医务社会工作者的主要职责是对伤员的病情进行分析，提供其所需的有效照顾，组织和提供家庭照顾，进行社区照顾，开展疾病预防工作，协助医院进行公关活动，组织、训练社区志愿者开展医疗健康服务等。从发达国家的医务社会工作实践中我们可以得出一些规律：一是医务社会工作在整个社会工作体系中占有非常重要的地位，医务社会工作者是医疗工作队伍中的重要力量之一；二是医务社会工作实践的面向比较广泛，分布在疾病的预防、康复与治疗等多个领域，参与医患纠纷及利益协调是其中工作之一；三是医务社会工作制度的社会认同度较高，表现出较高的专业化和职业化水平。

我国在"全人健康"的发展模式下，医务社会工作者正在医疗服务中发挥着越来越重要的作用，通常医务社会工作者会协助患者及其家属解决与疾病相关的情绪、资源获取及医疗适应等问题。从我国医疗卫生事业发展的现状和趋势看，医务社会工作的功能主要体现在以下三个方面。

第一，医务社会工作成为推动现代医疗发展与现代医院建设的有力抓手(丁振明、张一奇，2012)。医务社会工作是现代医疗体系的重要组成部分，为现代医疗注入了人文气息。在医疗过程中，除了为患者提供必需的诊疗技术服务外，还要为患者提供精神的、文化的和情感的服务，以满足患者的健康需要。从目前看，人们除了对医院的医疗技术水平的需求在增长外，对于医院的人文服务的关注度也在逐渐提升。医务社会工作是医学人文服务的重要内容，

不仅可以提高患者的就医满意度，也能促进现代医学的发展。

第二，医务社会工作可以通过改善病患社会心理功能促进其康复。社会工作服务的主要目标是帮助有需要的人和解决社会问题，而不是单纯地从形式上"管理"伤员和服务对象。医务社会工作关注人、社会和环境之间的互动。医务社会工作者直接参与伤员管理，介入医疗服务流程和健康照顾服务活动的过程，以确保伤员康复；医务社会工作者也服务伤员、家属等所有需要帮助的困难人群，解决服务对象的心理问题和疾病导致的其他社会问题，直接改善他们的健康状况和生活环境，间接改变和影响宏观的社会环境、制度安排与政策模式。

第三，医务社会工作在防范和处理医疗纠纷中扮演着"第三方"的角色，在医护人员与患者之间搭建沟通的桥梁，缓解医患矛盾，提升医院的服务满意度和社会美誉度。医务社会工作在服务内容和服务质量上都给医院带来了诸多良性改变，提升了医院以及卫生系统优质服务的社会影响力。

二 鲁甸震后医务社会工作者的角色与功能分析

国际上通常把灾难社会服务（Disaster Social Services）的目标界定为："提供所需资源给弱势与脆弱的人口群；预防严重的身体健康与心理健康后果；链接个人与资源系统；使多种资源系统更具近便性；增进受助者福祉等。"（汪群龙，2008）美国社会工作者协会（National Association of Social Workers，简称 NASW）的相关资料显示，美国的社会工作者在灾难救援和重建过程中扮演了心理辅导者、资源链接者、服务倡导者、危机管理者、社区组织者和研究者等角色。我国台湾地区的灾难社会工作发展早于内地，十分注重紧急介入区域、对特殊服务人群的选择、介入区域的特殊社会状况和文化特色等。他们注重紧急介入灾区后的注意事项与实践，并将社会工作介入灾后重建的角色大体概括为危机介入者、组织者、支持者、需求评估者、教育者、咨商者、协调者、使能者、资讯提供者、个案管理者、倡导者（张和青，2010）。大陆的学者则从个体、家庭与社区等不同层面揭示社会工作在灾后重建过程中的角色，概括为服务提供者、需求反映者、资源链接者、倡导者、协调者、支持者、咨询者、教育者、个案管理者以及研究者等多元角色（王思斌，2008；冯燕，2008）。

我国"5·12"汶川地震后，在外力的作用下，社会工作蓬勃发展，并催生了不少社会工作服务机构（Sim et al.，2013）。然而，医务社会工作并没有在灾后紧急救援阶段介入，关于灾后紧急救援期医务社会工作的服务更是鲜见于文献。大量流行病学调查的结果表明，灾难导致的躯体外伤者常有严重的心理创伤，但人们对躯体外伤患者的心理健康重视程度仍然不够（Haagsma et al.，2011）。灾难后，在医院开展医务社会工作，为伤员提供心理救援，促进伤员身心康复，应当属于灾后医务社会工作的重要范畴。本课题组在"8·03"鲁甸震后第三天进入昭通市第一人民医院开展服务，直至灾后3个月，绝大多数伤员即将离开医院前，我们对伤员及其家属、医护人员进行了焦点小组访谈。访谈的目的在于评估灾后医务社会工作在医疗救治、心理救援中的作用，以及对在这一过程中医务社工的角色进行评估，以期为后续的灾后医务社会工作的相关研究提供可借鉴的经验。

（一）调查对象

本课题组随机抽取了18名伤员及其家属（按照病房号随机抽出7个病房，再从每个病房里随机抽取1个病床号的伤员及其家属），还抽取了与社会工作密切配合的3个科室（外科、儿科和康复科）的医护人员及其护理部的管理者，共随机抽取了2名医生和8名护士，对他们一起进行了焦点小组访谈（见表6-1）。

表6-1 访谈对象基本情况

单位：人

年龄阶段	伤员及其家属 男	伤员及其家属 女	医护人员 男	医护人员 女	合计
20~30岁	3	2	1	2	8
31~50岁	4	4	—	5	13
51岁及以上	4	1	—	2	7
合计	11	7	1	9	28

（二）调查工具

我们采用焦点小组的访谈形式，分为两个小组，即伤员及其家属小组、医护人员小组，每组访谈时间为40~60分钟。访谈工具为自编的半结构化

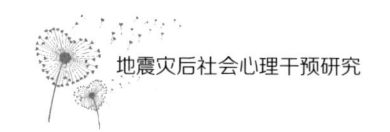

访谈提纲。

1. 对伤员及其家属的访谈提纲

①在您入院的这段时间,我们(社工)在医院为大家做了哪些工作(活动)?哪些工作是有用的?为什么?请您举例说明。

②您认为,我们(社工)在医院工作的这3个月,有哪些工作对您和您家庭是很重要的,而我们没有做到?

③您认为,我们(社工)在医院工作中扮演了怎样的角色?起到了怎样的作用?

④在接受了社工的服务之后,您觉得您有什么显著的改变和不同?

⑤您认为社工与志愿者有何区别?请给我们的工作提一些建议。

2. 对医护人员的访谈提纲

①通过您的观察,在灾后初期的这3个月的工作中,我们(社工)在医院为伤员和医院做了哪些工作?

②在灾后初期这3个月的工作中,您认为我们(社工)的哪些工作是有用的?为什么?您认为哪些工作是没有用的?为什么?请您举例说明。

③您认为,我们(医务社工站)在医院工作的这3个月,有哪些工作(对伤员、医护人员、医院)是重要的,而我们没有做到?

④您认为,在灾后初期的3个月,我们(社工)在医院工作中扮演了怎样的角色?在医院工作中起到了怎样的作用?

⑤在接受了社工的服务之后,您觉得伤员、伤员家属有什么显著的改变和不同?

⑥您认为社工与志愿者有何区别?

⑦如果将来你们医院又一次面对灾后的紧急救援,您希望社工参与吗?为什么?如果希望,你们对社工的工作有何建议?

(三)调查结果

1. 鲁甸震后医务社工站完成的工作

通过对两组研究对象的访谈结果分析,笔者绘制了图6-1,其显示了研究对象认为医务社工站完成的工作主要集中的方面:①对伤员进行心理疏导(对伤员的陪伴);②在"家庭资源中心"组织的康乐活动(节日假日活动、健康讲堂、康复操、影评等);③在病房组织的活动(手工活动、唱歌等);

④发放物资（衣物、生活用品、过冬用品等）；⑤解决实际困难（假肢安装、学费申请、法律纠纷调解、医疗信息咨询等）；⑥其他（辅导孩子作业、改善亲子关系等）。我们采用累计频数的方法，对以上提及的六点进行分析总结，可以看出：伤员及其家属对"心理疏导"和"康乐活动"给予了充分的肯定，每个受访者都参与过其中的活动并获益。当问及这些活动是否有意义时，他们都表示非常有意义；当问及哪些活动重要，但我们没有做到时，伤员及其家属都充分肯定社工的工作完成得非常好。

通过对医护人员进行访谈，受访者认为，医务社工站除了伤员及其家属提及的六个方面外，还进行了以下三个方面的工作。①为全院医护人员提供了三次"心理危机干预策略及其技术"的培训。受访者认为这样的培训非常重要，而且培训中讲授的具体技巧很实用。②合作救援。自从社工进入医院，就把医院的心理救援任务承担下来了，最大限度地减轻了医护人员的工作量。全院上下同心协力，分工合作，让救援得以顺利进行。③心理减压活动。一线的医护人员反映救灾以来，他们没有好好地休息过，面对生死场景，身心俱疲，医务社工站在院方的要求下为他们进行了两次团体减压活动，效果很好。

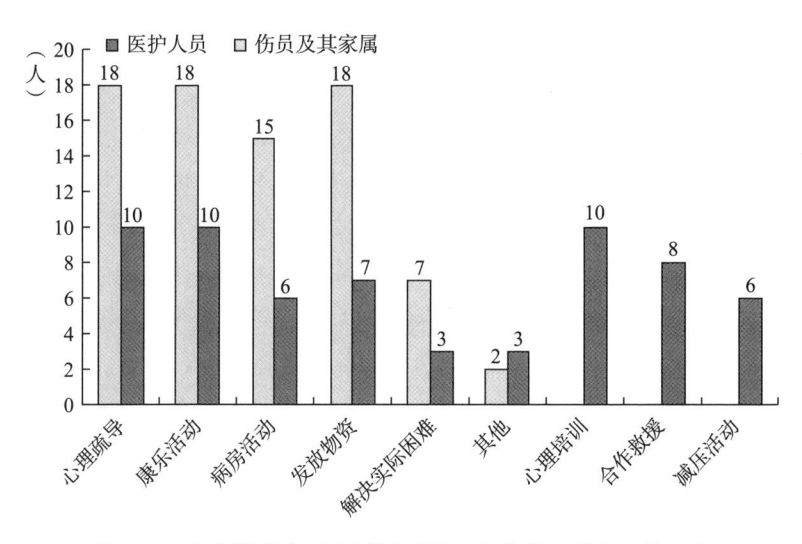

图 6-1 伤员及其家属/医护人员报告医务社工站的工作内容

以下为部分访谈对象具有代表性的话语摘要（受访人员编码：F 为女性；M 为男性；1~10 号为访谈的顺序）：

（F1）刚来的时候，心里面的确有一些想不开和难过；后来你们也说了好多，有时你们来安慰一下就感觉好多了，就感觉更亲切了，就没有什么想不开的了，想法就跟以前大不一样了。还有就是，你们把大家聚在一起，感觉更团结了……

（F2）我这老伴儿的假肢，多亏你们挂记。你们帮我们申请了免费的，人家都来量尺寸啦……

（F3）你们的活动都有用，哪怕是把我们聚在花园里聊聊都有用。我印象最深刻的是你们给我们讲的生活急救常识很有用，以前知道得太少了。以前来城里，过马路都紧张。

（F4）你们社工就是不太一样啊！心理咨询师、志愿者给我们更多的是心理安慰，而你们不仅给我们安慰，还帮我们解决实际困难……

（M1）医院嘛，只是一个医疗方面的嘛，心理上就是你们嘛！这3个月以来，医也只能医到这个程度啦。就我个人来说，还是只有面对现实，这是没办法的事情。心理上，在你们的宽慰下，我比之前好多了，刚开始都不知道该怎么走下去……

（M2）你们活动室（"家庭资源中心"）的活动都很好。我们一天一样（事）都不干，太无聊，你们带大家做活动消磨时间，教我们折花、做手工，让大家开心。之前大家都窝在自己的病房里，太闷了，只要针一打完就挂着来（想来）活动室走走。

（M3）还有就是天气冷了，你们给我们大家买衣服，想着我们要回家了，帐篷里冷得很啊，还给我们准备了护膝，太周到了……

（M4）谢谢你们，帮我们去追回这些钱（打工时，工头拖欠的工资），之前我们找了很多人，去要了很多次，都解决不了。你们出面去协调，他们（M4所在务工地的劳动局）就必须要处理了……

（M5）我觉得医务社工站自从成立以后最好的两点：一是医务社工站把我们这些伤员基本上全部拢（聚）在一起，因为从医院来讲，毕竟医院管理很多伤员管不过来，你们把大家拢在一起，像个大家庭一样的；二是开展的这些活动，做手工啊，放电影啊，做手指操啊，活动一下身体，还有就是有时间就到病房来问寒问暖啊，就是问一下伤员的康复状况啊，安慰一下伤员……这些都做很得好。

（M6）像那天（你们）就给我们讲了在家里面遇到的一些紧急情况

168

该怎么办,像小孩喝了洗洁精啊、用电安全啊……我觉得特别是遇到像这样的灾难,比如泥石流、洪灾、交通事故,该怎么办……我们乡下人的确缺少一些交通常识,过马路也不好好地过,结果造成一些不必要的灾难。我觉得(你们)就是可以到我们那里做一些交通知识的讲解、宣传。

(M7)其实我觉得,你们"社工站"管的是一个面,而医生只是站在一个点上。还有就是,(你们)把大家聚在一起,我们感觉更团结了。

(F5医生)(你们)对伤员身心康复的贡献非常大,有的伤员参与活动后完全是判若两人。比如,×××(小孩)开始不理会人,因为大家都好奇他的辫子,他很不开心,伤情也非常重,参与活动后就慢慢地开朗起来;×××(中年人)一开始因为一碗骨头汤都会大闹病房,后来对人宽容起来,天天在病房里唱歌。

(M5医生)此次与"9·07"地震(该地区在2012年也发生了地震)相比,我直观感觉到此次患有PTSD的伤员要比上次地震少,(长住的)出院伤员心理状况也都挺不错的。

(F6护士)伤员的心理变化实在太大了,有的伤员(辅导前后)判若两人……

(F7护士)你们帮我们分担了大量的工作,有很多事情是我们做不到的,你们做到了,尤其是心理救援,它很重要,但我们又不知道该怎么做。有时去病房很想安慰一下伤员,但又不知道该咋个说,怕说错了,你们的培训很有帮助……

(四)鲁甸震后医务社会工作的主要功能

通过对研究对象的访谈,我们可以总结出灾后医务社会工作的功能主要为以下几个方面。

第一,医务社会工作在心理救援方面起着重要的作用,有利于促进灾后伤员的心理康复。社工对伤员的心理陪伴、心理疏导是灾后医务社会工作中最突出的特征,灾后心理救援服务得到了伤员和医护人员的充分肯定。医务社工不仅为重点对象提供个案辅导,而且建立了"家庭资源中心"和"少儿玩教中心"两个活动室,对伤员开展社会心理干预,促进了患者的社会支持系统的

建立，促进了其社会功能的发挥。

第二，医务社会工作在缓解医患矛盾、缓解社会矛盾方面发挥着重要的功能。灾后医护人员在繁重的救援压力下身心俱疲，而伤员又多为重伤，甚至是家人死亡，伤心、悲愤、痛苦的情绪让他们易怒、冲动，他们与医护人员时有冲突，甚至把气撒在医护人员身上。在这样的情形下，医务社工在化解双方矛盾方面起着重要的作用，在医护人员与伤员之间搭建起了沟通的桥梁，缓解了医患矛盾，提升了医院的服务满意度和社会美誉度。此外，地震后有的伤员目睹了家人的死亡过程，对救援的力度和速度，也偶有抱怨，甚至充满了愤怒，医务社工介入代表了政府对伤员的关心和爱护。在救援过程中，为了解决伤员的实际问题，医务社工也积极与相应的部门进行协调，以帮助伤员解决问题。在此过程中，他们赢得了伤员对政府的信任和理解，缓解了社会矛盾。

第三，医务社会工作承担着促进灾后伤员救援的跨专业、跨界的合作和整合社会资源的重要职责。灾后伤员身体上的救治固然重要，但心理上的康复也不容忽视。近年来，心理救援已成为灾后救援的重要任务。地震后在医务社工进入医院服务前，由国家卫计委指派专家开展了初步的心理评估，一周后专家撤离，医务社工承接了心理救援的工作，并以医务社工为组织者和联络者，整合当地的心理咨询师、志愿者、高校师生和医院内的心理护士等资源，对院内伤员及其家属开展社会心理康复服务。同时，医务社工受云南省民政厅社会工作处指派，与当地的民政部门保持密切的联系，属于民政社会工作救灾队伍的一个分支，这样的身份有利于去协调解决，除了医疗救治外，伤员在生活中面临的实际困难，尤其是伤员在出院返回社区后，如何获得后续的医疗资源和生活资源的问题。

第四，医务社会工作在灾后伤员的自组织系统构建方面发挥着重要的功能。通常灾难后人们都会有自发的互助行为，灾后互助和助人行为可促进伤员的身心康复（沈文伟、陈会全，2015）。"社工站"开展了"丧亲家属支持小组""儿童家长支持小组"，其目的之一是帮助家属舒缓压力，促进家属之间相互支持。在病房活动中，社工挖掘"榜样人物"，让其带动大家分享故事、说笑话、唱山歌。这些故事和山歌充满了浓厚的乡土气息，增进了伤员间的亲近感和凝聚力。在"少儿玩教中心"和"家庭资源中心"内开展小组活动、康乐活动和传统手工艺品制作活动等，拓展了伤员的互助系统。"社工站"组建了"出院准备小组",请驻扎灾区的社工组织,讲解伤员回归社区面临的挑战,伤员们集思广益,共同讨论如何应对出院后遇到的生活及身体、心理上的挑战。"社工站"开展的这一系列活动增强了伤员之间的相互支持,他们之间形成了灾后康复的自组织资源,在康复中起着重要的作用。更重要的是,这种资源会一直延续到灾后伤员出院后数年。医务社工在灾后回访时发现,地理位置相接近的伤员,返回灾区后一直保持着紧密的联系,无论是情感上,还是实际人力、物力的支持。

(五) 鲁甸震后医务社会工作者的主要角色

震后伤员最大的需求就是身体上的救治和心理上的康复。在这个阶段,医务社会工作者的工作目标和内容都围绕如何让伤员配合身体上的医治和心理上的救援,以及在救援过程中如何协调各种资源。通过对研究对象的访谈,我们总结出医务社会工作者扮演的角色主要有以下六个。

1. 需求评估者

医务社会工作者为了协助政府合理配置救援资源,科学、理性、有效地提供合适的灾后救援服务,其必须深入现场去了解、追踪伤员的身心状态,向伤员及其家属细致地了解情况后对他们的需求进行评估,找出真实的、紧迫的需求,对信息去伪存真,剔除可能存在的过分的、夸大的和错误的需求,只有这样,才能依据需求评估制定出科学可行的方案去实施救援。同时,需求评估的过程也是发现资源的过程,要善于发现隐藏着的各种资源,并对资源进行整合,最大化地利用本地、可及和持续的资源。值得注意的是,需求评估并非一劳永逸的,而是要在灾难发生后,不断地、持续性地评估,做到有的放矢,需求评估是以循证为本的科学的、高效的助人过程。

鲁甸地震后医务社工站在灾后1周内进入医院,在医院医生评估的基础上,医务社工持续地对伤员进行评估,不断地关注伤员的变化情况。初期评估以床旁心理疏导、"心理查房"为主。随着伤员的康复,医务社工逐渐把康复服务拓展为以"家庭资源中心"和"少儿玩教中心"的康乐活动为主,同时开展伤员中具有同质性问题的小组辅导。

2. 协调者

医务社会工作者的重要角色之一为协调者。协调者体现在两个方面:一是为伤员与其家属搭建桥梁,为伤员解决因疾病而导致的与家人之间的紧张关系或交往困难，协调解决家庭问题；二是在我国的医务环境中，医务社会工作者最重要的职能就是帮助医院协调医患关系。当前我国的医患关系呈现紧张态势，医患纠纷仅仅依靠医学专业人员很难妥善解决，这是因为医患纠纷一旦发生，均直接或间接地涉及医患双方的权益问题、人格问题、道德问题及法律责任问题，与诊疗结果、服务态度、医患沟通、卫生体制等多种因素相关。医务社会工作者对医患纠纷的介入则在于他们用专业的知识和科学的方法，通过提前预防及化解，提供各种辅导和服务，协助患者及其家属与医院方进行有效沟通，促使医疗服务更人性化地满足患者的需求，高度体现以人为本的现代医学精神，从而有效地预防和解决医患纠纷，最终构建和谐的医患关系。

在本次焦点小组访谈中，医护人员都反映，在缓和紧张的医患关系、增加与伤员和家属的沟通方面，医务社工承担着"中间人"的角色。灾后救援是特殊时期，医护人员面临着巨大的工作量，身心俱疲，难免在与伤员沟通中有不足，从而引起误会。同时，伤员面对灾难、生离死别、残障等残酷的现实，心理受到了极大的冲击，变得易激怒，甚至敌意和攻击行为增加。面对这样的情形，极容易产生医患冲突。如果没有医务社工的介入，医患矛盾会影响救治力度，甚至影响医院的声誉。在访谈中，多名医护人员表示，当医务社工介入后，原本难以"伺候"的伤员，变得会体惜医生，并且很配合治疗。

3. 心理支持者

世界卫生组织（WHO）的调查显示，自然灾害或重大突发事件之后，20%~40%的受灾人群会出现轻度的心理失调，这些人不需要特别的心理干预，他们的症状会在几天至几周内得到缓解。30%~50%的人会出现中度至重度的心理失调，及时的心理干预和事后支持会使症状得到缓解。而在灾难发生一年之内，20%的人可能出现严重心理疾病，他们需要长期的心理干预（Mental Health Division of WHO，1992）。灾难后，人们身体上的救治固然重要，但缓解和疏导灾害对人们的心理损伤也不容忽视。正如中国社会工作教育协会理事马洪路（2006）所说："只救命不救人的医疗是不完整的。"对绝大多数受灾群众而言，灾后心理救援更重要的是心理上的陪伴，医务社工秉承创立平等、尊重和温暖的环境，助力于受助者的成长和哀伤的愈合。

灾难发生后，社会工作者随同其他领域的专家学者们进入灾区提供服务，这本身就是一种精神上和行动上的支持，可以称之为"陪伴"的力量。社会工作者在对灾后幸存者提供实质上的心理辅导和资源链接的同时，支持他们的积极反应，鼓励他们克服困难、自强自立，以达到"助人自助"的目的。这时，社会工作者提供的是强大的源源不断的心理支持，对灾后幸存者来说，这也是心理重建的过程。同时，这种支持从时间上来说是持续的，就是说在社会工作计划的目标达成之前要持续地投入，让救援工作不间断进行。一个有始有终的支持者将是受助者享受良性服务的保证。

4. 服务提供者

灾难发生后，医务人员全身心投入救援工作，身心都承受着巨大的压力。由于时间和精力的限制，医生很难在专业诊疗服务之外给伤员提供心理支持和社会支持。医务社会工作者更多的是关注幸存者的心理、家庭、社会环境等方面的问题和资源，并应用专业方法减轻受灾群众心理上的冲击，同时积极联络资源，为其提供实际帮助，更重要的是医务社会工作者可以促进医患沟通，使伤员配合好医生的救治工作。灾难发生后，医护人员处于高度的压力状态，而受灾群众也处于危机中，两者的情绪都处于高度警戒的状态，极容易发生口角、争执。医务社会工作者的介入无疑是两者关系的润滑剂，可以增加伤员对医疗工作的配合度。除此之外，灾后医务社会工作者在灾区所做的一切都是提供服务、落实福利政策的过程。服务提供者是社会工作者最直接的角色扮演，无论是提供物质帮助或劳务帮助，还是心理重建或社会关系重建，提供服务是社会工作实践性的直观体现和精神所在。

5. 资源链接者

为有需要的处于困境中的群体提供资源链接，体现着社会工作专业的服务宗旨。社会工作者和社会工作机构并不是坐拥资源，而是去帮助处于困境的人寻找资源。为了有效地帮助受灾群众，医务社会工作者需要联系和发动其他的社工组织、福利机构、政府部门、社会企业和居民等，通过向社会各界争取对受灾群众有用的资源来实现救援行动。对需要进一步心理治疗的受灾群众，医务社会工作者可以通过联络心理卫生专业人员为其提供服务。对于贫困的受灾群众需要链接社会资源，提供实物、实际的支持和帮助，对于灾后救援过程中反映出来的具有代表性的问题，或向有关政府部门反映，或者寻求社会团体帮助，只有群策群力，才能把救援任务落在实处。正如"社工站"在灾后1周内进入医院，持续地对伤员的身心状态和资源进行评估；对截肢的贫困伤员，通过向政府申请，为其免费提供假肢；向有关政府部门申请18岁以下的需要

灾后1年取出体内"内固定"支架的伤员免除手术费用；同时联络相关的助学机构，为就读于初中的孩子提供为期三年的助学金；联络到新加坡华侨，为返回社区的出院伤员提供冬衣等保暖物品和医疗辅具等；通过政府部门的多方协调，为部分跨省打工的伤员追回了拖欠的工资。值得一提的是，"社工站"积极联络国际上（英国、马来西亚、新加坡、法国等）以及我国台湾和香港等地区具有丰富灾后救援经验的心理治疗师、康复师和社会工作者等，让他们分阶段地进入医院为伤员直接提供服务。同时，为当地民间救援力量提供系统的专业培训，"社工站"的工作人员做现场督导和坚持远程督导，极大程度地保证了"社工站"的服务水平。医务社会工作者为了伤员联络、整合资源解决问题的例子已是不胜枚举。

6. 能力促进者

社会工作的长远目标是帮助受助者掌握适应社会的技能和信心，即通过"授之以渔"的方式实现助人自助，这体现了对受助者能力的培养。灾后心理救援的过程是在帮助幸存者摆脱生命威胁的基础上，帮助他们恢复社会工作功能，提高其应对灾难的能力。能力促进者是社会工作者在灾后重建中所扮演的重要角色。正如"社工站"始终秉承"助人自助、促进灾后互助"的理念，通过"家庭资源中心"和"少儿玩教中心"促进了伤员之间的交流和相互支持，使其在此过程中自然形成了互助小组。互助小组一直延续到灾后数月，甚至是灾后数年，小组成员在灾后返回社区的日子，大家相互支持，共同讨论如何把生活过下去，过得更好。在伤员出院之前，医务社会工作者带领即将出院的伤员成立"出院准备小组"，通过联络社区的社工组织，让其介绍社区目前的生活情况，以及伤员出院后将要面临的困难和拥有的资源，在小组内，大家群策群力地讨论如何面对出院后的挑战。在此过程中，伤员返回社区生活的技能和信心得到了提升。提升伤员的社会适应能力，修补伤员受损的社会功能是灾后救援的重要任务，尤其是残疾的伤员，将面临个人、家庭乃至社会角色的调整和更多的生活挑战。

总而言之，灾后医务社会工作者秉持专业的价值取向，通过提供心理支持和实际的帮助，构建社会支持系统并链接资源，帮助灾后幸存者走出悲伤和恐惧，树立信心，适应新环境，提高生存技能，这样可以使他们更好地融入社会。

第四节 鲁甸震后医务社会工作者的角色实践困境

一 医务社会工作者的角色期待

(一) 国家政策对医务社会工作者的角色期待

随着我国市场经济体系的建立和不断完善,医院的生存和发展环境发生了巨大的变化,我国的医务社会工作得到了国家的重视。中共中央、国务院明确提出要通过医务社会工作这一润滑剂来增进医患之间的沟通,以改善当前我国医疗纠纷多、医患矛盾突出的现状。2009年4月发布的《中共中央、国务院关于深化医疗卫生体制改革的意见》中指出,"构建和谐的医患关系,完善医疗执业保险,开展医务社会工作,完善医疗纠纷处理机制,增进医患沟通。在全社会形成尊重医学科学、尊重医疗卫生工作者、尊重患者的良好风气。优化医务人员工作环境和条件,保护医务人员的合法权益"。可见,国家对于医务社会工作者的角色期待是处理医患矛盾,整顿医患纠纷,最终为伤员提供好的就医环境。随后,在2015年1月国家卫计委公布的《进一步改善医疗服务行动计划》中指出,"加强医院社工和志愿者队伍专业化建设,逐步完善社会工作和志愿者服务。为老幼残孕患者提供引路导诊、维持秩序、心理疏导、健康指导、康复陪伴等服务,充分发挥社工在医患沟通中的桥梁和纽带作用"。综上所述,国家政策对医务社会工作者角色的界定相对较广,包括:宏观层面的就医环境的倡导者;中观层面的健康宣传者、资源链接者;微观层面的医患关系的协调沟通者、心理支持者等角色。医务社会工作者的功能主要体现在增进良好的就医环境,保障医疗工作的开展。

(二) 社会工作领域对医务社会工作者的角色期待

虽然研究者对医务社会工作者的角色和功能的看法不尽一致,但对其基本职能还是有共同的认识的。社会工作领域对医务社会工作者的角色期待主要为:第一,"中间人"的角色,即在医生与伤员之间、医生与伤员家属之间、伤员与家庭之间、伤员与社会之间架起沟通的桥梁;第二,服务提供与资源整合者,即为伤员及其家属提供心理支持,联络社会资源,提供经济、信息等社

会资源的支持;第三,健康宣传教育者,包括在医院或社区提供的与健康相关的知识和政策的宣讲,增强大众对健康教育、疾病的预防与保健的认知,也包括增强对医务社会工作的宣传和医务社会工作的认知;第四,政策倡导者,即从专业医务社会工作人员的角度对医院的服务项目和就医环境提出改良意见,提出对国家相关政策的意见反馈。

(三)服务对象对医务社工作者的角色期待

服务对象主要包括患者及其家庭。服务对象因年龄、病情的不同对医务社会工作者的期待也有所差异,但总的来说,可以分为以下三个方面的角色期待。首先是咨询者。在患者刚入院时,对医院的就诊程序、办理相关手续、医院各科室的具体方位、不同疾病的主治专家、医疗费用等都不了解,这时候就需要医务社会工作者发挥其咨询者的角色,主动为患者提供入院时急需知道的信息。其次是心理支持者。患者在不同时期会出现不同层次的心理波动。入院时,患者会因对医院环境的不适应和对疾病的恐惧而产生焦虑、抑郁等情绪;在手术之前,患者也会由于对手术结果和效果的担忧而产生术前恐惧症;在手术之后,则会有因麻醉药退去后的疼痛、未达到治疗预期效果产生的愤怒与焦虑等不良情绪;出院前,患者也会出现担忧和不确定感,需要做好出院准备。在不同时间段,医务社会工作者都需要帮助患者缓解负性情绪,为其提供实际的帮助,以巩固其治疗的后效。

二 鲁甸震后医务社会工作者的角色实践困境

社会工作在我国起步较晚且发展不完善,这决定了作为分支的医务社会工作的发展和研究也不太丰富。国内有关医务社会工作的研究多是从宏观层面对国外医务社会工作的成熟经验加以借鉴,并对我国的医务社会工作提供对策建议,很少有学者从一线医务社会工作入手去研究医务社会工作者的角色实践现状。关注灾后医务社会工作的文章更鲜见于文献,对灾后医务社会工作者的角色进行探索的文章更是未见。

我们将通过"社工站"在"8·03"鲁甸地震后的服务经验,以及灾后两次对社区的回访,来探索灾后医务社会工作者的角色实践现状和在实践中的困境。根据角色实践内容去发现自身的角色距离,并提出建设性意见,希望能为医务社会工作职业化和专业化的发展道路提供一些参考,尤其为灾后医务社会工作实践和研究提供可以借鉴经验。同时，这也有助于推动我国灾后救援科学化和专业化的进程。

(一) 医务社会工作者为政策倡导者角色的困境

医务社会工作者进入医院服务在某种程度上带有"行政"的色彩，也正是因为有了当地民政部门的支持，我们才得以在医院开展跨专业的服务。在这样的背景下，我们得到了医院的支持，得以顺利开展工作。同时，我们的工作也被纳入医院伤病员救治的一个环节。然而，这是一把"双刃剑"，也给我们的工作带了不利的一面。医生和伤员都认为，"你们是政府派来解决问题的人"，在服务过程中，很多涉及医院和伤员的实际问题，我们无法解决。社工只有倡导的权利和义务，而医院和伤员们需要的是立竿见影的效果。医院和伤员的很多实际问题需要政府部门之间协商，需要有相应政策出台。比如，灾后3个月的医疗救治费用是减免的，但3个月后的医疗费怎么办？伤员1年后返回医院拆除"内固定"的费用谁来出？免费救治范围只限于地震伤，但是疾病之间是有因果的，有时很难对"某个症状"确定其是不是由地震导致的等。这些问题需要有相应的政策出台，并以法律法规的形式进行规范。

灾害后的医疗、心理救助必须在国家法律法规的范围之内，在国家政策、法律法规的指导、监督之下进行。我国政府早已认识到政策、法制建设对于灾后重建的重要意义，出台和颁布了许多政策性文件和法律法规，但是关于灾后医疗救助、心理重建这部分的法律法规仍有待完善。

(二) 医务社会工作者为资源链接者与整合者角色的不足

"8·03"鲁甸地震后，民政部首次把社会工作纳入救灾体系中，这样的"政社合作"形式，保障和提升了社会工作的合法性。从"5·12"汶川灾区社会工作服务的经验来看，社会工作的开展需要政府的足够支持和协助。政府需要与社会工作服务机构建立起良好的合作机制和互信、平等的合作伙伴关系，形成以政府为主导、以社会工作机构为主体的社会工作运行机制（边慧敏等，2013）。"8·03"的"政社合作"形式是一大突破，然而社会机构和政府部门之间的对话仍有待加强，并需要落到实处。"8·03"鲁甸震后医务社会工作也是首次进入医院提供服务。"社工站"是相对于医院独立进行管理，医务社会工作者在工作的开展过程中只有建议、倡导的权利，因此，其在医院

层面上的资源整合是有限的。虽然"社工站"与医院的护理部密切配合,推动了灾后伤员的心理康复,然而对整个医院的资源整合仍然有一定的局限性,这一点在灾后救援的后期,尤其是在两次灾后社区探访中凸显出来,无论是人力,还是物资协调都存在困境。在救援后期和灾后社区探访过程中的物资,甚至部分人力资源,都是通过社会力量的募捐得以完成的。

在救援过程中,医务社会工作者并非救援的主力军,救援仍然以生命财产救援为主。当伤员送往医院后,相关的政府部门、社会爱心人士和志愿者等,在灾难发生的初期,探望和慰问比较频繁,而且伤员被送往医院也被大众认为是一群有了保障的灾区群众,对其具体的需求与困境,难以兼顾。"社工站"虽然是政府部门指派的救援团队,但相比灾区的其他社工团队其工作似乎没有这么迫切,因而在资源的优先满足上,政府更多地会倾向于灾后社区。同时,伤员在救助中出现的种种问题有时需要政府多个部门的协调和多个职能部门的介入。因此,在救援的短短18个月中,就资源来说,政府难以满足伤员所有的需求。因此,基于"社工站"的服务经验,我们再次呼吁灾后救助需要进行专项立法,这是因为它既是一个系统工程,涉及多部门、多方面的投入和配合,也因为它可以保证灾后重建能够按法定的程序运行,保证重建工作的公平、公正、公开,避免盲目指挥。

(三) 医务社会工作者为支持者角色的不足

医务社会工作者扮演的支持性角色不仅是针对病人,还有病人的家属和医护人员。然而,现有研究表明,医务社会工作者把大多数的注意力放在了伤员的身上,很少对家属的心理状况进行关怀,对医护人员则几乎没有关注(王丹,2015)。在我们的研究中,"社工站"也是以服务伤员及其家属为主,尤其是以服务伤员为重点。尽管"社工站"为医护人员提供了专业培训,即灾后心理救援知识及能力培训、灾后自我护理和灾后压力管理,但是医务社会工作者并没有时间和精力去关注医护人员在灾后救援的高压力状态下的健康状态和健康需求。

在重大自然灾难中执行救援任务的医护人员的身心面临着巨大挑战。课题组通过对灾后医护人员的健康状况调查发现,灾后医护人员的健康生活方式与同地区的其他职业者相比更差,包括体育锻炼、压力管理、个人精神成长和人际关系四个方面。研究结果表明,参与灾后救援的医护人员的健康状况不容忽视，迫切需要有针对医护人员健康促进的相关措施，如增加其日常体育运动、健康饮食、压力管理和个人精神成长等，这些措施可以帮助医护人员在灾难救援中增强身心承受能力，也可以提升医院在面临灾后救援时的积极响应能力（杨婉秋等，2018）。

然而，在灾后救援的实践中，"社工站"受到人力、精力等各方面资源的限制，无法更多地兼顾医护人员的身心健康，为医护人员提供的支持显得尤为不足。因此，在今后的灾后救援中，应该有针对参与救援任务的医护人员的身心健康干预计划。现有研究表明，在大规模灾难中执行救援任务的医护人员长时间地承担着繁重的工作量，对他们的身体和心理都是极大的挑战，这样的工作条件增加了医护人员患创伤后应激障碍的风险（Norrish et al.，2002）。例如，Nielsen等人（2016）发现，在2015年尼泊尔地震中医护人员患创伤后应激障碍的风险明显更高，创伤后应激障碍的总体患病率为21.9%。Kolkow等人（2007）的一项研究表明，36%患有创伤后应激障碍或者抑郁障碍的医疗救援人员表述，"解离"症状是由救治过程中伤员的死亡引起的。此外，在2008年汶川地震中，超过50%的医护人员表现出以下应激症状：悲伤、恐惧、抑郁、焦虑、疲劳、头痛和头晕（崔渝敏等，2009）。因此，灾后医护人员的健康状况也是一个重要的问题。

从2007年开始，中国政府启动了健康促进生活方式（Health Promotion Lifestyle，HPL）计划，旨在提高公众健康意识，鼓励健康生活方式，并于2013年在各省份，特别是灾区开展健康促进生活方式（HPL）计划，加强灾后幸存者的健康教育。促进受灾群众健康生活是灾后健康生活的一项重要任务（周欢等，2008）。现有研究表明，中国医护工作者的不良健康状况不仅有害于自身健康，而且也会影响医院的医疗质量和服务水平，以及病人的康复状况，同时，也削弱了国家卫生政策和医疗改革相关政策的实施。医务工作者在公民健康促进生活方式计划中（HPL）发挥着重要作用，他们既是健康促进的干预者，也是目标人群（林德南等，2008；李晓敏等，2016）。因此，针对灾区医护人员的健康促进计划具有重要的意义，这关系到我国健康促进计划的实施和公共卫生相关政策的落实。

综上所述，一线的医务社会工作者，既是各项政策的执行者，又是能及时发现政策漏洞的人。通过实践服务，一线社会工作者能发现有关灾后医疗救助政策的问题，为政策修改和完善提供宝贵的意见，但是在实际工作过程中，灾后医务社会工作者对这方面的影响和贡献较小。通过访谈调查发现（见本章第二节），医务社会工作者在灾后救援实践过程中，有些角色是容易实现的，例如心理支持者、服务提供者等，这些角色实践即使在刚开始时会遇到一定的问题，但是通过培训和实践学习较容易克服，但是有些角色的扮演却表现出普遍性的角色距离，包括支持者角色不足，资源整合者、政策倡导者角色弱化等。产生这些角色距离的原因是复杂且多方面的，首先是社会对医务社会工作者认同感低，除医护人员对医务社会工作者有一定的偏见外，普通老百姓对医务社会工作者几乎没有任何了解。在本研究中也发现，灾后医务社会工作者在开展工作的初期，医护人员和伤员大都认为他们是政府派来的志愿者，也不确定医务社会工作者能做些什么，直到服务持续、深入地开展，医护人员和伤员对医务社会工作者的信任和配合程度才得到增强。其次是资源整合的能力不足以解决灾后伤员生活中存在的各种问题。灾后伤员的身心康复是个复杂的过程，是一个生理—心理—社会适应的康复过程，其中涉及的问题不仅是心理上陪伴和支持，还需要为其解决相应的实际困难。灾难导致了个体整个生态的破坏，这样的人际生态系统的重建，需要多方面力量的介入。因此，医务社会工作者在短时间内很难协调、满足灾后伤员的各种需求，这需要政府相关部门的介入，甚至有些方面是需要立法保障的。

结束语

研究总结

21世纪人类仍然无法预测灾难的到来，世界正进入一个前所未有的危机频发期，各类灾难肆无忌惮地侵袭着地球，如地震、火灾、台风、洪涝灾害、雪灾、空难、矿难、沉船事故等。灾难威胁着人们的生命财产，打破了原有的社会生活环境，挫伤乃至摧毁了人们的安全感，给人们造成了巨大的精神创伤。世界卫生组织（WHO）的调查显示，自然灾害或重大突发事件发生后的一年内，20%的受灾人口可能出现程度不一的心理疾患，需要长期的心理干预，5%的受灾人群可能导致创伤后应激障碍（Mental Health Division of WHO, 1992）。世界卫生组织再次指出没有什么能像心理创伤那样给人们带来持久而深刻的痛苦了。

近些年来，我国的灾难也频频发生。2008年震惊世界的"5·12"四川汶川特大地震、2009年"11·21"黑龙江鹤岗新兴煤矿特大瓦斯爆炸事故、2010年"8·7"甘肃舟曲特大泥石流灾害、2013年"4·20"四川雅安地震等，灾难的频频发生，使全社会对灾害的关切程度达到了空前的水平，给公众带来了巨大的影响。灾后心理救援再次被推向人们的视野。国际上，灾难心理救援工作的开展已有30余年的历史，发达国家早在20世纪70年代就由国家立法将心理救援工作纳入灾后救助任务之中。近年来，我国自然灾害应对中"心理救援条例"的立法刻不容缓，我国在这方面已取得了长足的进步，同时，参与心理救援的工作从以医务工作者、心理学工作者为主，逐步转变为多学科合作的趋势，社会工作专业队伍开始进入灾后救灾体系。从"5·12"汶川地震后，社会工作蓬勃发展，并催生了不少社会工作服务机构（Sim et al., 2013），在灾后救援和灾后重建中发挥着重要的作用。

2014年"8·03"鲁甸地震，民政部统一协调了五支社会工作队伍进驻灾区，开启了社会工作专业灾后心理救援的新篇章，云南社会工作队伍也得到了空前的发展。本书正是在"8·03"鲁甸震后的医务社会工作服务和研究的基础上完成的，是国内第一本医务社会工作介入灾害救援的专著，期待能为灾后心理救援提供理论和实践的参考。

本研究的主要内容

第一，梳理灾后心理救援的相关文献，结合灾后救援的特点及其灾后幸存者的身心反应特征，总结了灾后社会工作介入心理救援的方法与内容。

第二，对地震伤员进行心理救援的干预研究与追踪研究。基于"8·03"鲁甸震后住院伤员的情况，开展了灾后1个月的心理急救、灾后1~3个月的社会心理干预和灾后18个月的追踪评估。采用随访研究的方法，分析地震后三个不同时点（灾后1个月、3个月和18个月）伤员创伤后应激障碍的发生率、身心康复状况及影响康复因素，总结了社会工作介入灾后心理救援的路径和具体方法。

第三，对地震后伤员心理复原力的质性研究。通过典型的案例探讨了在中国文化背景下，灾难后个体心理复原力的特点，以及与PTSD发生的关系；分析了经历过创伤的个体哀伤发展的历程，以及中国文化在哀伤修复中的意义。

第四，基于"社工站"的实践经验，分析和总结了医务社会工作在灾后心理救援中的功能，以及社会工作者在救援工作中遇到的角色困境，以期待为将来社会工作介入心理救援提供参考。

本研究的主要发现

第一，本研究为国内首次将社会工作介入灾后心理急救和社会心理干预的行动研究，证明了社会工作在心理救援中的可行性和有效性。

①"以资源为取向、以本土文化为本、跨专业"的灾后社会心理干预模式为灾后心理救援提供了循证依据。

②首次将灾害医学中的"检伤分类"（Triage）概念运用于灾后心理急救（PFA），提出"心理检伤分类"（Psychological Triage）。在灾难现场的心理急救中，采用科学、快速、可操作的心理筛查工具将幸存者快速分类，合理利用心理救援资源，本研究推动了我国灾后心理急救理论和实践研究。

③灾后1个月、3个月和18个月三个时点的PTSD检出率在下降，这可能是随着时间的推移，个体的自愈，但本研究PTSD的检出率低于同类其他研究，这从某种程度上表明了心理急救和社会心理危机干预的效果。

④灾后18个月，伤员的总体健康状况低于全国平均水平（伤员在SF-36量表8个维度上的得分均低于常模平均分），这提示伤员返回社区康复后遇到的困难和挑战不容忽视。

第二，探讨在中国文化背景下，灾后幸存者心理复原力的特点，以及文化因素对心理复原力的影响；初步探讨了中国特色、政府主导的救灾模式对灾后幸存者复原力的影响，推动了心理复原力理论的本土化进程，对心理复原力的跨文化研究有一定的理论价值。

本研究从个人、家庭和社区/社会三方面探讨了灾后心理复原力，其主要表现为以下方面。

①保护性因素是心理复原力的必要条件而非充分条件。"高灾难暴露"和"幼年被疏于照顾"的消极前置经验可能削弱保护性因素的作用。

②在复原力的个人层面，"乐观、感恩"只有非PTSD组报告，而"悲观"只有PTSD组报告；非PTSD组倾向于报告"积极前置经验"，而PTSD组倾向于报告"消极前置经验"；"坚韧"在两组报告中都有，可能该因素对PTSD发生与不发生没有影响。

③在复原力的家庭层面，家庭系统的"弹性"和"亲密度/凝聚力"是非PTSD组家庭的重要特征；"目标模糊"和"指责/抱怨"是PTSD组家庭的重要特征；夫妻一方患有PTSD，对另一方是否发生PTSD可能有预测作用。

④在复原力的社区/社会层面，"（对政府的）信任"只有非PTSD组报告，"生计困难"只有PTSD组报告。社区氛围的两个极端"互助"和"缺乏同理/排斥"在非PTSD组和PTSD组有明显差异。

⑤文化与复原力。创伤后幸存者的高躯体化表达可能是影响心理复原力的危险性因素，或者说是心理复原力水平的一个表现；传统生育文化是复原过程中的一把"双刃剑"；丧葬风俗有助于人们整合创伤经验。

第三，中国传统文化中传承的认知方式是人们在面对生、死、灾难时的智慧，对幸存者面对重要客体的丧失有着重要的心理疗愈功能。

本研究通过典型案例验证了哀伤修复的"双程模型"的核心观点，即哀伤的修复表现为一个幸存者灵活地摆动于丧失导向和恢复导向之间，而不是传

统的"悲伤过程假设"描述的与逝者分离的过程,这是对哀伤理论研究的补充和丰富。

①中国文化的"生死观"均为以生命为贵,强调珍爱生命,强调死亡的意义。

②丧葬仪式是对亡人世界的想象性建构和哀思寄托。

③丧葬仪式蕴含着心理修复功能。

④生者通过祭祀活动保持与逝者的情感联系。

第四,社会工作是灾后心理救援的新视角。

社会工作以其独特的专业价值观和专业方法,将成为灾后心理救援的重要力量。医务社会工作者主要扮演着评估者、资源协调者、心理支持者、能力促进者等角色。灾后的医务社会工作的功能主要体现在以下四个方面:

①医务社会工作在灾后心理急救与社会心理康复方面发挥着重要的功能;

②医务社会工作在缓解医患矛盾、缓解社会矛盾方面发挥着重要的功能;

③医务社会工作发挥着促进救援的跨专业、跨界的合作以及整合社会资源的重要功能;

④医务社会工作在灾后伤员的自组织系统构建方面发挥着重要的功能。

本研究的不足

本研究是课题组在"8·03"鲁甸地震后"摸着石头过河",历时两年的实地服务与研究,收获颇丰,但也存在许多不足,主要体现在以下方面。

第一,灾后心理急救与社会心理干预是自然情景中的研究,无法完成严格的随机对照研究,因此,影响了研究结论的推广性,研究结论运用于其他文化背景时需谨慎。

本研究的研究对象是地震后入院超过1个月的伤员,这样的设计主要是基于研究可操作性的考虑。根据地震发生后医院的救治情况,来制定研究对象的抽取方案。首先,地震发生后,受地区医院救治能力和床位的限制,伤情不太严重的伤员,很快出院或者转到下级医院,或者急危重伤员转诊上级医院,因此研究者在较短的时间内很难掌握全部伤员的信息。其次,医院以躯体救治为主,伤员分散在不同科室,研究者需要协调各科室关系,完成最初的调查,在短时间内也比较困难。再次,研究者很难与入院时间短的伤员建立专业关系,获得伤员的信任,这些问题将导致后续追踪研究的困难。因此,研究者选择了

结束语

灾后入院超过 1 个月的伤员，排除不符合入选标准的伤员。地区医院在政府的支持下，在地震后 20 天左右，专门成立了地震伤员康复科，有了独立的病区和病人管理，并在病区里建立了医务社工站，医务社工站的工作人员可以参与躯体外伤伤员的追踪工作，以此保证了研究的可操作性和科学性。然而，这样的研究设计导致了样本的代表性比较局限，伤情轻、出院早的伤员样本缺少，因此在使用本研究的结论时需要慎重。

第二，本研究抽取了 12 个典型案例中的幸存者，并研究了其心理复原力特征，研究结论推广到大样本中需谨慎。

本研究采用质性研究的方法，抽取了 12 名研究对象，获得了比较深入和丰富的信息，但是质性研究的结论不适合于运用到大样本的推断上。尤其是，本研究的研究对象取样于特定的农村地区，灾难后的心理复原力不仅受到个体因素的影响，还与灾难性质、程度等有关，也受社会经济、文化等因素的影响，因此，在研究结论的运用和推广上一定要慎重。此外，本研究的追踪时间仍然比较短，灾后 1 年，在后续的研究中需要增加追踪时间，探讨个体复原力随时间变化的情况，从长期的角度探讨影响复原力的多种保护性因素。本研究因时间短，仅抽取了 27 个复原力的"核心内容"（因子），在后续的研究中需验证和完善研究结论。

第三，关于伦理问题的考量。

首先，采用质性访谈获得了深入、个性化的资料，但有的资料涉及个人的隐私。在研究开始之前，研究者征得了研究对象的同意，并签署了知情同意书，在整个研究过程中，研究对象可以自由选择继续参与或者退出研究。研究者在呈现研究资料时，尽量避免报告研究对象的明显特征。尽管这样，然而，丧亲、灾难暴露等信息仍然带有一定的标签性，并不能完全隐去研究对象的个人特征化信息。其次，每一次入户调查和社区回访，我们都会思考，除了获得我们的数据，我们还能给研究对象带来什么益处。因此，我们不停总结和反思，我们能做什么，访谈时，注重尊重、倾听、支持性技巧的运用等，但是我们在回应被试的需求上，仍然做得不够，我们花了很多的精力去安排为研究对象免费体检，但是这样的需求并非他们所迫切需要的。这让我们反思，研究中的"以人为本"应该如何体现。

诚然，研究中有这些不足，但本研究是灾后伤员的 PTSD 前瞻性研究，研究结果希望能在将来的研究中得到检验。同时，本研究也初步探索了在特定灾难情景中PTSD发生与心理复原力的关系，不但可以丰富PTSD的相关研究，帮助人们深入理解PTSD的发生、诱因和康复等问题，为PTSD的预防和治疗提供参考；更重要的是，本研究是国内医务社会工作介入灾后心理救援的首次尝试，对医务社会工作介入心理救援的路径和方法进行了初步的探索。研究结果期待能丰富我国灾害精神医学、创伤心理学、心理急救等的理论研究；推动心理复原力理论的本土化研究，为灾后精神康复的研究和实践提供新的视角和干预依据；推动我国灾后心理急救理论和实践，促进灾后心理危机干预体系的完善。

研究展望

国际上通常将灾难社会服务的目标界定为"提供所需资源给弱势与脆弱的人口群；预防严重的身体健康与心理健康后果；链接个人与资源系统；使多种资源系统更具近便性；增进受助者福祉等"，这个目标与社会工作的专业伦理与价值相吻合。自从"5·12"汶川地震、"4·20"雅安地震、"8·03"鲁甸地震，在灾后救援的实践中，逐步体现出了社会工作介入灾后心理救援的独特优势。值得注意的是，"8·03"鲁甸地震后，在民政部的统一协调下，我国首次尝试社会工作在灾后紧急救援阶段介入，这具有里程碑意义。社会工作已经成为灾后救援的新视角，社会工作者已经成为灾后救援的新生力量。本研究是医务社会工作介入灾后心理急救和社会心理干预的本土化研究，是一次有意义的尝试。在研究中仍有许多不足，有待后续研究的补充和完善。

首先，本研究基于"8·03"鲁甸地震后住院伤员的特点及其生态环境提出"以资源为取向、以本土文化为本、跨专业"的灾后社会心理干预模式。该模式最大的一个特点为，以社会工作者为跨专业合作的组织者和协调者，总结了以社会工作为主导的灾后伤员心理救援的路径和方法。该模式有待于进一步完善，并在不同灾难情景下、不同人群的灾后心理救援中验证并推广。

其次，本研究通过对"8·03"鲁甸地震后12个典型个案的质性研究，初步探索了灾难后幸存者心理复原力的特点，探讨了心理复原力与灾后PTSD发生、灾后应激反应的关系。然而，追踪的时间非常有限，仅为灾后18个月。灾难对个体及其家庭的影响深远，在后续研究中，我们会继续追踪这12个个案，以期待能深入分析影响灾难后个体心理复原力的重要而持久的因素，以发展和充实心理复原力理论，推动心理复原力理论的本土化进程。

最后，本研究提出"心理检伤分类"的概念，并完成了"地震灾后早期快速心理筛查工具"测试版的编制，但并没有进行工具的验证。该工具是在"8·03"鲁甸地震后大量实地访谈和专家咨询的基础上开发的，目前还没有灾难现场情景可以去验证工具的效能。希望能够在将来地震灾难现场，对该筛查工具的测试版进行测试，并进一步修订，形成地震灾后早期快速心理筛查工具。

总之，期待后续研究能从心理复原力的视角对PTSD的发生与预防进行探讨，以便早期识别PTSD，对其进行有针对性的预防控制，提高灾后幸存者的生活质量和心理健康水平，更好地为维护人类的精神健康提供参考和服务；期待"心理检伤分类"的概念和"地震灾后早期快速心理筛查工具"进一步完善，并推广运用，该筛查工具可对灾后幸存者进行快速心理筛查，为政府部门合理配置心理救援资源提供依据，使早期心理干预更科学、有序和高效，为我国灾后心理救援、灾后应急管理提供参考，推动我国灾后心理急救理论和实践研究，促进心理危机干预体系的完善。

致 谢

"8·03"鲁甸地震后在民政部的统一协调下，我国首次尝试医务社会工作介入灾后伤员的心理救援，具有里程碑意义。本研究的"灾后社会心理干预模式"之所以能行之有效地推行，得益于民政部、云南省民政厅、昭通市卫生局以及昭通市第一人民医院在政策上、资金上的大力支持，尤其是香港择善基金会、思健基金会的资金支持。

特别感谢昭通市第一人民医院刘雅芸书记和刘桂昌主任、昭通市精神卫生中心范勇主任等对我在灾区工作的支持。感谢医院护理部团队、"社工站"的成员——熊成艳、徐红艳、林孝贵、高静等人对我工作的支持。在灾区艰苦的条件下，大家亲密无间地合作，最终顺利完成救灾任务。

以最诚挚的敬意感谢我的三位导师，香港理工大学应用社会科学系的沈文伟副教授、四川大学华西医院心理卫生中心的杨彦春教授和马小红教授。

真诚地感谢我的研究对象，让我有机会去理解灾难。我感叹这世间的无常，感叹你们常给我绝处逢生的惊喜，让我看到生命的不易与坚守。

最后，谨以此书献给我挚爱的双亲，挚爱的家人！

参考文献

中文参考文献

1. 边慧敏、杨旭、冯卫东，2013，《社会工作介入灾后恢复重建的框架及其因应策略》，《社会科学研究》第 5 期。
2. 陈华文、陈淑君，2011，《浙江民俗信仰》，上海文艺出版社。
3. 陈仁友、廖东铭、李向红，2005，《SF-36 量表在农村老人生命质量测定的信度和效度评价》，《广东医科大学学报》第 2 期。
4. 陈树林、李凌江，2005，《创伤后应激障碍的心理治疗》，《临床精神医学杂志》第 15 期。
5. 陈维樑、钟秀筠，2006，《哀伤心理咨询：理论与实务》，中国轻工业出版社。
6. 陈向明，1996，《社会科学中的定性研究方法》，《中国社会科学》第 6 期。
7. 陈竺、沈骥、康均行等，2012，《特大地震应急医学救援：来自汶川的经验》，《中国循证医学杂志》第 4 期。
8. 崔丽娟、张高产，2005，《积极心理学研究综述——心理学研究的一个新思潮》，《心理科学》第 2 期。
9. 崔渝敏、杨晓媛、王红梅等，2009，《汶川特大地震医护人员应激反应调查及干预的探讨》，《西南国防医药》第 4 期。
10. 邓明昱，2016，《创伤后应激障碍的临床研究新进展（DSM-5 新标准）》，《中国健康心理学杂志》第 5 期。
11. 邓伟志编，2009，《社会学辞典》，上海辞书出版社。
12. 丁宇、肖凌、郭文斌、黄敏儿，2005，《社会支持在生活事件—心理健康关系中的作用模式研究》，《中国健康心理学杂志》第 3 期。
13. 丁振明、张一奇，2012，《医务社会工作在构建医院人文服务体系中的作用》,《社会工作》第 2 期。

14. 杜建政、夏冰丽,2009,《急性应激障碍（ASD）研究述评》,《心理科学进展》第 3 期。

15. 冯燕,2008,《九二一灾后儿童生活照顾状况报告书》,台北：儿童福利联盟文教基金会。

16. 弗洛伊德,1993,《精神分析引论》,高觉敷译,商务印书馆。

17. 付芳、伍新春、臧伟伟、林崇德,2009,《自然灾难后不同阶段的心理干预》,《华南师范大学学报》（社会科学版）第 3 期。

18. 高雪屏、罗兴伟,2009,《汶川地震后 1 月内脱离/未脱离震区的亲历者 PTSD 筛查阳性的发生及心理影响因素》,《中南大学学报》（医学版）第 6 期。

19. 葛艳丽,2010,《影响震后羌族心理复原力的文化因素研究》,硕士学位论文,四川师范大学。

20. 郭敏、吴明、吴多育等,2008,《重大自然灾害后心理危机干预机制的构建》,《中华医院管理杂志》第 7 期。

21. 郭旗、肖水源,2010,《灾难后的心理应激反应和危机干预》,《中国健康心理学杂志》第 9 期。

22. 韩黎、袁纪玮、徐明波,2015,《基于 NVivo 质性分析的羌族灾后心理复原力的影响因素研究》,《民族学刊》第 5 期。

23. 何立群、张涛,2008,《震后早期心理辅导探讨》,《西南交通大学学报》（社会科学版）第 4 期。

24. 何丽、王建平、尉玮等,2013,《301 名丧亲者哀伤反应及其影响因素》,《中国临床心理学杂志》第 6 期。

25. 何秀琴,2012,《浅谈农村丧葬仪式的社会功能》,《周口师范学院学报》第 3 期。

26. 洪福建,2003,《9·21 灾后受创者灾后身心反应之变动与维持：灾后环境压力、因应资源与因应历程的追踪研究》,博士学位论文,台湾大学。

27. 胡欣怡,2005,《创伤后成长的内涵与机制初探：以 9·21 震灾为例》,硕士学位论文,台湾大学。

28. 黄健、郑进,2012,《农村丧葬仪式中的结构转换与象征表达》,《世界宗教文化》第 8 期。

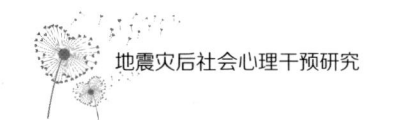

29. 黄流清，2008，《PTSD 相关睡眠障碍的概述》，《四川精神卫生》第 21 期。
30. 黄欣仪，2010，《学习障碍学生因为霸凌行为之心理历程及其复原力之个案研究》，硕士学位论文，台北市立教育大学特殊教育学系。
31. 贾晓明，2005，《从民间祭奠到精神分析——关于丧失后哀伤的过程》，《中国心理卫生杂志》第 8 期。
32. 姜敏敏，2008，《SF-36 v2 量表在中国人群的性能测试、常模制定及慢性病应用研究》，博士学位论文，浙江大学。
33. 金宏章，2008，《"5·12"心理重创学生哀思传统表达方法》，《中国健康心理学杂志》第 8 期。
34. 金宏章、张亮，2015，《传统因素在严重心理创伤者的心理康复中发挥作用探析与总结》，《高教学刊》第 4 期。
35. 金宏章、钟思嘉，2016，《精神分析观点在哀思传统表达上的运用》，《中国健康心理学杂志》第 4 期。
36. 金开诚、吴美玲，2012，《丧葬文化》，吉林文史出版社。
37. 康岚、唐登华，2008，《地震灾后心理重建》，《中国护理管理》第 10 期。
38. 康梅钧、钟玉卿，2013，《江西庐陵农村丧葬习俗与操办礼数》，《神州民俗》第 7 期。
39. 雷鸣、宁维卫、张庆林，2013，《心理复原力的内涵及其对心理健康教育的启示》，《西南交通大学学报》（社会科学版）第 5 期。
40. 雷鸣、宁维卫、张庆林，2013，《心理复原力的内涵及其对心理健康教育的启示》，《西南交通大学学报》（社会科学版）第 5 期。
41. 李国瑞，2008，《心理危机干预的主攻方案》，《中国卫生》第 7 期。
42. 李海垒、张文新，2006，《心理复原力研究综述》，《山东师范大学学报》（人文社会科学版）第 3 期。
43. 李洪波，2011，《矿难后矿工创伤后应激障碍的研究》，博士学位论文，吉林大学。
44. 李建明、杨绍清，2008，《地震后心理危机干预人员的心理状态调查研究》，《中国健康心理学杂志》第 12 期。
45. 李静、杨彦春，2012，《灾后本土化心理干预指南》，人民卫生出版社。
46. 李鲁、王红妹、沈毅，2002，《SF-36 健康调查量表中文版的研制及其性能测试》，《中华预防医学杂志》第 2 期。

47. 李仁莉，2013，《地震灾区中学生心理复原力、创伤后成长和创伤后应激障碍的追踪研究》，硕士学位论文，四川师范大学。

48. 李仁莉、戴艳、林崇德等，2015，《中学生创伤后成长、创伤后应激障碍的发展趋势：心理复原力的预测效应》，《心理发展与教育》第6期。

49. 李向莲、喻佳洁、李幼平等，2015，《震后人群心理健康状况评估工具的卫生技术评估之一：评估工具的使用现状》，《中国循证医学杂志》第12期。

50. 李晓敏、彭保艳、孙王乐贤等，2016，《护理人员健康促进生活方式与自我效能感关系研究》，《中国职业医学》第3期。

51. 李雪英，1999，《PTSD的认知理论及认知行为治疗》，《中国临床心理学杂志》第2期。

52. 李燕平，2005，《青少年研究的新趋势——恢复力研究述评》，《青年研究》第5期。

53. 李幼东、Assen Janblensky、王学义等，2011，《丧失对地震幸存者的心理影响》，《河北医药》第19期。

54. 林德南、庄润森、陈宇琦等，2008，《综合性医院健康促进工作模式的研究》，《现代预防医学》第21期。

55. 刘保锋，2010，《SF-36量表在三峡移民生命质量测定中的信度和效度评价》，《山东大学学报》第7期。

56. 刘凡，1986，《医疗社会工作》，《中国医院管理》第8期。

57. 刘徽，2008，《CISD课程简介及其对我国灾后心理危机干预的启示》，《比较教育研究》第10期。

58. 刘继同，2012，《改革开放30年以来中国医务社会工作的历史回顾、现状与前瞻》，《社会工作》第1期。

59. 刘建鸿、李晓文，2007，《哀伤研究：新的视角与理论整合》，《心理科学进展》第3期。

60. 刘杰、孟会敏，2009，《关于布朗芬布伦纳发展心理学生态系统理论》，《中国健康心理学杂志》第2期。

61. 刘取芝、吴远，2005，《压弹：关于个体逆境适应机制的新探索》，《湖南师范大学教育科学学报》第2期。

62. 刘天学，2004，《三峡地区"丧歌"浅析》，《重庆师范大学学报》（哲学

社会科学版）第 6 期。

63. 刘瑛、陈宝坤、俞平、关玮楼、苗丹民、武圣君，2015，《创伤后应激障碍评估量表综述》，《国际精神病学杂志》第 1 期。

64. 龙迪，1998，《心理危机的概念、类别、演变和结局》，《青年研究》第 12 期。

65. 吕娜，2015，《生态系统视域下灾难危机干预的"团体"解析》，《青少年学刊》第 2 期。

66. 罗茂嘉、王庆，2012，《玉树灾区藏族中学生心理复原力与人格的研究》，《赤峰学院学报》（自然科学版）第 10 期。

67. 罗兴伟、高雪屏、蔡太生等，2008，《汶川地震亲历者心理健康状况调查》，《中国临床心理学杂志》第 6 期。

68. 罗永华主编，2011，《农村丧事操办习俗》，西南师范大学出版社。

69. 罗增让、郭春涵，2015，《灾难心理健康教育的创新方法——美国〈心理急救现场操作指南〉的解读与启示》，《医学与哲学》第 17 期。

70. 罗震雷、杨淑霞，2008，《震灾后不同群体的心理应激与危机干预》，《中国西部科技》第 26 期。

71. 马飞、王怀海、谭庆荣，2009，《精神创伤后的早期心理干预》，《临床精神医学杂志》第 4 期。

72. 马红霞、章小雷，2011，《心理弹性模型的研究综述》，《中国医学创新》第 8 期。

73. 马洪路，2006，《医务社会工作个案研究》，载王思斌《社会工作专业化及本土化实践——中国社会工作教育协会 2003~2004 论文集》，社会科学文献出版社。

74. 马伟娜、桑标、洪灵敏，2008，《心理弹性及其作用机制的研究述评》，《华东师范大学学报》（教育科学版）第 1 期。

75. 马延孝，2007，《湟水流域汉族丧葬习俗的宗教学解读》，《青海民族研究》第 3 期。

76. 毛允杰、孙云峰、刘寒强等，2009，《加强重大灾害心理应激损伤医学防护的研究》，《白求恩医学杂志》第 4 期。

77. 美国国立儿童创伤应激中心编，2008，《心理急救现场操作指南》（第二版），童慧琦、王素琴等译，希望出版社。

78. 潘光花，2013，《灾后心理危机干预技术研究》，《实用预防医学》第7期。
79. 钱革，2009，《汶川震后心理危机的早期干预：文献综述与评价》，《兰州学刊》第3期。
80. 钱铭怡，2005，《国内外重大灾难心理干预之比较》，《心理与健康》第4期。
81. 钱铭怡、高隽、吴艳红等，2011，《地震后长期心理援助模式的探索："壹基金—北大童心康复项目"一年回顾与思考》，《中国心理卫生杂志》第8期。
82. 秦晓利，2003，《面向生活世界的心理学探索——生态心理学的理论与实践》，硕士学位论文，吉林大学。
83. 邱小艳、燕良轼，2014，《论农村殡葬礼俗的心理治疗价值——以汉族为例》，《中国临床心理学杂志》第5期。
84. 沈世林、张彩云、王玉萍，2014，《重大自然灾害创伤后心理应激障碍研究现状》，《卫生职业教育》第12期。
85. 沈文伟、陈会全，2015，《灾后儿童社会心理工作手册》，社会科学文献出版社。
86. 沈文伟、崔珂，2014，《灾后社会心理需求评估工具手册》，社会科学文献出版社。
87. 时镒、徐西胜，2001，《丧葬习俗与殡葬文化》，《东岳论丛》第2期。
88. 世界卫生组织、战争创伤基金会和世界宣明会，2013，《现场工作者心理急救指南》（中文版），中国科学院心理研究所译。
89. 帅向华、姜立新、侯建盛等，2014，《云南鲁甸6.5级地震灾害特点浅析》，《震灾防御技术》第3期。
90. 孙瑞琛、刘文婧，2010，《北京理工大学学报》（社会科学版）第5期。
91. 谭水桃、张曼莉、孙利娜、金巧红、郁鹏程，2009，《不同心理复原力中学生家庭环境因子比较》，《中国学校卫生》第2期。
92. 汤晓霞，2011，《表达性艺术治疗的浅议及运用》，《赤峰学院学报》（自然科学版）第12期。
93. 田文华、贾兆宝，2013，《汶川地震后儿童和青少年心理危机随访调查及相关心理对策研究》，第二军医大学出版社。
94. 仝利民，2005，《个案管理：基于社区照顾的专业社会工作方法》，《华东

理工大学学报》（社会科学版）第 2 期。

95. 汪群龙，2008，《灾后社会工作的介入与角色定位》，《齐齐哈尔大学学报》（哲学社会科学版）第 5 期。

96. 汪向东、赵丞智、新福尚隆、张富、范启亮、吕秋云，1999，《地震后创伤性应激障碍的发生率及影响因素》，《中国心理卫生杂志》第 1 期。

97. 汪新建、吕小康，2010，《躯体与心理疾病躯体化问题的跨文化视角》，《南京师大学报》（社会科学版）第 6 期。

98. 王琛发，2013，《华人传统殡葬礼仪的社会教育功能》，《广西师范大学学报》第 2 期。

99. 王丹，2015，《医务社会工作者的角色实践困境探析》，硕士学位论文，华中师范大学。

100. 王凤鸣、郭薇、胡莹等，2008，《汶川大地震灾民创伤后急性应激期心理危机干预的实践与研讨》，《成都医学院学报》第 2 期。

101. 王夫子，2007，《殡葬文化学：死亡文化的全方位解读》，湖南人民出版社。

102. 王建平，2008，《减轻自然灾害的法律问题研究》，法律出版社。

103. 王建平、冯林玉，2015，《地震灾害中"二次伤害"心理危机的法律干预条件——以〈心理救援条例〉制定与颁行的障碍为视角》，《当代法学》第 4 期。

104. 王善澄，2000，《心理社会干预进》，《上海精神医学》第 1 期。

105. 王思斌，2008，《社会工作概论》，高等教育出版社。

106. 王希林、吕秋云、李雪霓，2003，《SARS 应激后的集体心理干预》，《中国心理卫生杂志》第 12 期。

107. 王相兰、陶炯、温盛霖等，2008，《汶川地震灾民的心理健康状况及影响因素》，《中山大学学报》（医学科学版）第 4 期。

108. 王新燕、张桂青、石志坚，2015，《创伤住院患者创伤后应激障碍与应对方式、社会支持及防御方式的关系的研究》，《现代预防医学》第 3 期。

109. 王艳波、刘晓虹，2009，《灾难事件早期心理干预的研究现状》，《解放军护理杂志》第 24 期。

110. 卫生部人事司，2007，《中国医院社会工作制度建设现状与政策开发研究报告（摘要）》，《中国医院管理》第 11 期。

111. 吴柏龄，1988，《重大灾害时的人群精神反应（文献综述）》，《军事医学科学院院刊》第 5 期。

112. 吴英璋、许文耀，2004，《灾难心理反应及其影响因子之文献探讨》，《临床心理学》第 4 期。

113. 伍新春、张宇迪、林崇德等，2013，《中小学生的灾难暴露程度对创伤后应激障碍的影响：中介和调节效应》，《心理发展与教育》第 6 期。

114. 席居哲、桑标、左志宏，2008，《心理弹性研究的回顾与展望》，《教育导刊》第 11 期。

115. 萧文，2000，《灾变事件前的前置因素与复原力在创伤后压力症候反应心理复健上的影响》，博士学位论文，彰化师范大学。

116. 肖旻婵，2008，《运用 ACT 危机干预模式进行震后心理危机干预》，《中小学心理健康教育》第 14 期。

117. 肖文，2000，《灾变事件前的前置因素与复原力在创伤后压力症候反应心理复健上的影响》，《九二一震灾心理复健学术研讨会论文集》。

118. 谢丹、卿丽蓉，2006，《进城务工农民子女初中阶段自尊发展的初步研究》，《中国特殊教育》第 2 期。

119. 辛自强，2018，《社会心理服务体系建设的定位与思路》，《心理技术与应用》第 5 期。

120. 新华网，2014，《云南鲁甸地震遇难人数增至 617 人》，http://news.Xinhuanet.com/local/2014-08/08/c_1112001815.Html。

121. 徐春林，2007，《哀伤抚慰的中国模式初探》，《江西师范大学学报》（哲学社会科学版）第 6 期。

122. 许兴建，2006，《婚恋依恋研究进展》，《中国临床心理学杂志》第 2 期。

123. 许燕平、宋娟，2008，《经济困难学生心理弹性的建构研究》，《思想理论教育》第 3 期。

124. 杨成君、时勘，2008，《灾难后孤儿与孤老的心理援助》，《宁波大学学报》（人文科学版）第 4 期。

125. 杨甫德，2008，《对震后心理救援的思考》，《中国卫生质量管理》第 6 期。

126. 杨婉秋、杨彦春、沈文伟、马小红，2018，《地震灾后早期快速心理评估内容的德尔菲法研究》，《中国心理卫生杂志》第 9 期。

127. 易芳，2004，《生态心理学的理论审视》，博士学位论文，南京师范大学。
128. 于肖楠、张建新，2005，《韧性（resilience）——在压力下复原和成长的心理机制》，《心理科学进展》第5期。
129. 喻玉兰，2010，《地震灾区中学生灾难暴露程度、心理复原力与创伤心理的关系》，硕士学位论文，四川师范大学。
130. 曾文星，1997，《华人的心理与治疗》，北京医科大学中国协和医科大学联合出版社。
131. 张本、王学义、孙贺祥等，1998，《唐山大地震对人类心身健康远期影响》，《中国心理卫生杂志》第4期。
132. 张和清，2010，《社会工作：通向能力建设的助人自助——以广州社工参与灾后恢复重建的行动为例》，《中山大学学报》（社会科学版）第50期。
133. 张黎黎、钱铭怡，2004，《美国重大灾难及危机的国家心理卫生服务系统》，《中国心理卫生杂志》第6期。
134. 张丽、周建松、李凌江，2016，《精神创伤急性期危机干预方法评价》，《中国心理卫生杂志》第8期。
135. 张日晟，1999，《咨询心理学》，人民教育出版社。
136. 张姝玥、王芳、许燕、潘益中，2009，《汶川地震灾区中小学生复原力对其心理状况的影响》，《中国特殊教育》第5期。
137. 张拓红、陈育德，2009，《健康发展战略与卫生服务体系的整合》，《医学与哲学》第30期。
138. 张文新，2006，《心理韧性研究综述》，《山东师范大学学报》（人文社会科学版）第3期。
139. 张小英，2016，《建立心理急救机制的必要性》，《世界最新医学信息文摘》第35期。
140. 赵丞智、李俊福、王明山等，2001，《地震后17个月受灾青少年PTSD及其相关因素》，《中国心理卫生杂志》第3期。
141. 赵映霞，2008，《心理危机与危机干预理论概述》，《安徽文学》（下半月）第3期。
142. 中共中央办公厅，2009，《中共中央国务院关于深化医药卫生体制改革的意见》，http://www.sda.gov.cn/WS01/CL0611/41193.Html。
143. 中山大学附属第一医院，2014，《我院国家医疗队驰援鲁甸地震灾区》，

http://www.gzsums.net/news_10034.aspx。

144. 周碧岚，2004，《离异女性复原力的建构研究》，《中华女子学院学报》第2期。

145. 周春燕、黄希庭，2004，《成人依恋表征与婚恋依恋》，《心理科学进展》第2期。

146. 周欢、刘巧兰、杨洋等，2008，《四川汶川地震灾后健康教育模式的探讨》，《现代预防医学》第22期。

147. 周宗奎、赵冬梅、孙晓军等，2006，《儿童的同伴交往与孤独感：一项2年纵向研究》，《心理学报》第5期。

148. 朱森楠，2011，《"国中"中辍复学生复原力及其相关历程探讨》，博士学位论文，台湾师范大学。

149. 祝贺，2016，《外伤患者发生PTSD的影响因素及与述情、应对相关性研究》，硕士学位论文，吉林大学。

150. B. E. Gilliland、B. K. James，2011，《危机干预概述》，《心理咨询师》第6期。

151. B. E. Gilliland、R. K. James，2000，《危机干预策略》（下册），肖水源译，中国轻工业出版社。

152. E. Aronson、T. D. Wilson、R. M. Akert，2005，《社会心理学》，侯玉波等译，中国轻工业出版社。

153. P. L. Rice，2000，《健康心理学》，胡佩诚等译，中国轻工业出版社。

154. Richard K. James、Burl E. Gilliland，2009，《危机干预策略》，高申春等译，高等教育出版社。

155. R. J. Ursano、C. S. Fullerton、L. Weisaeth、B. Raphael，2010，《灾难精神病学》，周东丰、王晓慧译，人民军医出版社出版，2011。

英文参考文献

1. A. Bonanno George, Galea Sandro. 2007. "What Predicts Psychological Resilience after Disaster? The Role of Demographics, Resources, and Life Stress." *Journal of Consulting and Clinical Psychology* 75 (5): 671 – 682.

2. A. Dyregrov. 1997. "The Process in Psychological Debriefings." *Journal of Traumatic Stress* 10 (4): 589 – 605.

3. A. E. Kelly, K. J. McKillop. 1996. "Consequences of Revealing Personal Secrets." *Psychological Bulletin* 120: 450 – 465.

4. A. Feinstein, R. Dolan. 1991. "Predictors of Post-traumatic Stress Disorder following Physical Trauma: An Examination of the Stressor Criterion." *Psychological Medicine* 21 (1): 85 – 91.

5. A. George, S. G. Bonanno, Angela Bucciarelli, David Vlahov. 2006. "Psychological Resilience after Disaster." *Psychological Science* 17 (3): 180 – 186.

6. A. Knowles. 2011. "Resilience among Japanese Atomic Bomb Survivors." *International Nursing Review* 58 (1): 54 – 60.

7. A. P. Wingo, M. Briscione, S. D. Norrholm, et al. 2017. "Psychological Resilience is Associated with More Intact Social Functioning in Veterans with Post-traumatic Stress Disorder and Depression." *Psychiatry Research* 249: 206 – 211.

8. A. S. Masten. 2007. "Resilience in Developing Systems: Regress and Romise as the Fourth Wave Rises." *Development and Psychopathology* (19): 921 – 930.

9. A. Talbot, M. Manton, P. J. Dunn. 2010. "Debriefing the Debriefers: An Intervention Strategy to Assist Psychologists after a Crisis." *Journal of Traumatic Stress* 5 (1): 45 – 62.

10. A. Y. Shalev, T. Peri, L. Canetti, et al. 1996. "Predictors of PTSD in Injured Trauma Survivors: A Prospective Study." *American Journal of Psychiatry* 153 (2): 219 – 225.

11. A. Y. Shalev, T. Peri, L. Canetti, et al. 1996. "Predictors of PTSD in Injured Trauma Survivors: A Prospective Study." *American Journal of Psychiatry* 153 (2): 219 – 225.

12. B. D. Romanoff. 1998. "Rituals and the Grieving Process." *Death Studies* 22 (8): 697 – 711.

13. B. Setnik, C. L. Roland, A. I. Barsdorf, et al. 2017. "The Content Validation of the Self-reported Misuse, Abuse and Diversion of Prescription Opioids (SR-MAD) Instrument for Use in Patients with Acute or Chronic Pain." *Current Medical Research and Opinion*: 1 – 10.

14. B. T. Litz. 2010. "Early Intervention for Trauma: Where are We and Where do We Need to Go? A Commentary." *Traumatic Stress* 21 (6): 503 – 506.

15. Cynthia L. Radnitz, I. S. Schlein and L. Hsu. 2000. "The Effect of Prior Trauma Exposure on the Development of PTSD following Spinal Cord Injury." Journal of Anxiety Disorders 14 (3): 313 – 324.

16. C. G. Davis, S. Nolen-Hoeksema, Larson. 1998. "Making Sense of Loss and Benefiting from the Experience: Two Construals of Meaning." Journal of Personality and Social Psychology 75: 561 – 574.

17. C. G. Davis. 2001. "The Tormented and Transformed: Understanding Responses to Loss and Trauma." In Meaning Reconstruction and the Experience of Loss, edited by R. A. Neimeyer, pp. 137 – 155. Washington, DC: American Psychological Association.

18. C. Jason, L. P. William. 2003. "Grief Rituals: Aspects that Facilitate Adjustment to Bereavement." Loss and Trauma: International Perspectives on Stress & Coping 8 (1): 41 – 71.

19. C. J. Donoho, G. A. Bonanno, B. Porter, et al. 2017. "A Decade of War: Prospective Trajectories of Post-traumatic Stress Disorder Symptoms Among Deployed US Military Personnel and the Influence of Combat Exposure." American Journal of Epidemiology 186 (12): 1310 – 1318.

20. C. M. Parkes, R. S. Weiss. 1983. Recovery from Bereavement. Basic Booles.

21. C. R. Brewin, B. Andrews, J. D. Valentine. 2000. "Meta-analysis of Risk Factors for Posttraumatic Stress Disorder in Trauma-exposed Adults." Consult Clin Psychol 68 (5): 748 – 66.

22. C. S. Fullerton, et al. 2000. "Debriefing Following Trauma." Psychiatric Quarterly 71 (3): 259 – 276.

23. C. S. North, B. Pfefferbaum. 2013. "Mental Health Response to Community Disasters: A Systematic Review." Jama the Journal of the American Medical Association 310 (5): 507 – 518.

24. D. Anderson, P. Prioleau, K. Taku, et al. 2016. "Post-traumatic Stress and Growth among Medical Student Volunteers after the March 2011 Disaster in Fukushima, Japan: Implications for Student Involvement with Future Disasters." Psychiatric Quarterly 87 (2): 241 – 251.

25. D. E. Howard. 1996. "Searching for Resilience among African-American Youth

Exposed to Community Violence: Theoretical Issues." *Adolescent Health* 18 (4): 254 – 262.

26. D. Keltner, G. A. Bonanno. 1997. "A Study of Laughter and Dissociation: Distinct Correlates of Laughter and Smiling During Bereavement." *Journal of Personality and Social Psychology* 73: 687 – 702.

27. D. Klass. 1997. "The Deceased Child in Psychic and Social Worlds of Bereaved Parents during the Resolution of Grief." *Death Studies* 21 (2): 147 – 175.

28. D. L. Hager. 1992. " Chaos and Growth." *Psychotherapy* 29 (3): 378 – 384.

29. D. N. Sattler, B. Boyd, J. Kirsch. 2014. "Trauma-exposed Firefighters: Relationships among Posttraumatic Growth, Posttraumatic Stress, Resource Availability, Coping and Critical Incident Stress Debriefing Experience." *Stress and Health* 30 (5): 356 – 365.

30. E. Alisic, R. Conroy, J. Magyar, et al. 2014. "Psychosocial Care for Seriously Injured Children and Their Families: A Qualitative Study among Emergency Department Nurses and Physicians." *Injury* 45 (9): 1452 – 1458.

31. E. A. Barton. 2005. "Posttraumatic Growth, Posttraumatic Stress Disorder and Time in National Humanitarian Aid Workers. Fuller Theological Seminary." The Dissertation for the Ph. D. Degree.

32. E. E. Werner. 1989. "Children of the Garden Island." *Scientific American* 260 (4): 106 – 111.

33. F. C. Thorne. 1952. "Psychological First Aid." *Journal of Clinical Psychology* 8 (2): 210.

34. F. H. Norris, et al. 2002. "60,000 Disaster Victims Speak: Part I. An Empirical Review of the Empirical Literature, 1981 – 2001." *Psychiatry* 65 (3): 207 – 39.

35. F. Walsh. 2002. "A Family Resilience Framework: Innovative Practice Applications." *Family Relations* 51 (2): 130 – 137.

36. F. Walsh. 2003. "Family Resilience a Frame Work for Clinical Practice." *Family Process* 42 (1): 4 – 18.

37. George Hagman. 1996. "The Role of the other in Mourning." *Psychoanal* 65 (2): 327 – 352.

38. G. A. Bonanno, J. T. Moskowitz, A. Papa, et al. 2005. "Resilience to Loss in Bereaved Spouses, Bereaved Parents and Bereaved Gay Men." *Journal of Personality & Social Psychology* 88 (5): 827.

39. G. A. Bonanno, A. Papa, K. Lalande, et al. 2004. "The Importance of Being Flexible: The Ability to both Enhance and Suppress Emotional Expression Predicts Long-term Adjustment." *Psychological Science* 15: 482 – 487.

40. G. A. Bonanno, D. Keltner. 1997. "Facial Expressions of Emotion and the Course of Bereavement." *Abnormal Psychology* 106: 126 – 137.

41. G. A. Bonanno, J. T. Moskowitz, A. Papa, et al. 2005. "Resilience to Loss in Bereaved Spouses, Bereaved Parents and Bereaved Gay Men." *Journal of Personality & Social Psychology* 88 (5): 827.

42. G. A. Bonanno, S. Galea, A. Bucciarelli, et al. 2007. "What Predicts Psychological Resilience after Disaster? The Role of Demographics, Resources, and Life Stress." *Consulting & Clinical Psychology* 75 (5): 671 – 82.

43. G. A. Bonanno, S. Kaltman. 1999. "Toward an Integrative Perspective on Bereavement." *Psychological Bulletin* 25 (6): 760 – 776.

44. G. E. Richardson. 2002. "The Metatheory of Resilience and Resiliency." *Clinical Psychology* 58: 307 – 321.

45. G. H. Pollock. 1989. *The Mourning-liberation Process*, Vols. 1&2. International University Press.

46. G. Reyes, J. D. Elhai. 2004. "Psychosocial Interventions in the Early Phases of Disasters." *Psychotherapy: Theory, Research, Practice, Training* 41 (4): 399 – 411.

47. G. S. Everly, R. B. Flannery, V. A. Eyler. 2002. "Critical Incident Stress Management (CISM): A Statistical Review of the Literature." *Psychiatric Quarterly* 73 (3): 171 – 182.

48. G. Wagnild. 2009. "A Review of the Resilience Scale." *Nursing Measurement* 17 (2): 105 – 13.

49. G. Windle, K. M. Bennett, J. Noyes. 2011. "A Methodological Review of Resilience Measurement Scales." *Health & Quality of Life Outcomes* 9 (1): 8.

50. H. Komor, D. Wineje, O. Ekeberg, et al. 2008. "Early Trauma Focused Cogni-

tive Behavioral Therapy to Prevent Chronic Post-traumatic Stress Disorder and Related Symptoms: A Systematic Review and Meta-analysis." *BMC Psychiat*: 81 – 89.

51. Inter-Agency Standing Committee (IASC) . 2007. *IASC Guidelines on Mental Health and Psychosocial Support in Emergency Settings*. Geneva: IASC.

52. I. R. Nerken. 1993. "Grief and the Reflective Self: Toward a Clearer Model of Loss Resolution and Growth." *Death Studies* 17 (1): 1 – 26.

53. J. A. Haagsma, S. Polinder, H. Toet, et al. 2011. "Beyond the Neglect of Psychological Consequences: Post-traumatic Stress Disorder Increases the Non-fatal Burden of Injury by More than 50%." *Injury Prevention: The International Society for Child and Adolescent Injury Prevention* 17 (1): 21 – 26.

54. J. Halpern and M. Tramontin. 2007. *Disaster Mental Health: Theory and Practice*. New York.

55. J. M. Jenkins and M. A. Smith. 1990. "Factors Protecting Children Living in Disharmonious Homes: Maternal Reports." *An Acad Child Adolesc Psychiatry* 29 (1): 60 – 69.

56. J. M. Patterson. 2002. "Integrating Family Resilience and Family Stress Theory." *Marriage and Family* 64 (2): 349 – 360.

57. J. M. Shultz and D. Forbes. 2014. "Psychological First Aid: Rapid Proliferation and the Search for Evidence." *Disaster Health* 2 (1): 3 – 12.

58. J. M. Shultz, Y. Neria, A. Allen, et al. 2013. *Psychological Impacts of Natural Disasters*. Springer Netherlands.

59. J. Tsai, I. Harpazrotem, R. H. Pietrzak, et al. 2012. "The Role of Coping Resilience and Social Support in Mediating the Relation between PTSD and Social Functioning in Veterans Returning from Iraq and Afghanistan." *Psychiatry* 75 (2): 135.

60. J. Wen, Y. K. Shi, Y. P. Li, et al. 2012. "Quality of Life, Physical Diseases and Psychological Impairment among Survivors 3 Years after Wenchuan Earthquake: A Population based Survey." *PLoS One* 7 (8): 43081.

61. J. W. Pennebaker, J. K. Kiecolt-Glaser, R. Glaser. 1988. "Disclosure of Rraumas and Immune Function: Health Implications for Psychotherapy." *Consulting

and Clinical Psychology 56: 239 – 245.

62. K. Bartholomew, L. M. Horowitz. 1991. "Attachment Styles among Young Adults: A Test of a Four-category Model." *Personality and Social Psychology* 61 (1): 226 – 244.

63. K. Kaniasty, F. H. Norris. 1993. "A Test of the Social Support Deterioration Model in the Context of Natural Disaster." *Personality & Social Psychology* 64 (3): 395.

64. K. L. Kumpfer. 1999. "Factors and Processes Contributing to Resilience: The Resilience Framework" In *Resiliency and Development: Positive Life Adaptations*, edited by M. D. Glantz, J. L. Johnson, pp. 179 – 224. NY: Kluwer Academic.

65. K. L. Kumpfer. 2002. *Factors and Processes Contributing to Resilience*. Resilience and Development: Springer U. S.

66. K. Takahashi, E. Sase, A. Kato, et al. 2015. "Psychological Resilience and Active Social Participation among Older Adults with Incontinence: A Qualitative Study." *Aging & Mental Health*: 1 – 7.

67. K. Tusaie, J. Dyer. 2004. "Resilience: A Historical Review of the Construct." *Holistic Nursing Practice* 18.

68. L. A. Gamino, L. W. Easterling, L. S. Stirman, K. W. Sewell. 2000. "Grief Adjustment as Influenced by Funeral Participation and Occurrence of Adverse Funeral Events." *Omega: Death and Dying* 41 (2): 79 – 92.

69. L. Luborsky, A. H. Auerbach, M. Chandler, et al. 1971. "Factors Influencing the Outcome of Psychotherapy: A Review of Quantitative Research." *Psychol Bull* 75 (3): 145 – 185.

70. Maryke J. Nielsen, et al. 2016. "Post-earthquake Recovery in Nepal." *The Lancet Global Health* 4 (3).

71. M. J. Mahoney. 1985. *Psychotherapy and Human Change Processes*: Cognition and Psychotherapy. Springer US, pp. 3 – 48.

72. M. J. Mahoney. 1985. "Psychotherapy and Human Change Processes." *Cognition & Psychotherapy*: 3 – 48.

73. M. Rutter. 1990. *Psychosocial Resilience and Protective Factors in the Development of Psychopathology*. London: Cambridge University Press, pp. 325 – 328.

74. M. Rutter. 1990. *Psychosocial Resilience and Protective Factors in the Development of Psychopathology*. London: Cambridge University Press.

75. M. Seligman, M. Csikszentimihalyi. 2000. "Positive Psychology: An Introduction." *American Psychologist* 55 (1): 5–14.

76. M. Stroebe and W. Stroebe. 1991. "Does 'Grief Work' Work?" *Journal of Consulting and Clinical Psychology* 59 (3): 479.

77. M. Stroebe and H. Schut. 1999. "The Dual Process Model of Coping with Bereavement: Rationale and Description." *Death Studies* 23 (3): 197–224.

78. M. Stroebe, H. Schut, W. Stroebe. 2005. "Attachment in Coping with Bereavement: A Theoretical Integration." *Review of General Psychology* 9 (1): 48–66.

79. M. Stroebe, H. Schut, W. Stroebe. 2006. "Who Benefits from Disclosure? Exploration of Attachment Style Differences in the Effects of Expressing Emotions." *Clinical Psychology Review* 26: 66–85.

80. M. Stroebe and H. Schut. 2005. "To Continue or Relinquish Bonds: A Review of Consequences for the Bereaved." *Death Studies* 29 (6): 477–494.

81. M. T. Hsu, D. L. Kahn, D. H. Yee, et al. 2004. "Recovery through Reconnection: A Cultural Design for Family Bereavement in Taiwan." *Death Studies* 28 (8): 761–786.

82. M. Ungar and L. Liebenberg. 2011. "Assessing Resilience across Cultures Using Mixed Methods: Construction of the Child and Youth Resilience Measure." *Journal of Mixed Methods Research* 5 (2): 126–149.

83. Norrish, J. Friedmanm, P. J. Waston, et al. 2002. "60000 Disaster Victims Speak: Part I An Empirical Review of the Empirical Literature." *Psychiatry* 65 (3): 207–239.

84. N. Garmezy, A. S. Masten, A. Tellegen. 1984. "The Study of Stress and Competence in Children: A Building Block for Eevelopmental Psychopathology." *Child Development* 55: 97–11.

85. N. K. Gale, G. Heath, E. Cameron, et al. 2012. "Using the Framework Method for the Analysis of Qualitative Data in Multi-disciplinary Health Research." *BMC Medical Research Methodology* 13 (1): 1–8.

86. N. P. Field, C. Nichols, A. Holen, et al. 1999. "The Relation of Continuing

Attachment to Adjustment in Conjugal Bereavement." *Consulting and Clinical Psychology* 67 (2): 212 – 218.

87. P. I. Veeser, C. W. Blakemore. 2006. "Student Assistance Program: A New Approach for Student Success in Addressing Behavior Health and Life Events." *American College Health* 54 (6): 377 – 381.

88. P. J. Watson, M. J. Bryme, G. A. Bonanno. 2011. "Postdisaster Psychological Intervention Since 9/11." *American Psychologist* 66 (6).

89. Ronnie Janoff-Bulman. 1989. "Assumptive Worlds and the Stress of Traumatic Events." *Social Cognition* 7: 113 – 136.

90. R. A. Bryant. 2003. "Early Predictors of Posttraumatic Stress Disorder." *Biological Psychiatry* 53 (9): 789 – 795.

91. R. Bradley, J. Greene, E. Russ, et al. 2005. "A Multidimensional Meta-analysis of Psychotherapy for PTSD." *The American Psychiatry* 162 (2): 214 – 227.

92. R. B. Flannery, J. D. Perry, M. R. Harvey. 1993. "A Structured Stress-reduction Group Approach Modified for Victims of Psychological Trauma." *Psychotherapy Theory Research Practice Training* 30 (4): 646 – 650.

93. R. Cohen, C. Culp, S. Genser. 1987. *Human Problems in Major Disasters : A Training Curriculum for Emergency Medical Personnel.* Washington D. C. : US Government Printing Office.

94. R. C. Kessler, A. Sonnega, E. Bromet, M. Hughes and C. B. Nelson. 1995. "Posttraumatic Stress Disorder in the National Comorbidity Survey." *Archives of General Psychiatry* 52: 1048 – 1060.

95. R. Kastenbaum, P. T. Costa. 1977. "Psychological Perspectives on Death." *Annual Review of Psychology* 28 (1): 225 – 249.

96. R. Orner, U. Schnyder. 2003. *Reconstructing Early Intervention after Trauma: Innovations in the Care of Survivors.* London: Oxford University Press.

97. R. Woodgate. 1999. "Conceptual understanding of Resilience in the Adolescent with Cancer: Part 1." *Pediatric Oncology Nursing* 16 (1): 35 – 43.

98. Shrier, K. Diane. 1997. "The Resilient Self: How Survivors of Troubled Families Rise above Adversity." *The American Academy of Child & Adolescent Psychiatry* 36 (2): 298.

99. S. A. Mitchell. 1995. *Hope and Dread in Psychoanalysis*. Basic Books.

100. S. Beyerlein, M. Beyerlein, D. Johnson. 2006. "Psychological First Aid Field Operations Guide" *National Child Traumatic Stress Network* 33 (7): 391 – 395.

101. S. Folkman, J. D. Moskowitz. 2000. "Stress, Positive Emotion and Coping." *Current Directions in Psychological Science* 9 (4): 115 – 118.

102. S. J. Wolin. 1993. *The Resilience Self: How Survivors of Troubled Families Rise Above Adversity*. New York: Villard.

103. S. K. Brooks, R. Dunn, et al. 2016. "Social and Occupational Factors Associated with Psychological Distress and Disorder among Disaster Responders: A Systematic review." *BMC Psychology* 4 (1): 18.

104. S. Nolen-Hoeksema, L. E. Parker, J. Larson. 1994. "Ruminative Coping with Depressed Mood Following Loss." *Journal of Personality and Social Psychology* 67 (1): 92 – 104.

105. S. Rose, C. R. Brewin, B. Andrews, et al. 1999. "A Randomized Controlled Trial of Individual Psychological Debriefing for Victims of Violent Crime." *Psychological Medicine* 29 (4): 793 – 799.

106. S. S. Luthar. 2000. "The Construct of Resilience : A Critical Evaluation and Guidelines for Future Work." *Child Dev* 71: 543 – 62.

107. S. Varvin. 2003. "Mourizng & Deprssion, Journal for Psychoanalysis of Culture and Society." *Quality of Life Research* 8 (2): 234 – 240.

108. S. Zisook, Y. Chentsovadutton, S. R. Shuchter. 1998. "PTSD Following Bereavement." *Annals of Clinical Psychiatry* 10 (4): 157 – 163.

109. Tonya T. Kolkow, et al. 2007. "Post-Traumatic Stress Disorder and Depression in Health Care Providers Returning from Deployment to Iraq and Afghanistan." *Military Medicine* 172: 451 – 455.

110. T. Clewell. 2004. "Mourning beyond Melancholia: Freud's Psychoanalysis of Loss." *An Psychoanal Assoc* 52 (1): 43 – 67.

111. T. Dieltjens, I. Moonens, K. Van Praet, et al. 2015. "A Systematic Literature Search on Psychological First Aid: Lack of Evidence to Develop Guidelines." *PLoS One* 9 (12).

112. T. Karatzias, S. Jowett, E. Yan, et al. 2016. "Depression and Resilience Me-

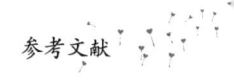

diate the Relationship between Traumatic Life Events and Ill Physical Health: Results from a Population Study. " *Psychology Health & Medicine* : 1 – 11.

113. T. L. Brett. 2008. " Early Intervention for Trauma: Where are We and Where do We Need to Go? " *Trauma Stress* 21 (6): 503 – 506.

114. T. Trimble, B. Hannigan, M. Gaffney. 2012. "Suicide Prevention: Coping, Support and Transformation. " *The Irish Journal of Psychology* 33 (2 – 3): 115 – 121.

115. T. Tsujiuchi, M. Yamaguchi, K. Masuda, et al. 2016. " High Prevalence of Post-traumatic Stress Symptoms in Relation to Social Factors in Affected Population One Year after the Fukushima Nuclear Disaster. " *PLoS One* 11 (3): 0151807.

116. V. Braun, V. Clarke. 2008. "Taylor & Francis Online: Using Thematic Analysis in Psychology. " *Qualitative Research in Psychology* 3 (2): 77 – 101.

117. Wanqiu Yang, T. Sim, K. Cui, et al. 2018. " Health-Promoting Lifestyles among Health Care Workers in a Postdisaster Area: A Cross-sectional Study. " *Disaster Medicine & Public Health Preparedness*: 1.

118. Y. Auxémery. 2012. " Posttraumatic Stress Disorder (PTSD) as a Consequence of the Interaction between an Individual Genetic Susceptibility: A Traumatogenic Event and a Social Context. " *Lencéphale* 38 (5): 373 – 80.

119. Y. Dresner, E. Frank, T. Baevsky, et al. 2010. "Screening Practices of Israeli Doctors and Their Patients. " *Preventive Medicine* 50 (5 – 6): 300 – 305.

120. Y. U. He, L. Jian-Ping. 2008. " Qualitative Method and Its Application Status in Healthcare. " *The Journal of Evidence-Based Medicine* 8 (5).

缩略词

1. 急性应激障碍（Acute Stress Disorder，ASD）
2. 创伤后应激障碍（Post-traumatic Stress Disorder，PTSD）
3. 《精神疾病诊断与统计手册》（第四版）(DSM-Ⅳ)
4. 《精神疾病诊断与统计手册》（第五版）(DSM-V)
5. 学生帮助计划（Student Assistance Program，SAP）
6. 认知和行为疗法（Cognitive-Behavior Therapy，CBT）
7. 眼动脱敏再处理（Eye Movement Desensitization and Reprocessing，EMDR）
8. 创伤后应激障碍症状自评量表（Posttraumatic Stress Disorder Checklist-Civilian Version，PCL-C）
9. 美国创伤后应激障碍研究中心（National Center for Posttraumatic Stress Disorder，NCPSD）
10. 临床用创伤后应激障碍量表（Clinician-Administered PTSD Scale，CAPS）
11. 事件影响量表（修订版）（The Impact of Event Scale-Revised，IES-R）
12. 简明创伤后障碍访谈（Brief Interviews for Posttraumatic Disorder，BIPD）
13. 通用性简明健康调查问卷（The Medical Outcomes Study 36-item Short Form Health Survey，SF-36）
14. 社会支持量表（Social Support Rate Scale，SSRS）
15. 心理复原力量表（Connor-Davidson Resilience Scale，CD-RISC）
16. 美国社会工作者协会（National Association of Social Workers，NASW）
17. 美国精神病协会（American Psychiatry Association，APA）
18. 心理急救（Psychological First Aid，PFA）

附　录

附录1　世界卫生组织—联合国难民署自然灾害受灾民众严重症状评定表（现场调查版）

背景

灾害或紧急情况下的健康调查和监督为评估受影响人群的常见精神健康问题提供了机会。该工具包含了那些适合用于灾害环境下的综合健康调查和监督的精神健康问题。该工具应主要由灾害救援人员和支持者来使用，并且可以由不具备专业精神健康知识的调查者执行。

该工具的目的主要在于识别那些优先需要精神健康护理的人群。因此，所选用的问题旨在识别出那些具有严重的忧虑症和精神功能受损的人群，及时辨识出这些人群将有利于向公共健康政策决策者建议在多大程度上某些特定的精神健康问题需要特别关注，亦可以告知社区精神健康服务机构某个受访者是否患有潜在的精神障碍。

该工具包括两个部分：第一部分是对受访者基本信息的收集；第二部分又包括A和B两个子部分。A部分主要涵盖了一些受访者可能患有的严重并常见的忧虑和精神功能受损症状。B部分包含了受访者家庭成员可能患有的更宽范围的症状，包括精神错乱和癫痫症等。需要注意的是，B部分意图测量比A部分更严重的功能受损症状。

参与者

自然灾害环境下18岁以上的受灾人群。

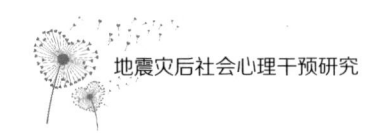

资料收集方法

- 问卷调查；
- 个人访谈。

资料分析方法

• 评估员应报告精神障碍的症状而非严重程度，达到这一目的最简单的方法是分析出受访者对于每一个问题的不同答案的比例。生成的报告可以是如下形式：

X%的被调查者在过去两周总是感觉到非常害怕以至于无法平静；

Y%的被调查者在过去两周的大部分时间都感到非常生气甚至失控；

Z%的被调查者在过去两周总是感到对过去感兴趣的事物提不起兴趣，甚至不想做任何事情。

• 在对该工具第二部分的 A 部分进行分析时，若被调查者对 6 个问题中的 3 个或 3 个以上问题选择"总是""大多数时间""有时"，则标记为阳性，其他标记为阴性。被标记为阳性的灾民应优先考虑给予精神健康护理或介入。

第一部分：受访者的基本信息

受访者的基本信息	
姓名	
年龄	
性别	
宗教信仰	
民族	
就业情况	
家庭住址	

第二部分：A. 以下几个问题的目的在于了解您在过去【两周时间内或其他适用的时间段】① 感受如何（A 部分应尽可能让一个家庭内所有 18 岁以上的家庭成员分别填答）

A1. 在过去【填入适用的时间段】您是否感到非常害怕以至于无法平静？

1. 总是　　　　2. 大多数时间　　　3. 有时

---

① 此处时间段的选择是开放式的，应根据被评估社区的实际情况而定。

4. 很少 　　　　　5. 没有 　　　　　6. 不知道

7. 拒绝回答

A2. 在过去【填入适用的时间段】您是否感到非常生气以至于失控？

1. 总是 　　　　　2. 大多数时间 　　3. 有时

4. 很少 　　　　　5. 没有 　　　　　6. 不知道

7. 拒绝回答

A3. 在过去【填入适用的时间段】您是否感到对过去感兴趣的事情提不起兴趣，甚至不想做任何事情？

1. 总是 　　　　　2. 大多数时间 　　3. 有时

4. 很少 　　　　　5. 没有 　　　　　6. 不知道

7. 拒绝回答

A4. 在过去【填入适用的时间段】您是否感到绝望甚至不想再继续生活下去？

1. 总是 　　　　　2. 大多数时间 　　3. 有时

4. 很少 　　　　　5. 没有 　　　　　6. 不知道

7. 拒绝回答

A5. 在过去【填入适用的时间段】您是否会被地震、泥石流等灾害严重困扰以至于您想要试着避开一些有可能使您回想起这些灾害的地点、人、谈话或者活动呢？

1. 总是 　　　　　2. 大多数时间 　　3. 有时

4. 很少 　　　　　5. 没有 　　　　　6. 不知道

7. 拒绝回答

A6. 在过去【填入适用的时间段】您是否有过害怕、愤怒、疲乏、无趣、绝望和沮丧等情绪，并因此无法完成日常活动？

1. 总是 　　　　　2. 大多数时间 　　3. 有时

4. 很少 　　　　　5. 没有 　　　　　6. 不知道

7. 拒绝回答

B. 家庭成员心理健康状况评定表（每户一表）

	B0A	B0B	B0C	B1	B2	B3	B4	B5	B6A	B6B	B7A	B7B
				本项中的问题适用于所有2岁以上的家庭成员					本项中的问题仅适用于家庭成员中2~12岁的儿童		本项中的问题仅适用于家庭成员中的青少年和成年人	
							在对B3回答"是"的前提下问此问题	在对B3回答"是"的前提下问此问题		在对B6A回答"是"的前提下问此问题		在对B7A回答"是"的前提下问此问题
您家中现在还有哪些家庭成员?(问题B1~B7仅适用于2岁以上的家庭成员)	年龄	性别	职业	在过去[填入适用的时间段]这时间段里,她/他是否有过痛苦、心烦儿不安、无趣、烦怒、悲绝望和沮丧或情绪平或完全丧失动力的维持日常生活中的基本活动的情况?	在过去[填入适用的时间段]这时间段里,他有多少天会因为害怕、心烦怒、无趣、悲绝望和沮丧等情绪而无法完成维持日常生活中的基本活动?	她/他现在有异常行为吗?例如,经挛、惊跳或癫痫?	您可以用几句话描述一下他的那些类似惊跳或癫痫等令您感到奇怪的行为吗?	这种奇怪的行为是什么时候开始的(如果不知道日期,可以询问是否这个行为是在最近发事件之后才开始的)?	在过去[填入适用的时间段]这时间段里,她/他是否有过至少两次在睡眠中尿床的情况?	一年前她/他有过这种问题吗?	在过去[填入适用的时间段]这时间段里,她/他有过因为感到痛苦、心烦而正常停止照顾她/他应由本人照顾自己的情况?	在过去[填入适用的时间段]这时间段里,她/他有过因为感到痛苦、心烦而停止照顾原本应由她/他照顾的孩子的情况?

212

续表

B0A	B0B	B0C	B1	B2	B3	B4	B5	B6A	B6B	B7A	B7B
			本项中的问题适用于所有2岁以上的家庭成员					本项中的问题仅适用于家庭成员中2~12岁的儿童	本项中的问题仅适用于家庭成员中2~12岁的儿童	本项中的问题适用于家庭成员中的青少年和成年人	本项中的问题仅适用于家庭成员中的青少年和成年人
1=不知道 2=拒绝回答	1=男 2=女	1=农民 2=工人 3=学生 4=家庭主妇 5=失业者 6=退休	1=没有 2=有 3=不知道 4=拒绝回答	1=不知道 2=拒绝回答	1=不是 2=是 3=不知道 4=拒绝回答			1=没有 2=有 3=不适用 4=不知道 5=拒绝回答	1=没有 2=有 3=不适用 4=不知道 5=拒绝回答	1=没有 2=有 3=不适用 4=不知道 5=拒绝回答	1=没有 2=有 3=不适用 4=不知道 5=拒绝回答
1=父母 2=兄弟姐妹 3=子女 4=其他亲戚 5=没有亲戚											
（答题框）											

附录2 创伤后应激障碍症状自评量表（PCL-C）

指导语：最近一个月来，您的身体和心理受到地震带来的影响了吗？请仔细阅读，根据这些反应和症状在过去的一个月内打扰您的程度，在右框选择相应答案划圈。

内容	严重度				
	1 = 没有	2 = 轻度	3 = 中度	4 = 重度	5 = 极重
1. 即使没有什么事情提醒，我也会想起与地震相关的痛苦的事或在脑海里出现有关的画面					
2. 经常做噩梦					
3. 与地震有关的痛苦体验会在我内心突然出现（好像再次经历一样）					
4. 想起地震给我带来的伤害，内心就非常痛苦					
5. 想到地震后的事情，我就会出现身体反应，如手心出汗等					
6. 努力回避或压制地震相关的负面想法或感受					
7. 努力回避那些能够唤醒我想起地震伤害的活动、谈话、地点等					
8. 地震对我的伤害太严重，都回忆不起重要细节					
9. 对生活中的一些重要活动失去了兴趣，如工作、业余爱好、运动等					
10. 感觉到了与周围人的疏离（隔离开了）					
11. 感觉情感变得麻木了					
12. 对将来没有计划和目标					
13. 难以入睡或者睡眠浅					
14. 容易被激怒或者一点小事就大发雷霆					
15. 很难集中注意力					
16. 过于敏感和警觉或者缺乏安全感（如经常观察周围环境）					
17. 容易被突然的声音或者动作吓得心惊肉跳					

附录3　临床用创伤后应激障碍量表（CAPS）（样题）

标准A. 个体曾暴露于某一创伤性事件，并存在以下二者：
（1）个体亲身体验、目睹或遭遇涉及真正的死亡或死亡威胁或导致严重损伤或者威胁到自身或他人躯体完整性的某一或多个事件；
（2）个体有强烈的害怕、无助或恐惧反应（注：如是儿童，则代之表现为紊乱或激越行为）

我将要问您一些有时会发生在人们身上的艰难的或者应激性事件。例如某种形式的严重意外事故，火灾、飓风或地震，被抢劫、被殴打或遭遇武器袭击，或被强迫与别人发生性关系。首先，我将要求您察看一列类似上述经历的清单，您找出所有曾遭遇的事件。然后，如果您曾遭遇过某一事件，我将要求您简短地描述事发当时的情况及您当时的感受。

这些经历有些回忆起来会很困难或者会带给您不舒服的记忆或感受。人们经常发现对这些问题进行讨论是有帮助的，但是这将取决于您想告诉我多少。在我们谈论过程中，如果您发现自己烦躁不安，请您告诉我，我们可以放慢速度并进行讨论。同时，如果您有任何问题或者没有理解某些内容，也请您告诉我。在我们开始前，您还有什么问题吗？（本研究排除遭受过其他创伤的研究对象，把创伤性事件锁定为本次地震）

事件1

发生了什么事？（那时您多大？还涉及哪些人？发生了几次？生命受到威胁了吗？受到严重损伤了吗？）您的情绪反应是怎样的？（您非常担忧或者受到惊吓吗？恐惧吗？无助吗？是怎样的呢？您被吓晕了吗？或者非常惊恐以至于您什么也感觉不到了吗？那是一种什么样的感觉？其他人注意到您的情绪反应是怎样的？事件过后的情况如何？您的情绪反应是怎样的？）	描述（比如事件类型、受害者、犯罪者、年龄、发生的次数）： A.（1） 生命受到威胁了吗？ 是　　否　　［自己＿＿＿他人＿＿＿］ 损害严重吗？ 是　　否　　［自己＿＿＿他人＿＿＿］ 身体的完整性受到威胁了吗？ 是　　否　　［自己＿＿＿他人＿＿＿］ A.（2） 强烈的害怕/需要帮助/恐惧？ 是　　否 ［在事件发生过程中＿＿＿事件发生后＿＿＿］ 符合标准A吗？　否　　可能　　是

215

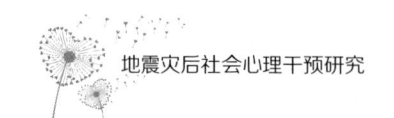

在以下的会谈中，我希望您将这些事件保持在脑海中，因为我要问一些有关这些事件可能如何影响您的问题。我将总共问您大约 25 个问题，绝大多数问题由两部分构成。首先，我将问您是否曾经有特定的问题，如果有的话，在过去的一个月（一周）内它出现的频率如何。其次，我将问到这一问题导致您悲痛和不适的强度如何。

标准 B. 以下列 1 种以上的方式持续地重新体验到这种创伤事件

1.（B-1）反复闯入性地痛苦地回忆起这些事件，包括印象、思想或知觉（注：如是幼儿，反复地进行表达创伤主题或一些有关的游戏）。

频率	强度	过去一周
您曾经有过有关事件的不必要的记忆吗？ 它们是怎样的？（您记住了哪些内容？）[如果不清楚]（它们曾经在您清醒的时候出现过，还是仅在睡梦中出现过？）[如果记忆只是发生在睡梦中就排除掉] 在过去的一个月（一周）内，这些记忆出现的次数如何？ 从不； 一两次； 一周内一两次； 一周内有几次； 每天或者几乎是每一天 描述/举例_____	这些记忆引起您悲痛或不适的程度如何？ 您能够把它们从您的头脑中移除并且可以考虑其他事情吗？（您曾经不得不做多大的努力才能做到？） 它们对您生活的妨碍程度如何？ 从不； 轻度的，最小的悲痛或行为瓦解； 中度的，明确存在的但仍旧是易处理的，一些行为瓦解； 重度的，相当多的悲痛，移除记忆困难，显著的行为瓦解； 极重度的，不能克服的悲痛，不能够移除记忆，行为不能够持续 QV（详细说明）_____	频率（F）____ 强度（I）____ 过去一个月 频率（F）____ 强度（I）____ Sx：是　否 终生 频率（F）____ 强度（I）____ Sx：是　否

附录 4　事件影响量表（修订版）（IES-R）

指导语：下面是人们在经历过有压力的生活事件刺激之后所体验到的一些困扰，请您仔细阅读每个题目，选择最能够形容每一种困扰对您影响的程度。请按照自己在最近 7 天之内的体验，说明这件事情对您有多大影响，影响分 5

级，一点没有＝0、很少出现＝1、有时出现＝2、常常出现＝3、总是出现＝4。以下提到的那件事是：_____。

	从没＝0	很少＝1	有时＝2	常常＝3	总是＝4
1. 任何与那件事相关的事物都会引发当时的感受					
2. 我很难安稳地一觉睡到天亮					
3. 别的东西也会让我想起那件事					
4. 我感觉我易受刺激、易发怒					
5. 每当想起那件事或其他事情使我记起它的时候，我会尽量避免使自己心烦意乱					
6. 即使我不愿意去想那件事时，也会想起它					
7. 我感觉，那件事好像不是真的或者从未发生过					
8. 我设法远离一切能使我记起那件事的事物					
9. 有关那件事的画面会在我的脑海中突然出现					
10. 我感觉自己神经过敏，易被惊吓					
11. 我努力不去想那件事					
12. 我觉察到我对那件事仍有很多感受，但我没有去处理它们					
13. 我对那件事的感觉有点麻木					
14. 我发现我的行为和感觉，好像又回到了那个事件发生的时候那样					
15. 我难以入睡					
16. 我因那件事而有强烈的情感波动					
17. 我想要忘掉那件事					
18. 我感觉自己难以集中注意力					
19. 令我想起那件事的事物会引起我身体上的反应，如出汗、呼吸困难、眩晕和心跳					
20. 我曾经梦到过那件事					
21. 我感觉自己很警觉或很戒备					
22. 我尽量不提那件事					

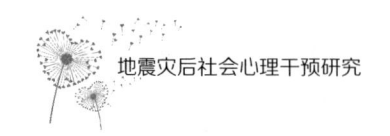

附录 5　简明创伤后障碍访谈（BIPD）（样题）

BIPD 是一个用于诊断由显著的应急源导致的急性应激障碍、创伤后应激障碍和短暂精神病性障碍的半结构访谈提纲。

日期：　　　　　年　　　月　　　日

病人姓名：

性别：

年龄：

评估者姓名：

完成简明创伤后障碍访谈提纲的说明

第一步：判断创伤性事件发生在一个月之内还是更长时间了，临床表现中是否有精神病性症状。如果创伤性事件发生在一个月内，没有明显的精神病性症状，则使用急性应激障碍筛查表。如果创伤性事件发生在一个月内，有明显的精神病性症状，则使用有明显应激源的短暂精神病性障碍筛查表。如果创伤性事件发生在一个月以上，则使用创伤后应激障碍筛查表。

第二步：根据每一项诊断标准，对于你所评估的病人的情况，如果存在所列出的症状，则在其后的（　　）里打×。

例如，如果一个非精神病性的病人报告，近来反复出现于 3 个月前发生的创伤性事件相关的侵袭性的、痛苦的噩梦以及想法，对环境中会联系到该事件的事物感到强烈的心理痛苦，那么，你应该在下列 BIPD 的 PTSD 部分打×。

B　在过去一个月中，长时间反复地再体验至少出现 1 种下列症状：（1）反复地不自主地出现有关创伤性事件的痛苦回忆，包括影像（　　）、思维（×）或知觉（　　）。（2）反复出现关于类似创伤性事件的梦境（噩梦或梦魇）（×）。（3）突然发生的情感体验或行为，似乎创伤性事件又在重演［包括创伤经历又重演的感觉（　　）、关于该事件的非精神病性的幻觉（　　）、闪回（　　），这些体验可以发生在清醒或酒醉时］。（4）病人在遇到象征或类似该创伤事件某方面的内在或外在线索时，产生强烈的精神痛苦（如害怕、愤怒)(×)。(5)病人在遇到象征或类似该创伤事件某方面的内在或外在线索时,产生明显的生理反应(如出汗、脸色潮红、头昏眼花、心跳加快、呼吸急促)(　　)。

第三步:检核所有的结果以判断是否有足够多的症状,达到了某一项诊断标准。如果是这样,在"是"的方格里打×。例如:对于上述病人,你对下列问题的回答应该是"是"并确认。是的,符合诊断标准B(至少一个诊断分类已经被做了标记)。

第四步:检核所有的方格,以决定是否已经符合做出诊断的标准。例如,如果上述病人已经符合诊断标准A、C、D、E和F,你就该在下列问题中选"是"。是的,符合PTSD的诊断标准(对从A到F的诊断标准都符合)。在以上例子中,你可以做出创伤后应激障碍的诊断。

第五步:如果你认为存在某一种障碍,请完成"相关特征"部分来确认与创伤后应激相联系或共病的其他问题。

急性应激障碍(ASD)诊断筛查

该病人有潜在的符合ASD诊断的可能(创伤发生的时间在一个月之内,并且没有明显的精神病性症状)　　　　。

该病人不符合ASD诊断(跳到BPDMS或PTSD)部分　　　　。

A 患者在过去一个月之内曾暴露于某一创伤事件,存在以下二者:

(1)患者体验、目睹或遭遇某一时间涉及他人的死亡(　　)或本人潜在的死亡(　　);

严重涉及自己实际的或潜在的伤害(　　)或对病人自己或他人身体完整性的损害(　　);

童年期有过不恰当的性经历(如性侵害),其中并不一定要有被打击、实际的伤害或暴力(　　)。

(2)患者对此事件的反应有强烈的害怕(　　)、无助(　　)或恐惧反应(　　),儿童表现为行为紊乱、焦虑不安(　　)。

是的,A1和A2标准都符合(在每一个标准中,至少符合一项)(　　);

不是,A1和A2标准没能都符合(　　)。

如果不是,停止ASD筛查(如果停止筛查,在此做标记　　　　)。

如果是,请简要地描述它是何时发生的:　　　　　　。

B……(略)

短暂精神病性障碍（BPDMS）诊断筛查

该病人有潜在的符合 BPDMS 诊断的可能（创伤发生的时间在一个月之内，并且有明显的精神病性症状）＿＿＿＿＿＿＿＿＿＿＿＿＿＿。

该病人不符合 BPDMS 诊断＿＿＿＿＿＿＿＿＿＿＿＿＿＿＿。

A 在过去一个月中，病人曾经历了一次或者数次创伤性事件，这些事件是单独或同时发生的，在病人所处的文化环境中，这样的事件对几乎所有的人都构成显著的应激。

是（　　）不是（　　）。

如果不是，停止 BPDMS 的筛查（如果停止筛查，请此处做标记＿＿＿＿）。

如果是，请简要地描述创伤：＿＿＿＿＿＿＿＿。

B……（略）

创伤后应激障碍（PTSD）诊断筛查

该病人有潜在的符合 PTSD 诊断的可能（创伤发生的时间在一个月以上）＿＿＿＿。

该病人不符合 PTSD 诊断＿＿＿＿＿＿＿＿＿＿＿＿＿。

A 在一个月之前，患者曾暴露于某一（精神）创伤性事件，存在以下二者：

（1）患者体验、目睹或遭遇某一时间涉及他人的死亡（　　　）或本人潜在的死亡（　　　）；

严重涉及自己实际的或潜在的伤害（　　　）或对病人自己或他人身体完整性的损害（　　　）；

童年期有过不恰当的性经历（如性侵害），其中并不一定要有被打击、实际的伤害或暴力（　　　）。

（2）患者对此事件的反应有强烈的害怕（　　　）、无助（　　　）或恐惧反应（　　　），儿童表现为行为紊乱、焦虑不安（　　　）。

是的，A1 和 A2 标准都符合（在每一个标准中，至少符合一项）（　　　）；

不是，A1 和 A2 标准没能都符合（　　　）。

如果不是，停止 PTSD 筛查（如果停止筛查，在此做标记＿＿＿＿＿）。

如果是，请简要地描述它是何时发生的：＿＿＿＿＿＿＿＿＿＿。

B……（略）

附录6　SF-36 生活质量调查表（样题）

编号：　　姓名：　　性别：　　年龄：　　居住地：

1. 总体来讲，您的健康状况是：

①非常好　　　　②很好　　　　③好

④一般　　　　⑤差

（权重或得分依次为 5，4，3，2，1）。

2. 跟 1 年以前比您觉得自己的健康状况是：

①比 1 年前好多了　②比 1 年前好一些　③跟 1 年前差不多

④比 1 年前差一些　⑤比 1 年前差多了

（权重或得分依次为 5，4，3，2，1）。

健康和日常活动

3. 以下这些问题都和日常活动有关。请您想一想，您的健康状况是否限制了这些活动？如果有限制，程度如何？

（1）重体力活动，如跑步、举重、参加剧烈运动等：

①限制很大　　　②有些限制　　　③毫无限制

（权重或得分依次为 1，2，3；下同）。

（2）适度的活动，如移动一张桌子、扫地、打太极拳、做简单体操等：

①限制很大　　　②有些限制　　　③毫无限制

（3）手提日用品，如买菜、购物等：

①限制很大　　　②有些限制　　　③毫无限制

（4）上几层楼梯：

①限制很大　　　②有些限制　　　③毫无限制

（5）上一层楼梯：

①限制很大　　　②有些限制　　　③毫无限制

（6）弯腰、屈膝、下蹲：

①限制很大　　　②有些限制　　　③毫无限制

（7）步行 1500 米以上的路程：

①限制很大　　　②有些限制　　　③毫无限制

（8）步行 1000 米的路程：

①限制很大　　　　　②有些限制　　　　　③毫无限制

(9) 步行100米的路程：

①限制很大　　　　　②有些限制　　　　　③毫无限制

(10) 自己洗澡、穿衣：

①限制很大　　　　　②有些限制　　　　　③毫无限制

附录7　地震灾后早期快速心理筛查工具（测试版）

指导语：下表中的问题和症状是人们面临灾难时可能会有的反应。请您根据灾难（地震）发生后一周您的实际情况，如果符合，请在选择栏"是"的位置中划"√"。

性别：①男　②女　　　年龄：_____　　　职业：_____

内容	是	否
1. 行为紊乱（自语自笑或叫喊或乱跑、行为被动、不知整洁、缺乏羞耻感）		
2. 反应迟钝、木讷、凝视、呆坐、茫然		
3. 对自己或周围有陌生感，不知自己是谁，时间或环境知觉混乱		
4. 感到紧张、慌乱、坐立不安、颤抖，害怕独处		
5. 脑子反复出现地震时的情景		
6. 不愿提到与灾害相关的情景或话题，害怕看到与灾害相关的情景、电视节目或图片		
7. 易惊吓、感到恐惧，对刺激特别敏感		
8. 失眠、噩梦，有睡眠问题（难以入睡、易惊醒、醒后难以入睡等）		
9. 常感到乏力或多种躯体不适（疼痛、多汗、忽冷忽热、头晕、恶心、便秘、腹痛、胃肠道不舒服、饮食减少或暴饮暴食）		
10. 极度痛苦、绝望，每天都想到自杀		
11. 家里的房屋完全倒塌		
12. 灾难导致本人伤残（需入院救治）		
13. 灾害中本人有被掩埋经历或目睹亲人被掩埋或者死亡的经历		
14. 一级亲属（配偶、父母、子女）或关系最亲密的人，因灾难去世或失踪/失联		

续表

内容	是	否
15. 灾害发生前,有重大疾病(心脏病、肺心病、脑中风、肿瘤等)或残疾(包括身体、精神残疾)		
16. 灾害发生期间,没有与家人在一起		
17. 灾难不久前家庭经历了重大生活事件(离婚、亲人病逝等)		
18. 不知道如何寻求当地政府帮助		

附录8　社会支持评定量表(SSRS)

指导语:下面的问题用于反映您在社会中所获得的支持,请按各个问题的具体要求,根据您的实际情况填写。谢谢您的合作。

1. 您有多少个关系密切、可以给予支持和帮助的朋友(只选一项)?

(1)一个也没有

(2)1~2个

(3)3~5个

(4)6个或6个以上

2. 近一年来您(只选一项):

(1)远离他人,且独居一室

(2)住处经常变动,多数时间和陌生人住在一起

(3)和同学、同事或朋友住在一起

(4)和家人住在一起

3. 您与邻居(只选一项):

(1)相互之间从不关心,只是点头之交

(2)遇到困难可能稍微关心

(3)有些邻居很关心您

(4)大多数邻居都很关心您

4. 您与同事(只选一项):

(1)相互之间从不关心,只是点头之交

(2)遇到困难可能稍微关心

(3)有些同事很关心您

（4）大多数同事都很关心您

5. 从家庭成员得到的支持和照顾（在合适的框内划"√"）。

	无	极少	一般	全力支持
（1）夫妻（恋人）				
（2）父母				
（3）儿女				
（4）兄弟姐妹				
（5）其他成员（如嫂子）				

6. 过去，在您遇到急难情况时，曾经得到的经济支持和解决实际问题的帮助的来源有：

（1）无任何来源

（2）下列来源（可选多项）：

A. 配偶　　　　　　B. 其他家人　　　　　C. 亲戚

D. 朋友　　　　　　E. 同事　　　　　　　F. 工作单位

G. 党团工会等官方或半官方组织

H. 宗教、社会团体等非官方组织

I. 其他（请列出）_____

7. 过去，在您遇到急难情况时，曾经得到的安慰和关心的来源有：

（1）无任何来源

（2）下列来源（可选多项）：

A. 配偶　　　　　　B. 其他家人　　　　　C. 亲戚

D. 朋友　　　　　　E. 同事　　　　　　　F. 工作单位

G. 党团工会等官方或半官方组织

H. 宗教、社会团体等非官方组织

I. 其他（请列出）_____

8. 您遇到烦恼时的倾诉方式（只选一项）：

（1）从不向任何人诉述

（2）只向关系极为密切的1~2个人诉述

（3）如果朋友主动询问您会说出来

（4）主动诉述自己的烦恼，以获得支持和理解

9. 您遇到烦恼时的求助方式（只选一项）：

（1）只靠自己，不接受别人帮助

（2）很少请求别人帮助

（3）有时请求别人帮助

（4）有困难时经常向家人、亲友、组织求助

10. 对于团体（如党团组织、宗教组织、工会、学生会等）组织的活动（只选一项）：

（1）从不参加

（2）偶尔参加

（3）经常参加

（4）主动参加并积极活动

说明：社会支持评定量表是肖水源于1986～1993年设计的。社会支持从性质上可以分为两类，一类为客观的支持，这类支持是可见的或实际的，包括物质上的直接援助、团体关系的存在和参与等；另一类是主观的支持，这类支持是个体体验到的或情感上感受到的支持，指的是个体在社会中受尊重、被支持与理解的情感体验和满意程度，与个体的主观感受密切相关。

附录9　知情同意书

本人同意参加"躯体外伤幸存者心理复原力研究"这一课题的研究工作，同意并接受研究者的①访谈或②录音（请勾选），并就相关内容做讨论。

研究过程中，我的感受和意见需受到重视和适当的处理，访谈结束后，相关资料的处理方式、呈现方式需要尊重我的意见，且所有资料必须经过我同意后，才能列入研究报告中。

在研究过程中，我有权拒绝回答任何问题，也有权随时退出研究。

参与者：

研究者：

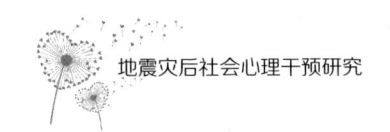

附录10　访谈提纲

1. 地震灾后这一年来，你生活中发生了哪些改变？哪些改变是好的（积极的），哪些改变是坏的（消极的）？

2. 在你的生活中有哪些因素帮助你渡过灾后这个难关的，比如你自身的特点、你过去的经验、你的家庭和你的社区等？

3. 地震灾后你的家庭是否有些改变，以帮助家庭成员渡过难关？你感到你的家庭成员对你支持吗？

4. 你所在的社区，是否有比较充足的资源（物质、信息或者其他方面）提供给你，帮助你渡过灾后这个难关？你对政府的救灾能力、灾后重建是否满意？

日期：　　　年　　　月　　　日

附录11　心理复原力量表（CD-RISC）

指导语：下表是用于评估心理复原力水平的自我评定量表。请根据过去一个月您的情况，对下面每个阐述，选出最符合您的一项。注意回答这些问题没有对错之分。

序号	题目	从来不	很少	有时	经常	一直如此
1	我能适应变化	0	1	2	3	4
2	我有亲密、安全的关系	0	1	2	3	4
3	有时，命运或上天能帮忙	0	1	2	3	4
4	无论发生什么我都能应付	0	1	2	3	4
5	过去的成功让我有信心面对挑战	0	1	2	3	4
6	我能看到事情幽默的一面	0	1	2	3	4
7	应对压力使我感到有力量	0	1	2	3	4
8	经历艰难或疾病后，我往往会很快恢复	0	1	2	3	4
9	事情发生总是有原因的	0	1	2	3	4

续表

序号	题目	从来不	很少	有时	经常	一直如此
10	无论结果怎样，我都会尽自己最大努力	0	1	2	3	4
11	我能实现自己的目标	0	1	2	3	4
12	当事情看起来没什么希望时，我不会轻易放弃	0	1	2	3	4
13	我知道去哪里寻求帮助	0	1	2	3	4
14	在压力下，我能够集中注意力并清晰思考	0	1	2	3	4
15	我喜欢在解决问题时起带头作用	0	1	2	3	4
16	我不会因失败而气馁	0	1	2	3	4
17	我认为自己是个强有力的人	0	1	2	3	4
18	我能做出不寻常的或艰难的决定	0	1	2	3	4
19	我能处理不快乐的情绪	0	1	2	3	4
20	我不得不按照预感行事	0	1	2	3	4
21	我有强烈的目的感	0	1	2	3	4
22	我感觉能掌控自己的生活	0	1	2	3	4
23	我喜欢挑战	0	1	2	3	4
24	我努力工作以达到目标	0	1	2	3	4
25	我对自己的成绩感到骄傲	0	1	2	3	4

图书在版编目(CIP)数据

地震灾后社会心理干预研究：基于"8·03"鲁甸地震后医务社会工作的实践/杨婉秋，沈文伟著. -- 北京：社会科学文献出版社，2019.11
（中国灾害社会心理工作丛书）
ISBN 978 - 7 - 5201 - 5125 - 2

Ⅰ.①地… Ⅱ.①杨…②沈… Ⅲ.①地震灾害－灾区－心理干预－研究－鲁甸县 Ⅳ.①B845.67 ②R749.055

中国版本图书馆 CIP 数据核字（2019）第 137002 号

中国灾害社会心理工作丛书
地震灾后社会心理干预研究
——基于"8·03"鲁甸地震后医务社会工作的实践

著　　者／杨婉秋　沈文伟

出 版 人／谢寿光
组稿编辑／高　雁
责任编辑／冯咏梅
文稿编辑／孙智敏

出　　版／社会科学文献出版社·经济与管理分社（010）59367226
　　　　　地址：北京市北三环中路甲29号院华龙大厦　邮编：100029
　　　　　网址：www.ssap.com.cn

发　　行／市场营销中心（010）59367081　59367083
印　　装／三河市东方印刷有限公司
规　　格／开本：787mm×1092mm　1/16
　　　　　印张：14.75　字数：256千字
版　　次／2019年11月第1版　2019年11月第1次印刷
书　　号／ISBN 978 - 7 - 5201 - 5125 - 2
定　　价／128.00元

本书如有印装质量问题，请与读者服务中心（010-59367028）联系

▲ 版权所有 翻印必究